ライブラリ 新物理学基礎テキスト Q2

レクチャー
力 学

本質を理解して物理を使うために

半田 利弘 著

サイエンス社

●編者のことば●

私たち人間にはモノ・現象の背後にあるしくみを知りたいという知的好奇心があります．それらを体系的に整理・研究・発展させているのが自然科学や社会科学です．物理学はその自然科学の一分野であり，現象の普遍的な基礎原理・法則を数学的手段で解明します．新たな解明・発見はそれを踏まえた次の課題の解明を要求します．このような絶えざる営みによって新しい物理学も開拓され，そして自然の理解は深化していきます．

物理学はいつの時代も科学・技術の基礎を与え続けてきました．AI，IoT，量子コンピュータ，宇宙への進出など，最近の科学・技術の進展は私たちの社会や世界観を急速に変えつつあり，現代は第4次産業革命の時代とも言われます．それらの根底には科学の基礎的な学問である物理学があります．

このライブラリは物理学の基礎を確実に学ぶためのテキストとして編集されました．物理学は一部の特別な人だけが学ぶものではなく，広く多くの人に理解され，また応用されて，これからの新しい時代に適応する力となっていきます．その思いから，理工系の幅広い読者にわかりやすく説明する丁寧なテキストを目指し標準的な大学生が独力で理解出来るように工夫されています．経験豊かな著者によって，物理学の根幹となる「力学」,「振動・波動」,「熱・統計力学」,「電磁気学」,「量子力学」がライブラリとして著されています．また，高校と大学の接続を意識して,「物理学の学び方」という1冊も加えました．

「物理学はむずかしい」と，理工系の学生であっても多くの人が感じているようです．しかし，物理学は実り豊かな学問であり，物理学自体の発展はもとより，他の学問分野にも強い刺激を与えています．化学や生物学への影響ばかりではなく，最近は情報理論や社会科学，脳科学などへも応用されています．物理学自体の「難問」の解明もさることながら，これからもいろいろな応用が発展していくでしょう．

このライブラリによってまずしっかりと基礎固めを行い，それからより高度な学びに繋げてほしいと思います．そして新しい社会を創造する糧としてもらいたいと願っています．

2019年12月　　　　編者　本庄春雄　原田恒司

まえがき

どんな人でも「これと同じことが以前もあった」と感じることがあるのではないでしょうか．特に自然現象に関連したことでは，「同じ状況だと同じ現象が再現する」ことはとてもよくあるはずです．例えば，ボールを同じように投げると同じように飛び，自転車で同じようにハンドルを切ると同じように曲がります．積み木を積み上げて“建物”を建てると毎回崩れてしまう組み方と簡単には崩れない組み方があることも経験から知ったことでしょう．これは物体の運動には一定の規則があることを物語っています．その規則がわかれば作業を始める前から結果が予想でき，失敗を繰り返すリスクを減らすことができるでしょう．さらには，自分が望む結果を得るためにはどのようにすれば良いのかも予測できるかも知れません．

「力学」とは物体に力が働くとどのような結果をもたらすのか，その両者の関係を調べる学問で，物理学の一分野です．今から300年ほど前にアイザック ニュートン (Issac Newton) が，それまでの知識をまとめ書籍として発表したことが現代に通じる力学の始まりです．その後に続く研究者のおかげで，現代の我々は時速300 km以上で走ることも，空や宇宙を旅することもできれば，地上600 mを超える建物を建てることもできるようになりました．

その際に大きく影響する考え方が，モデル化と近似です．本文でも述べているように，これは複雑な自然界を人類が理解する上で非常に有効で，読者の皆さんにもぜひ修得して欲しい「物理学の基本」です．これによって，少ない知識から膨大な成果を引き出すこともできれば，複雑な現象を的確に解明することも可能となります．

物理学の成果はあまりに膨大で生活の隅々にまで密接に関係しているために，物理学は“覚えなければならない膨大な知識の集積”だと感じていた人も多いでしょう．ほとんどの法則が数式で与えられ，計算問題に追われていると面白みを感じられないことも多いでしょう．入試問題のように極度にモデル化・抽象化した問題を解くばかりなので，学校でならう物理学は日常生活とは無関係だと思っている人も多いかも知れません．

本書は，そのような人のために書かれたといってもよいでしょう．本書の本文は，物理学と日常現象とのつながりを示し，現実の現象をどのようにモデル化し近似しているのかを意識して記述したからです．特に章末問題はできるだけイメージが描きやすい具体的な問題にしてみました．そのため，類書にはあまり登場しない問題が多いかも知れません．問題で扱っている現象が目の前で実際に起こっていたらどう見えるのかを想像しながら問題を解いてみてください．その意味では正解の値や式を正確に導き出せたかどうかは，実はあまり重要ではありません．この法則にはどんな意味があるのかを想像できるようになることが最も重要なのです．

なお，紙面の都合上，章末問題の解答を本書に掲載することができませんでした．サイエンス社のサポートページ（https://www.saiensu.co.jp）に掲載していますので，自分で解いた後の確認，あるいはどうしても解答が得られなかった場合の参考としてご覧ください．

また，「結果の暗記」を極力避けるために，基本となる法則などから導き出す過程もできるだけ丁寧に書きました．そうしてみると，力学の基礎は全てニュートンの運動の法則から導き出せることに気付くでしょう．本文の記述に従って，実際に自分でノートにその式変形を確かめながら書き写してみてください．私自身がそうでしたが，単に読むだけよりも遥かに納得がいくはずです．なので，面倒かも知れませんが，だまされたと思って，第1章の前半だけでも実行してみてください．それらを通じて「物理学の面白さ」に気付くことを願っています．

最後に，本書の執筆をライブラリ編者のお一人，原田さんから提案されて，今回完成させるまでに想像を遥かに超える時間を要してしまいました．それを待っていただけた編者のお二人と，遅筆な私の原稿に根気よく対応していただいたサイエンス社の田島さん，鈴木さん，仁平さんには本当に感謝しています．本書を読んでよかったと思える読者が一人でも多くなれば，それが彼らの期待へのこたえになるものと思います．

では，旅立ちましょう，物理の世界へ！

2024年2月

半田利弘

目　　次

第2章 運動方程式とその解き方 27

第3章　運動に関する保存則　57

第5章　2つ以上の質点の組の運動 137

第1章 力学の基礎概念

1.1 物理学の考え方

1.1.1 力学の意義

人類の夢は数々ある．その中で，未来を的確に予想し，物事を実行する前に結果を予想できることはほぼ全ての人間に共通した願望であろう．対象となる事物には予想が比較的しやすいものから非常に困難なものまでいろいろある．その中で，意志を持たない物体の運動は比較的予想しやすい対象と考えられ，古来から多くの人が挑戦してきた．

そうした中，アイザック ニュートン (Issac Newton) は，ガリレオ ガリレイ (Galileo Galilei) やヨハネス ケプラー (Johannes Kepler) の業績をもとにし，数々の実験と思索の末，大きな成果を挙げた．これが**古典力学** (classical mechanics) ないし**ニュートン力学** (newtonian) と呼ばれる学問分野である．

「古典」とはいうものの，それは「古くさい」という意味ではない．英語で classic と呼ぶその概念は，むしろ，「確立された」，「上級として認められた」という意味を持つ．古典力学は日常経験や実生活で用いる限りにおいて，物体の運動を極めて高い精度で再現し，予言できる理論なのである．本書では，先人の努力をたどることはせずに，現在，ニュートン力学を理解できている立場から，最短の手間で理解するようにして，その神髄を伝えるべく試みた．このため，なぜそのように考えてよいのかが必ずしも自然な順番とはなっていない．その点では無味乾燥な展開となってしまっているかも知れない．人類が自然界の謎にどのように迫り，それを再構成して理解しやすくしたのかは，それ自体，大変興味深い対象ではあるが，本書の限界を超える．興味がある人は科学史と呼ばれる，この分野について少し学んでみることも大事であろう．未知の現象や未だに説明できない現象を解明し理解するためには過去の経験が大いに参考になるからである．

初期の段階においてニュートンが最も興味を惹かれたのは惑星の運動であるとい

われている．そのきっかけとなったのは，それまで，複雑怪奇な法則に従って運動していると考えられてきた太陽系の惑星の運動が3つの法則で定量的な関係を示すことを発見したケプラーの業績であった．

太陽系の惑星は最大の木星で赤道直径が14万km以上，地球の10倍以上と巨大な天体ではあるが，太陽からの平均距離は7.8億kmと非常に遠い．全体を $\frac{1}{200\text{億}}$ に縮小したならば直径7 mmの玉が直径7 cmの玉の周囲を半径39 mほどの円軌道で回っていることに相当する．その観点で言えば，木星の大きさはほぼ無視できる．翻って，地球上での物体の運動を考える場合，最も重要な関心事は，その物体が全体としてどのように動いていくかであり，物体の姿勢や回転などが気になるのは，その次といってよいだろう．

1.1.2　モデルと近似

意志を持たない物体の運動だけを扱うとしても，その全てをありのままに厳密に記述しようとすると，それだけで相当に複雑であることがわかる．これをありのままに捉えるのは人間の能力を超えているということもできよう．しかしながら，それを理由に理解を諦めるのは性急である．自分たちができる範囲で少しずつ理解を広げていこうとするのが自然科学の営みである．先ほどの例で挙げたようにまずは大雑把な現象を理解できるようにし，そこから少しずつ詳細化や厳密化を図っていくのである．

幸いにして自然界の仕組みはそのような理解のしかたに合致した構造を持っている．それは**階層構造** (hierarchical structure) と呼ばれ，程度が大きく異なる大きさごとにわけて考えることができる構造をいう．先ほどの例でいえば，問題としている物体の大きさよりもずっと大きなスケールでの運動を論じたい場合，物体の大きさや姿勢や回転などをきちんと考慮した答と，その大きさが0であるとして得た答とは大きな違いが無く，後者だけを考えても「物体の運動の法則を知り，それを予測したい」という問題を扱うことができるということである．

階層構造を持つ対象を理解する上で大切な考え方は，**モデル化** (model construction) と**近似** (approximation) である．

● モデル化　モデル化とは自然界に実在する対象について問題としたい部分のしくみだけを取り出して単純化したものである．例えば，多数の部分から構成されている物体をいくつかの質点の組み合わせで表したものは元の物体のモデルである．

より具体的には，太陽系を太陽と8つの惑星を表す9個の質点だけで表現したり，複数の原子で構成されている分子を棒で繋がった球体として説明したりすることがその例である．比較的単純で基礎的な力学が物理学全体において重要なのは，多くの物理現象がそのようなモデルで概ね理解できるからである．

● **近似**　複雑な現象をモデル化する際に有益な考え方が**近似** (approximation) である．問題を単純化するために扱う対象で生じる現象のうち，議論をしたい本質だけを取り出す手法である．そのために，特定の現象に対して影響が小さな効果を無視することで，概ね正しい結果を得るモデルを作るのである．もちろん，結果に与える影響が小さいとはいえ，全く存在しないわけではないので近似の結果は厳密に正しいとは限らない．また，想定した条件の下でしか正しい答が得られないという欠点はある．扱っている物理量が特定の範囲内に収まっている場合でのみ成立するということもよくある．

高校までの物理では物体の運動を考える際に摩擦を無視したり，摩擦の働き方を摩擦係数や速度に比例した摩擦であるとしていたかも知れない．これらも厳密には近似である．振れ幅が小さな振り子の運動を考える際にも実際には近似を用いており，その範囲を超えた振れ幅の振り子の運動に対しては正しくない結果を与えることになる．

1.1.3　質点と質量

先に述べたように，まずは物体の大きさは問題とせずに，全体としての運動を扱うことにしよう．そのために，物体の大きさが無限に小さいとしたモデルを導入する．こうしてモデル化された物体を**質点** (point mass) と呼ぶ．質点は，大きさは持たないが**質量** (mass) と呼ばれる物理量を持つ．

質量は“物体の真の重さ”というべき量である．地球上では重力の強さはそれほど変化しないため，物体の重さも場所による違いは少ない．我々が物質を取引するに際して，その量を重さで測るのはこのためである．牛肉 100 g といえば，東京で購入しても鹿児島で購入しても同じ量だと考えるわけである．しかしながら，重力の強さが大きく異なる環境ではそうはならない．例えば，月の表面では地球上に比べて重力は $\frac{1}{6}$ しかない．地球上では 6 kg あった金塊の重さは 1 kg 相当にしかならないわけである．だからといって，金の量が $\frac{1}{6}$ になったとは思わないし，代金を $\frac{1}{6}$ しか支払わないと主張しても通らない話であることは容易に理解できよう．そこで，標準的な重力の強さを想定して，そこでの重さを質量と呼ぶことにしよう（次項で，この定義は改めることになるが）．つまり，重力の強さによらず“物質の真の量”を表すと考えられる物理量を定義したことに相当する．

ニュートン力学の範囲においては，物体の質量は分裂や合体で断片としては変動しても，全体としては増減しない．日常経験から裏付けられているこの性質を**質量保存則** (mass conservation law) という．この法則が成り立つことは日常経験からいっても極めて自然に受け入れることができるであろう．

そこで大きさがない質点でも質量はあり，その値は変化しないと考える．このようにモデル化することで，ニュートン力学のテーマは，どのようにすれば質点の運動を予想できるかから始めることが妥当だと考えることにしよう．

1.1.4　ニュートンの運動方程式

ニュートン以前にも物体の運動を論じる理論は存在した．しかし，そこでは物体の運動を量的に予想することができず，静止しているのか運動しているのか，あるいは動きの向きについて予想するに留まっていた．運動について量を測って議論することもなければ，定量的に予想することも難しかった．また，永い年月にわたって学問や技術の進歩が滞っていたためか，古くから伝わる権威ある書籍や考え方からスタートして議論することが学問の主流となって，日常的に観察できる結果は重視されなくなっていた．

しかしながら，西欧ではルネサンス期になると古くからの考え方に基づく説明ではうまく説明できない現象が次第に認識されるようになった．ここから，過去の偉人の考え方やその記録を解釈することよりも日常経験や実験結果を重視するように考えが改まってきたのである．こうした考え方は日本では幕末に認識されるようになり，実学と呼ばれるようになった．現代では「すぐに利益に結びつく学問」を「実学」と呼ぶようであるが，元来は実験や実証の裏付けがある学問という意味だったわけで，物理学は実学の典型だといえる．

実学としての物理がルネサンス期に認識されるようになったのは偶然ではないだろう．教科書とされる書籍が書かれた時代には無かった新しい技術が利用できるようになり，日常的に認識される現象が異なってきたためかも知れない．そこで，我々もニュートンの時代ではなく，現在の日常経験からニュートンの発見を再認識することにしよう．

スーパーマーケットで大量の商品を買い物カートに満載した経験を持つ人は多い

だろう．ゆっくり押しているうちはあまり認識しないかも知れないが，急激にスピードを増そうとすると載せている商品の量が多いほど強い力が必要となる．また，一度，スピードが出たカートを急停止させようとすると，徐々に止めようとするときに比べて，かなり強い力で引き留める必要がある．

全力疾走している場合，競技場のカーブが急ならば，そこを曲がるときには直線を走るときとは異なる方向に力を加えなければならないという経験は誰でも持っているだろう．

自転車に乗るときも出だしは強くペダルを踏む必要がある．一方で，一度スピードが出てしまえば比較的長い距離を惰性で進むこともできる．逆に，急停止するにはブレーキを強くかける必要がある．

これらの経験からわかることは，物体の運動を変化させるためには力が必要だということである．運動の変化が激しいほど，運動する物体の質量が大きいほど強い力が必要となる．そして力を加える向きは運動が変化する向きに一致する．ニュートンは，実験によって，これらの関係を量的に知ることに成功した．量的な関係なので，それは数式で表現することが最もコンパクトなものとなる．それは現代風に書けば

$$\boldsymbol{f} = m\boldsymbol{a} \tag{1.1.1}$$

と表現でき，**ニュートンの運動方程式** (equation of motion) と呼ばれる．ここで，$\boldsymbol{f}$ は向きと強さを考慮した**力** (force)，m は物体の**質量** (mass)，$\boldsymbol{a}$ は向きと大きさを考慮した時間当たりの速度変化量で**加速度** (acceleration) と呼ばれる．加速度の英語は自動車のペダルの 1 つを指すアクセルの語源であり，加速用ペダルという意味で使われているようである．ただし，本来はエンジンに供給する燃料供給弁を操作するペダルであり，英語ではアクセルとは言わない．

なお，高校物理では，質量は重さとは異なることが執拗に強調されていた．しかし，同じ重力加速度 g の下では質量 m の物体の重さは mg となり，質量に比例する．したがって，この場合には，質量の大小と重さの大小は完全に一致する．このことから，物理学でも，混乱が生じない場合には，質量が大きい小さいの代わりに重い軽いと表現することも多い．

さて，力の単位は，ニュートンの運動方程式を用いて比例係数が 1 になるように決める．すなわち，1 kg の物体に力が加わり $1\,\mathrm{m\,s^{-2}}$ の加速度で運動するようになる力の大きさを 1 N（**ニュートン**）という．

質点に関する力学の問題は式 (1.1.1) を解くことで全て答を得ることができる．

つまり，ニュートン力学の問題を解く方法の本質は以下の2つの問題に分けて考えることができる．

- 質点に働く力を全て考慮して1つの力に合成すること
- 得られた加速度から指定された時刻での位置を求めること

前者はモデルに対する注意深い検討が要点となる．後者は式 (1.1.1) に対応する式を解くための数学的テクニックが要点となる．

運動方程式を解くには，中学までに習った数学とは異なる2つの概念を理解する必要がある．1つはベクトル量の扱い方であり，もう1つが微分方程式の解き方である．そこで，1.3 節以降で，このそれぞれについて1つずつ考えていくことにしよう．

ここで注意したいことが1つある．運動方程式は実験によって裏付けられた法則であり，何かの原理から論理的に導かれるものではないという点である．すなわち，この法則が成り立たない実験結果が得られたならば，この法則は改める必要がある．幸いにして，日常生活で議論する範囲では運動方程式が成り立たない実験結果はこれまで一度も得られていない．したがって，日常生活でよく目にする大きさやエネルギーの範囲ではニュートン力学による予想は正しい結果をもたらす．

しかしながら，原子を扱うような極微の世界や光速に近いような高速の運動，放射能が関係するような高エネルギーの現象ではニュートンの運動方程式が成り立たないことが多い．これは，20 世紀初頭になされた多数の発見に基づいている．これを解決するために量子力学と相対性理論が提唱されたのである．しかし，それらは古典力学と無関係なわけではない．日常生活で扱うような大きさやエネルギーの範囲では，量子力学や相対性理論の結果は近似としては古典力学と完全に一致する．それに関する話題も興味深いが，この本ではページが全くもって足りない．なので，古典力学に飽き足らない人，古典力学の限界に興味がある人はぜひそれらの分野の履修に進むことをお勧めする．

1.2 物理次元と単位

1.2.1 物理量

世の中にはさまざまな量がある．物理学はそれらのうち，自然現象に関連するいくつかの量の関係を明らかにしたいという学問分野である．とはいえ，どんな量でも扱うわけではない．例えば，人間の愛情の量や知能の量，あるいは金銭的価値は（今のところ）客観的に測定する方法がなく，自然現象に関連するとは到底言えない．これに対して，物体の長さや体積，重さなどは原理的には誰が測っても同じである（同じであるべきだという世の中での合意ができていると言い換えてもよい）．そこで，他の量と区別するために，物理学で取り扱う量を**物理量** (physical quantity) と呼ぶ．“物理学実験で取り扱う量” と思っても，それほどの食い違いは生じないだろう．

だとすると，物理学が目指す対象は複数の物理量の関係ということになる．特に，特定の物理量が時間とともにどのように変わっていくかがわかれば，未来を予測できることになる．さらには，その予測は定量的なものであって欲しい．例えば，「時間が経つと自分からの距離が増える」という予想よりも，「時間が 2 倍経ったら距離が 2 倍になる」という予想の方が遥かに有益であることは容易に理解できよう．つまり，物理量を数値で表現し，その間の関係を数式で表すことが物理学の 1 つの目標となる．

しかしながら，物理量自体は数値ではない．物理量を数値で表すためには**単位** (unit) が必要である．そこで，物理量を表す単位について考えてみることにしよう．

1.2.2　慣　用　単　位

物理学に限らず，現代社会でも，単位は物の取引や量の表現によく使われている．長さの単位の cm（センチメートル）や質量の単位の kg（キログラム）などは店頭でもよく見かけるし，これを知っていることは社会常識とも言える．

実際，近代科学成立以前から世の中で慣例的に使われている多くの単位があった．例えば英国や米国では，長さに関連した量でも工作などではインチ (inch) やフィート (feet) が用いられるのに対して，街路の長さや都市間の距離にはチェーン (chain) やマイル (mile) が用いられている．さらに，同じマイルでも地上の距離と海上や空路での距離とは長さが異なっており，識別のために後者は海里 (nautical mile) と称しており，この体系に慣れていない人には混乱の元である．重量でもオンス (ounce) やグレーン (grain) などが混用される．しかも，それぞれの単位が表す量が米国・英国・オーストラリア・カナダなど地域ごとに微妙に異なるという状況であった．

物理の目　計算に不便な慣用単位

慣用単位は歴史的な経緯もあり長期間にわたり使われてきたものではあるが，異なる単位間の換算もややこしく，英国では近代になって整理された後でも以下のようになっていた（現在の米国では，これとも微妙に異なる）．冗長ではあるが，慣用単位がいかに不便だったかを示すために敢えて記載しておく．

- 長さ：1マイル = 80チェーン，1ハロン = 10チェーン，1チェーン = 22ヤード，1ヤード = 3フィート，1フィート = 12インチ
- 面積：1エイカー = 1チェーン × 1ハロン = 10平方チェーン = 4840平方ヤード
- 体積（液体の場合）：1ブッシェル = 8ガロン，1ガロン = 4クォート，1クォート = 2パイント，1パイント = 4ジル，1液体オンス = 5ジル，1液体ドラム = 8液体オンス
- 体積（粉粒体の場合）：1ブッシェル = 乾量4ペック，1乾量ペック = 8乾量クォート，1乾量クォート = 2乾量パイント，1乾量パイント = 33.6立方インチ
- 重さ（一般物の場合）：1英トン = 2240ポンド，1クォーター = 2ストーン，1ストーン = 14ポンド，1ポンド = 16オンス，1オンス = 16ドラム，1ドラム = $27\frac{11}{32}$グレーン
- 重さ（薬品の場合）：1薬用ポンド = 12薬用オンス，1薬用オンス = 8薬用ドラム，1薬用ドラム = 3スクラプル，1スクラプル = 20グレーン
- 重さ（貴金属の場合）：1トロイポンド = 12トロイオンス，1トロイオンス = 20ペニーウェイト，1ペニーウェイト = 24グレーン

上記に示したブッシェルのように同じ単位名で質的に異なる量を示す場合もある．ポンド (pound) も重量以外に金額の単位でもある．

状況は日本でも同じで，工作などでは寸や尺が，地理的な距離には里が用いられてきた．日本の慣用単位の換算はヤードポンド法よりはましだが，それでも以下のように複雑である．

- 長さ：1里 = 36町，1町 = 60間，1間 = 6尺，1尺 = 10寸，1寸 = 10分
- 面積：1町 = 10反，1反 = 1畝，1畝 = 30坪
- 体積：1石 = 10斗，1斗 = 10升，1升 = 10合
- 重さ：1貫 = 100両，1斤 = 16両，1両 = 10匁

こうした単位は社会が進歩してくるとさまざまな不都合を生じるようになった．例えば，

- 経済活動の規模が広範囲になり，異なる単位の地域間の取引が増えるとその地域間での単位換算が必要.
- 比較できる量の単位の関係が複雑で換算が煩雑.
- 新たに扱う必要が生じた物理量について新たに単位を考える必要がある.
- 科学技術が発達すると，種々の設計に用いる単位の関係がややこしくて覚えにくい.

などである.

これらの問題を解決するためにフランスが提唱し，現在，世界のほとんどの国で共通に使われているのがメートル法を元にして作られた国際単位系（SI）である.

1.2.3 物理次元

さまざまな物理現象が観察され実験対象となってくると，物理量の種類を整理する必要があることに気付く．相互に直接比較可能な量ならば同じ単位を用いることができるが，それが不可能な量ならば異なる単位を定める必要があるからである．例えば，長さと高さは同じ基準で比較することができるが，長さと重さは直接比較することは不可能だ．そこで，直接比較が可能かどうかで物理量を分類する際に用いるのが**物理次元** (physical dimension) という概念である.

ところで，長さと面積，長さと体積は直接比較できないが，正方形や立方体を考えると，物体や物質の性質とは無関係に幾何学的関係だけから量を結びつけることができる．これも考慮の上で，物体に加わる力とその影響による運動に関する物理量を考えると，以下の 3 種類の物理量だけは直接比較できないことがわかった．それは，長さと質量と時間である．そこで，特定の物理量 X について基本となる 3 つの物理量のどれが組み合わさっているかを表す方法が考えられている．長さ，質量，時間は英語でそれぞれ length, mass, time なので，その頭文字を用いて，

$$[X] = \mathrm{L}^{\alpha}\mathrm{M}^{\beta}\mathrm{T}^{\gamma} \tag{1.2.1}$$

と表す．ここで，α, β, γ は指数であり，正負いずれの値もとる．なお，指数が 1 の場合は指数は略すことができ，0 の場合は L, M, T の文字まで略してよい．全ての指数が 0 の場合は，特に**無次元量** (dimensionless quantity) と呼ぶ.

例えば，面積 A の物理次元は $[A] = \mathrm{L}^2$ であり，密度 ρ は単位体積当たりの質量なので，その物理次元は $[\rho] = \mathrm{L}^{-3}\mathrm{M}$ となる．また，速度 v は単位時間当たりの移

動距離なので，その物理次元は $[v] = \mathrm{LT}^{-1}$ となる．

2つの物理量の積や商は，それぞれの物理次元の積や商になることは容易に理解できるだろう．

2つの物理量が同じ物理次元を持つならば，両者は直接比較することができ同じ単位を共用することができる．したがって，それらの関係を表す数式は等号で結ぶことができるし，2つの量の和や差をつくることもできる．逆に言えば，物理法則を表す数式の両辺や，和・差で結ばれる各項は物理次元が一致していなければならない．すなわち，式変形を進める途中で両辺の物理次元が不一致になっているならば，どこかで計算間違いをしていることになる．さらには，物理法則を表す式が全く不明な場合であっても，関連する物理量の物理次元を比べることで数式の見当を付けることも可能である．これらの意味で，物理次元はかなり有益な概念であるといえる．

なお，力学で扱う物理量はL, M, Tの組み合わせだけで表現できるが，物理学が対象とする範囲が広くなると，これらとは直接比べられない物理量が扱われるようになった．このため現在では電流I，温度Θ，物質量（分子や原子などの個数）N，光度（人が肉眼で感じられる明るさ）Jを加えた7つを独立した物理次元として扱うことが多い．

1.2.4 国際単位系

物理次元の概念が理解できると，物理量を表す合理的な単位体系をどのように作ればよいかがわかってくる．こうして作られたのが，先に触れた**国際単位系** (Système International d'unités[1]) である．

国際単位系は**SI**と略称され，以下の考え方に基づいて単位が作られている．

- 同じ物理次元を持つ物理量には原則として1つだけ基本単位を定める．
- 基本単位は地球人類にとって共通となる量を用いる．
- 基本単位の量は日常生活で使いやすい大きさとする．
- 物理量を表す数値が原則として十進数であることを意識して定める．

こうして，長さと質量と時間の基本単位として，メートルとグラムと秒が用いられることになった．上記の考え方に基づく最初の定義は以下の通りである．

---

[1] 国際条約に関連する公式言語は英語ではなくフランス語であることが多い．国際単位系を表すこの語もその1つ．

- メートル：地球の北極から赤道までの地表に沿った距離の $\frac{1}{1000\text{万}}$.
- グラム：液体の水が最も密度が高い温度で，一辺が $\frac{1}{100}$ m の立方体を占めるだけの質量.
- 秒：太陽が南中[2]してから次に南中するまでの時間の年平均値の $\frac{1}{86400}$.

しかし，この考え方に基づいた測定値が得られた直後に，それを表現する物体を具体的に製造し，こちらを基準とすることにした．この物体を原器という．これは，事後の測定精度向上によって単位となる量が変動することを防ぐためである．

- メートル：メートル原器の目盛り間の距離.
- グラム：キログラム原器の質量の $\frac{1}{1000}$.
- 秒：元の定義と同じ.

メートル原器とキログラム原器は白金イリジウム合金で作られ，パリで基準原器を保管することになった．その複製がいくつか作られメートル法を国内の単位として用いることに決めた最初の国々に配布され，その国の基準とすることにした.

一方，物理学の研究が進み，精密測定も可能になってくると，具体的な物体である原器に基づく定義は不便であり十分な精度も得られないことが次第に明らかになり，何度かの改訂が行われた．その結果，現在ではまず，秒が定義され，メートルとグラムは以下が定義となっている．ただし，これらの定義の概念を理解するには相対性理論と量子論の知識が必要である.

- メートル：光が真空中を 1 秒間に進む距離の $\frac{1}{299792458}$.
- グラム：周期 1 秒の電磁波に対応する光子 1 個が持つエネルギーと等価である質量の $6.62607015 \times 10^{-34}$ 分の 1 の，さらに $\frac{1}{1000}$.
- 秒：セシウム 133 原子の基底状態における 2 つの超微細構造準位の間の遷移に対応する電磁波の 9192631770 周期の時間間隔.

それぞれの定義に半端で桁数が多い数値が登場するが，これは定義の改訂前後で，同じ量を表す値ができるだけ変わらないように改訂後の定義を調整していたからである.

現在では前出の 7 つの基本的な物理次元に対応する物理量について，単位名や単位記号などを表 1.2.1 のように定めている.

2) 北半球で天体が真南に見える瞬間.

表 1.2.1　SI の基本単位

物理量	物理次元	名称	単位記号
長さ	L	メートル	m
質量	M	キログラム	kg
時間	T	秒	s
電流	I	アンペア	A
温度	Θ	ケルビン	K
物質量	N	モル	mol
光度	J	カンデラ	cd

ここで注意したいのは，質量の基本単位がグラムからキログラムに変わっていることである．これは質量の単位の基準がキログラム原器とする時代が長く続いたために，こちらを基準とする方が概念的な混乱が少ないと考えられたからであろう．ただし，後述する単位名の付け方の観点からは例外的な扱いとなっており，多少わかりにくくなっている．

1.2.5 組 立 単 位

基本単位に物理次元の考えを組み合わせると，さまざまな物理量を表す最も単純な単位として，基本単位を組み合わせたものを用いればよいことは容易に思いつく．例えば，速度の単位ならば，長さと時間の基本単位を用いて1秒間に進む距離が何 m かで表すのが最も簡単である．また，幾何学的な関係のみで表される量なら正方形や立方体を想定して単位を作ることもできる．このようにして，基本単位から導かれた単位を SI では**組立単位** (derived unit) と呼ぶ．多用される組立単位としては，表 1.2.2 に示したものなどがある．

組立単位を作る際には，例示したように「単位○○当たり」とする必要が生じる．この場合，SI では負の指数を用いるのが正式である．これに反して，速さの単位を m/s と表記する例も散見されるが，この記述方法は分母に当たる単位が複数ある場合など誤解の恐れもあるため避けるべきだとされている．

物理量の中には基本単位との関係が簡単にはわからないものもある．このような場合，物理法則を積極的に利用することで，新たな組立単位を作ることができる．先に示したように物理法則の数式は両辺の物理次元が一致している必要がある．これを逆手にとるのである．新たな物理量と既知の単位で表せる物理量とが一定の

表 1.2.2　SI の主な組立単位

物理量	物理次元	名称	単位記号	意味
面積	L^2	平方メートル	m^2	面の広さ
体積	L^3	立方メートル	m^3	立体の大きさ
速度	$\mathrm{L\ T}^{-1}$	メートル毎秒	$\mathrm{m\ s}^{-1}$	時間当たりの移動距離
加速度	$\mathrm{L\ T}^{-2}$	メートル毎秒毎秒	$\mathrm{m\ s}^{-2}$	時間当たりの速度変化
密度	$\mathrm{L}^{-3}\ \mathrm{M}$	キログラム毎立方メートル	$\mathrm{kg\ m}^{-3}$	体積当たりの質量
濃度	$\mathrm{L}^{-3}\ \mathrm{N}$	モル毎立方メートル	$\mathrm{mol\ m}^{-3}$	体積当たりの物質量
容積	L^3	リットル	L	容器や流体の体積

数式で関連付けられる場合，後者から前者の物理次元を決めることができる．そこで，基本的な法則を 1 つ想定し，その式の右辺と左辺の数値が等しくなるように新たな物理量の単位を決めればよいのである．

例えば，慣用単位では力の大きさは単位質量の物体に加わる重力を用いていたが，重力の強さは厳密には地球上でも場所によって異なるため，これを単位を決めるための基本的な法則とするのはよろしくない．一方，ニュートンの運動方程式 (1.1.1) は宇宙のどこでも同じ式になるので，こちらを使って力の単位を定める方が合理的であろう．こうして，力の単位を $\mathrm{kg\ m\ s}^{-2}$ とする．この方式を用いれば，暗記する必要がある換算係数を最小限に留めることができる．

このようにして，組立単位は表現したい物理量に応じて無限に多くのものを作ることができる．けれども，さまざまな物理量が登場すると，単純な組立単位では単位名が長くなりすぎて不便である．そこで，頻出の組立単位については新たに単位名を作っている．その例として，力学でよく用いる単位を表 1.2.3 に示す．これらの単位名の多くは物理学や化学や工学で関連する分野の発展に貢献した人名にちなんだものである．単位名からどんな仕事をした人なのか調べてみても楽しいだろう．

角度 (angle) あるいは**平面角** (plane angle) は，組立単位とは考えていない人も多いかも知れないが，扇形を考え，その中心角を円弧長と半径との比で表せることに気付けば，両者の比を単位とするのが妥当だとわかるだろう．同様にして，底面が球面となる円錐状の立体を考えることで，（球面の一部である）底面の面積と半径の 2 乗の比として**立体角** (solid angle) の単位を作ることができる．こうして平面角の単位ラジアン (rad) と立体角の単位ステラジアン (st) も SI 単位として定義されている（図 1.2.1）．

表 1.2.3 固有名を持つ SI 組立単位の例

物理量	単位名	単位記号	等しくなる組立単位
力	ニュートン	N	$\mathrm{kg\ m\ s^{-2}}$
圧力	パスカル	Pa	$\mathrm{N\ m^{-2} = kg\ m^{-1}\ s^{-2}}$
仕事	ジュール	J	$\mathrm{N\ m = kg\ m^2\ s^{-2}}$
仕事率	ワット	W	$\mathrm{J\ s^{-1} = kg\ m^2\ s^{-3}}$
振動数	ヘルツ	Hz	$\mathrm{s^{-1}}$

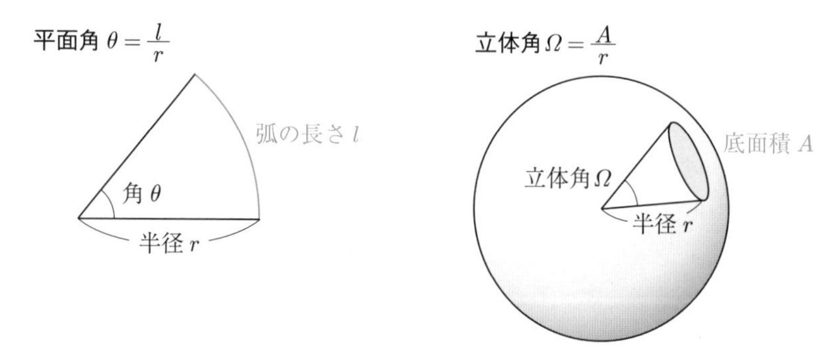

図 1.2.1 平面角と立体角の定義．それぞれ，相似の図形同士では中心の角や立体角は等しい．相似ならば，弧の長さと半径の比，底面積と半径の比は等しいので，これを平面角と立体角の単位とすれば，人為によらない単位にできる．

1.2.6 SI 接頭辞

SI ではこのような方法で単位の総数を減らすとともに，暗記の必要がある換算係数を極力なくす（1 にする）ように作られている．しかしながら，同じ物理次元でも，扱う量が桁違いになっても同じ単位で表すことに固執すると数値が非日常的な値になるので不便である．例えば，精密部品の寸法も都市間の距離もともに m で表すと不便であることは容易に想像がつく．同じ物理量について多数の慣用単位が併存していたのはこのためであろう．

SI では，これを軽減するために位取りを表す接頭辞 (prefix) を別に定め，これで物理量を表す単位を修飾することになっている．このとき，表す数値に十進数を用いることを意識して，接頭辞は 10 の指数倍にしている（表 **1.2.4**）．

これらの**位取り接頭辞**はどんな基本単位にも付けることができる．例えば，実際

表 1.2.4　SI の位取り接頭辞

記号	名称	基本単位に対する比	記号	名称	基本単位に対する比
da	デカ	10	d	デシ	10^{-1}
h	ヘクト	10^2	c	センチ	10^{-2}
k	キロ	10^3	m	ミリ	10^{-3}
M	メガ	10^6	μ	マイクロ	10^{-6}
G	ギガ	10^9	n	ナノ	10^{-9}
T	テラ	10^{12}	p	ピコ	10^{-12}
P	ペタ	10^{15}	f	フェムト	10^{-15}
E	エクサ	10^{18}	a	アト	10^{-18}
Z	ゼタ	10^{21}	z	ゼプト	10^{-21}
Y	ヨタ	10^{24}	y	ヨプト	10^{-24}
R	ロナ	10^{27}	r	ロント	10^{-27}
Q	クエタ	10^{30}	q	クエクト	10^{-30}

に $1\,\mathrm{kg} = 10^3\,\mathrm{g}$, $1\,\mu\mathrm{m} = 10^{-6}\,\mathrm{m}$, $1\,\mathrm{hPa} = 10^2\,\mathrm{Pa}$, $1\,\mathrm{ns} = 10^{-9}\,\mathrm{s}$ などの単位が用いられている．系統的なので量的な関係を覚えるのは比較的容易だろう．

基本単位や位取り接頭辞を概観すると一部の例外はあるものの，単位記号はローマ字を用い，大文字と小文字を別とみれば重複もほとんどない．逆に言えば，単位記号の大文字と小文字は確実に使い分ける必要がある．そうしないと，MHz と mHz とで大きさが 10^9 倍も異なってしまう．巷では「高さ制限 2.5 M」などの表記も見かけるが，これは明確な間違いであり「高さ制限 2.5 m」と小文字で書かなければならない．早い段階から意識して書き分けるようにしたい．

1.3　物理でのベクトルとスカラー

1.3.1　ベクトルとスカラー

ニュートンの運動方程式には 2 つの異なる種類の物理量が登場している．1 つが**ベクトル** (vector) であり，もう 1 つが**スカラー** (scalar) である．

運動方程式に登場する物理量のうち，力や加速度は観察する向きによって見かけの向きが変わる．このような物理量をベクトルという．ベクトルは大きさの他に向きを指定しないと決まらない量である．一方，質量は観察する向きが変わっても，その値は変化しない．このような物理量をベクトルに対してスカラーという．質量の他，体積や時間などはスカラーである．

ベクトルとスカラーを数式上で明確に認識するために，物理学ではベクトルは $\boldsymbol{f}$ のように太字で，スカラーは m のように細字で表す．高校の数学ではベクトルは $\vec{f}$ のように変数の上に矢印を付すことで表していた．これでも誤りではないが，物理学では太字で書くのが通例なので，これからはこちらに慣れた方がよかろう．

1.3.2 ベクトルと物理法則

以下で述べるように物理学におけるベクトルとは見る向きを変えた場合に同じように変わる量である．これを考えれば，ある物理法則がベクトルの関係式で表現できること，それ自体が特別な意味を持つ．その物理法則は観察する向きによらず成り立ち，また，どの向きで観察した場合でも表現は同じ式になるということである．そうであるためには，物理法則を表す式の両辺は，片側だけがベクトルということはあり得ないこともわかる．この特徴を知っていると，式変形の計算ミスや物理法則の覚え違いに気付く手がかりとして使える．したがって，ベクトルを使って物理法則を表現することは本質的に重要である．

物理法則がベクトルを用いた式で表現されるならば，ベクトル同士の計算を考える必要がある．しかし，ベクトルは大きさと向きを持つ量なので，スカラーのように通常の数値に対する四則演算のような方法では計算ができない．そこで，これからベクトルの計算方法を考えることにしよう．

そのために，ベクトル量の基本として，指定した向きへ指定した長さだけ進むという物理量を考えよう．本書ではこれを**移動量ベクトル**と呼ぶことにする．図形的には長さを持った矢印をイメージするとわかりやすいだろう．そして，物理学で扱うベクトルは計算方法も観察する向きを変えた場合の見かけの変わり方も，全て移動量ベクトルと同じであるとする．逆に，そのような物理量をベクトルと呼ぶことにしたと考えてもよい．

ところで，移動量ベクトルはベクトルの性質を考える上では重要だが，物理量として現れるベクトルは必ずしも始点と終点が空間的に異なる地点であることを意味しない．むしろ，空間的には広がりを持たない量であり，その大きさも対応する広がりを意味するわけではない．物理量のベクトルを図示する場合，矢印で表現するが，その物理量はあくまでも1点に対して決まる量（矢印の始点に対する量として図示するのが慣例）であり，その点で誤解しないように注意して欲しい．

1.3.3 ベクトルの計算

ベクトルの計算方法は高校数学で学習しているはずだが，力学で用いるために忘れてはならない性質は以下の関係としてまとめられる．

- ベクトルは向きと大きさを持つ量である．
- 2 つのベクトルの和は，両者の始点を一致させた場合，2 つのベクトルがなす平行四辺形の対角線に対応するベクトルで与えられる．
- ベクトルの正値の実数倍は，向きを同じくして大きさを実数値倍したベクトルである．
- ベクトルの負値の実数倍は，向きを逆向きにして大きさを実数値の絶対値倍したベクトルである．
- $x\boldsymbol{a} - y\boldsymbol{b} = x\boldsymbol{a} + (-y)\boldsymbol{b}$ が成り立つ．
- $x(\boldsymbol{a} + \boldsymbol{b}) = x\boldsymbol{a} + x\boldsymbol{b}$ が成り立つ．

これらを使えばベクトル量を含む式についての計算ができる．

物理学の視点を踏まえた考え方を反映した上記の元となる内容を付録 A.2 節にまとめた．具体的なイメージが描きにくいと高校で感じた人は，ご一読願いたい．

1.3.4 力の釣合と合成

力 (force) もベクトルとして扱えることをいくつかの実例で示してみよう．日常経験と完全に一致する，これらの現象を通じて，力はベクトル量であることが実験的に証明されている．

● 逆向きの力の釣合 2 つの力 $\boldsymbol{f}_1$ と $\boldsymbol{f}_2$ を考える．両者が逆向きで大きさが等しい場合，力がベクトル量ならば，

$$\boldsymbol{f}_2 = -\boldsymbol{f}_1 \tag{1.3.1}$$

となり，2 つの力を足すと零ベクトルとなる．つまり，力が加わっていない場合と同じことになる．

例えば，台ばかりの上に物体を静かに置くと，物体に加わる鉛直下向きの重力と台ばかりから受ける鉛直上向きの力が釣り合う．このため，物体は落下も上昇もしない．

● 3つ以上の力の釣合 3つ以上の力 $\boldsymbol{f}_1, \boldsymbol{f}_2, \ldots, \boldsymbol{f}_n$ が同時に働く場合にも

$$\boldsymbol{f}_1 + \boldsymbol{f}_2 + \cdots + \boldsymbol{f}_n = 0$$

の場合には，全ての力が釣り合っており，力が加わっていない場合と同じことになる．

物体にY字型の綱を架け，左右に斜めに釣り上げる場合，Y字のなす角に応じて左右上方に釣り上げる力を加減しないと，物体が上下左右に動いてしまう．左右上方に加わる2つの力と物体に加わる重力とのベクトル和が0になると，全体が釣り合う．

● 合成力の下での運動 1つの物体の前後に紐を付けて同時に両側に異なる強さで引っ張る場合，強い力が加わる方に物体は移動するが，その動きは強い力から弱い力を減じた力だけを加えた場合と同じ運動となる．

綱引きの際の綱の中心の目印の動き（綱全体の動きを代表している）がこれに当たる．

1.4 物理での微分と積分

1.4.1 位置と速度

我々が知りたいのは指定した時刻における質点の位置である．しかるに，運動の法則として得られた運動方程式は力と加速度との関係を示すものであった．このため，位置と加速度との関係を見出さないと答を得ることができない．

これを考えるために，まずは位置と速度との関係を，速度を定義することで考えてみよう．質点が移動する場合，その位置 $\boldsymbol{x}$ は時間の関数となる．そこで，これを $\boldsymbol{x}(t)$ と書くことにする．(t) を付したのは $\boldsymbol{x}$ が t によって変化する値であることを明示したものである．これに基づくと時刻 t から $t + \Delta t$ までの時間 Δt の間での移動は

$$\Delta \boldsymbol{x} = \boldsymbol{x}(t + \Delta t) - \boldsymbol{x}(t) \tag{1.4.1}$$

となる．

ここで Δt などの表記が出てくるが，これは「Δ と t の積」という意味ではない．例えば，「時」は「日」と「寺」でできた1文字の漢字であって，「日」と

「寺」でできた熟語とは異なるのと同じである．ただし，「時」の音読みが「寺」と同じであるように，バラバラにした各部にも意味はある．この場合，Δ が付された変数は「元の変数の変化」を意味している．例えば，上記のように，Δt は 2 つの時点の差であることを示している．

速度 (velocity) は時間当たりの位置の変化である．したがって，時間 Δt での平均速度は $\frac{\Delta \boldsymbol{x}}{\Delta t}$ となる．現実世界では質点の位置が無限に短い一瞬で遠くへ飛ぶことはないので，Δt が小さくなれば $\Delta \boldsymbol{x}$ も小さくなるだろう．なので，両者の比は一定の値に近づくことが期待できる．そこで，その値を時刻 t での質点の速度とする．すなわち，

$$\boldsymbol{v} = \lim_{\Delta t \to 0} \frac{\Delta \boldsymbol{x}}{\Delta t} \tag{1.4.2}$$

である．右辺のような式はこれからよく出てくるが，いちいち lim などを書くのは面倒だ．そこで，これを

$$\boldsymbol{v} = \frac{d\boldsymbol{x}}{dt} \tag{1.4.3}$$

と略記することにしよう．$\Delta \boldsymbol{x}$ はベクトルなので $\boldsymbol{v} = \frac{d\boldsymbol{x}}{dt}$ も当然，ベクトルである．ここからわかるように，この d は元が Δ なので，これも t や $\boldsymbol{x}$ と分けて，それらとの積であると考えてはいけない．また，$\frac{d\boldsymbol{x}}{dt}$ は分数のような “顔” をしているが，実際はこれ全体で 1 つの関数ないし変数である．しかしながら，分数であるかのように扱って計算しても正しい答が得られる場合が多いという優れた記法で，ライプニッツ (Leibniz) によって使われるようになった．本書ではこれを**ライプニッツの記法**と呼ぶことにする．便利であるがゆえに，逆に，どんな場合には分数であるかのように扱っては駄目なのかに注意する必要がある．

一方，$\frac{d\boldsymbol{x}}{dt}$ は「$\boldsymbol{x}$ に対してある操作をした結果として得られる関数」と考えることもできる．その場合は，これを

$$\frac{d\boldsymbol{x}}{dt} = \frac{d}{dt}\boldsymbol{x} \tag{1.4.4}$$

の右辺のように書くことにしよう．繰り返すが，これは，$\frac{d\boldsymbol{x}}{dt}$ とは表記法が異なるだけで全く同じ意味である．こう考える場合，操作 $\frac{d}{dt}$ を，t による**微分** (differential) と呼ぶ．

1.4.2　2階微分と加速度

ニュートンの運動方程式にたどりつくにはもう一息だ．

方程式に出てきた**加速度** (acceleration) とは速度の変化率であった．したがって，時刻 t での速度を $\boldsymbol{v}(t)$ とすると，同様にしてベクトル量である加速度が得られる．

$$\boldsymbol{a} = \lim_{\Delta t \to 0} \frac{\Delta \boldsymbol{v}}{\Delta t} = \frac{d}{dt}\boldsymbol{v} \tag{1.4.5}$$

これに，先ほど得られた速度の定義式を代入すれば，

$$\boldsymbol{a} = \frac{d}{dt}\left(\frac{d\boldsymbol{x}}{dt}\right) = \frac{d}{dt}\left(\frac{d}{dt}\boldsymbol{x}\right) \tag{1.4.6}$$

と書くのが妥当だとわかるだろう．これは，「$\boldsymbol{x}$ に対する t による微分を2回繰り返した」と考えることができる．これを「$\boldsymbol{x}$ に対する t による **2階微分** (second derivative)」と呼ぶ（重ねて実行するという意味で「回」ではなく「階」を用いる）．この書き方は微分を2回繰り返したことはわかりやすいが，少し面倒なので

$$\frac{d}{dt}\left(\frac{d\boldsymbol{x}}{dt}\right) = \frac{d^2\boldsymbol{x}}{dt^2} \tag{1.4.7}$$

と書くことにする．ここで，dt^2 と書くのは，dt で1つの変数と考えて $(dt)^2$ の意味で書いていると思って欲しい．

ここまで来れば，運動方程式 (1.1.1) は

$$\boldsymbol{f} = m\frac{d^2\boldsymbol{x}}{dt^2} \tag{1.4.8}$$

と記述することができる．これによって，全ての時刻 t で働く力 $\boldsymbol{f}$ がわかれば，時刻 t での質点の位置 $\boldsymbol{x}(t)$ が原理的には計算できることになる．

ところで，「t による微分」が自ずとわかる場合には，もっと省略した表記とすることもできる．「何階微分なのか」だけを示せば十分だからである．そこで，微分の階数に対応した個数の・を変数の上に書き，

$$\boldsymbol{f} = m\ddot{\boldsymbol{x}} \tag{1.4.9}$$

と書くことにする．これはニュートンが提唱した記法である．本書ではこれを**ニュートンの記法**と呼ぶことにする．力学を語る際には簡単に書けて便利なので，今でも多用される．覚えておいても損はないだろう．本書でも，今後，ところどころで使用する．

こうして，我々は質点に加わる力を適切に評価できれば，それを運動方程式に代入し数学的に解くことで，任意の時刻 t での質点の位置 $\boldsymbol{x}(t)$ を求めることができるという形に問題を具体化することができたわけである．

1.4.3 力学での積分

運動方程式は位置の 2 階微分を与える微分方程式であった．これを解くための数学的技法として，「微分したら目的の関数となる関数を見つける方法」を考えよう．これを**積分** (integration) という．具体的な例を考える方がわかりやすいので，直線上を運動する点の現在までの速度から現在の位置を求めることを考える．

速度は時間当たりの位置の変化なので，時刻 t_1 から t_2 の間での移動量 $\boldsymbol{x}_2 - \boldsymbol{x}_1$ は速度 $\boldsymbol{v}$ に時間 $t_2 - t_1$ を乗じた量になるはずである．すなわち，

$$\boldsymbol{x}_2 - \boldsymbol{x}_1 = \boldsymbol{v}(t_2 - t_1) \tag{1.4.10}$$

となる．とはいえ，時間 $t_2 - t_1$ の間に速度 $\boldsymbol{v}$ が変化すれば，この式は成り立たない．そこで，時間 $t_2 - t_1$ を多数の短い時間に分割してみよう．十分に短い時間 Δt の間では速度変化が十分に小さくなることが期待できるので，その間での位置変化は経過時間とその間での典型的な速度の積としてもよいだろう．これを数式で書けば

$$\Delta \boldsymbol{x} = \lim_{\Delta t \to 0} (\boldsymbol{v}(t_1) + \boldsymbol{v}(t_1 + \Delta t) + \cdots + \boldsymbol{v}(t_2))\Delta t = \lim_{\Delta t \to 0} \sum_{t=t_1}^{t_2} \boldsymbol{v}(t)\Delta t \tag{1.4.11}$$

となる．この右辺もこれからよく出てくるが，微分のときと同様に，いちいち lim などと書くのは面倒なので，

$$\Delta \boldsymbol{x} = \boldsymbol{x}(t_2) - \boldsymbol{x}(t_1) = \int_{t=t_1}^{t_2} \boldsymbol{v}(t)\, dt \tag{1.4.12}$$

と書くことにする．$\int$ は合計を表す英語 sum の S を縦に伸ばして書いた文字であり，dt は微分の場合と同じく，$\Delta t \to 0$ とした場合の Δt であることを意味している．$\int$ の下端の「$t =$」は，t_1 や t_2 が t の値であることが明確であれば省略することができる．

微分の場合と同じく，これを「t の関数 $\boldsymbol{v}(t)$ に操作を加えた結果として得られる値」と考え，「$\boldsymbol{v}(t)$ の t による積分 (integration)」という．

上記の積分の値は到着時刻 t_2 が変われば変化するので，t_2 の関数と見なすこともできる．このことを明示するために，t を t' に，t_2 を t に置き換えてみよう．また，$\boldsymbol{x}(t_1)$ は定数とみなせるので，これを $\boldsymbol{x}_1$ として移項すると

$$\boldsymbol{x}(t) = \int_{t_1}^{t} \boldsymbol{v}(t')\, dt' + \boldsymbol{x}_1 \tag{1.4.13}$$

と書ける．

速度 $\boldsymbol{v}(t)$ と位置 $\boldsymbol{x}(t)$ との関係は

$$\frac{d\boldsymbol{x}}{dt} = \boldsymbol{v} \tag{1.4.14}$$

だったことを考えると，ここから，関数の積分は「微分するとその関数となる関数を得ること」に相当することがわかる．そして，関数を微分して得られる関数を，もとの関数の**導関数** (derivative function) と呼ぶ．

1.4.4 微分と積分の考え方

物理学ではある物理量の微分を与える方程式として法則を表現する場合が多い．このような方程式を**微分方程式** (differential equation) という．簡単なモデルから微分方程式を作るには微分を，その解を得るためには積分を理解していることが必要である．それらの計算を行うための数学である微分と積分は高校数学で学習しているはずだが，具体的なイメージが描きにくくて困った人も多いだろう．付録 A.1 節に物理学の観点からの微分と積分についてのまとめを掲載してあるので，そのような人にはぜひ読んで欲しい．特に，付録に掲載した表 **A.1.1** に示した初等関数の微分・積分の関係は高校数学で習ったはずだし，しばしば登場するので，自ずと暗記してしまうだろう．

なお，物理学では常用対数よりも**自然対数** (natural logarithm) を用いることが多く，その場合に，$\log_e$ と書くのが面倒なので，“log natural” の略として ln と書くことが非常に多い．このことは高校では教えていないと思われるので知っておきたい．

1.4.5 微分方程式

微分と積分について見直しをしたついでに，物理学における微分方程式についても触れておこう．

物理学とは，2つ以上の物理量の間の関係を見出し，それを利用してさまざまな自然現象を予想することを目的としている．例えば，質点に関する力学では時刻 t での質点の位置 $\boldsymbol{x}$ を求めることが最終的な目標といえる．

しかしながら，2つの物理量の間の関係式がすぐにわかるのは単純な場合に限られる．とはいえ，一方の物理量が変化すると他方の変化がある程度予想できる場合も多い．実際，ニュートンの運動方程式は加速度，すなわち，時間当たりの速度の変化率が力と比例関係にあるという方程式になっている．このような例が他にもあることが期待できる．

そこで，時刻 t での速度 v に対応する2つの物理量として x と y を考えることにしよう．y は x の変化によって値が変わり，数学的には $y = y(x)$ と書けるとする（この時点では具体的にどんな関数なのかがわかっている必要はない）．もし，x の変化がわずかなら y の変化もわずかである，つまり，$y(x)$ が x に関して滑らかな連続関数であると仮定しよう．この仮定は多くの自然現象で成り立つ．この場合，x がわずかな値 Δx だけ変化したときに，$y(x)$ が $y(x+\Delta x)$ に変わると予測できるとしよう．つまり，以下の式が成り立つと予想できたとする．

$$y(x+\Delta x) = y(x) + a(x,y)\,\Delta x \tag{1.4.15}$$

ここで，$a(x,y)$ は x と y の関数としたが，もちろん，定数でもよい．

このとき，$y(x+\Delta x) = y(x) + \Delta y$ と書くことにすれば，

$$\Delta y = a(x,y)\,\Delta x \tag{1.4.16}$$

である．ここで両辺を Δx で割り，$\Delta x \to 0$ の極限をとったとすると，

$$\lim_{\Delta x \to 0} \frac{\Delta y}{\Delta x} = \frac{dy}{dx} = a(x,y) \tag{1.4.17}$$

が得られる．ここで1つ目の等号は微分の定義を用いた．左辺が収束するかは明らかではないが，多くの物理量の間では，それが成り立つので，ここではそれでよいとしよう．

式 (1.4.17) のように微分 $\frac{dy}{dx}$ が与えられた式を微分方程式と呼ぶ．ニュートンの運動方程式は微分方程式である．

微分方程式を解くには両辺を x で積分すればよい．a が定数ならば，それは容易であり，x の関数であれば，その原始関数を知っていれば解くことは可能である．あるいは，置換積分や部分積分などを駆使すれば解くことができるだろう．しかし，$a(x,y)$ が y の関数である場合は，y が x のどんな関数であるか，つまり，微分方程式の答がわからなければ，x での積分ができない．しかしながら，y だけの関数 $a(y)$ ならば，以下のようにして解くことができる．

式 (1.4.17) の両辺を $a(y)$ で割ると，

$$\frac{1}{a(y)}\frac{dy}{dx} = 1 \tag{1.4.18}$$

となる．この左辺を x で積分すると置換積分の式 (A.1.10) が利用でき，以下の式になる．

$$\int \frac{1}{a(y)}\frac{dy}{dx}\,dx = \int \frac{1}{a(y)}\,dy \tag{1.4.19}$$

今，$a(y)$ が y だけの関数だとしていたので，$\frac{1}{a(y)}$ は y だけの関数であり，その積分は多くの場合，可能であろう．式 (1.4.18) の右辺の積分はもちろん x であるから，求めたい解とは裏返しの答ではあるが，x を y の関数 $x(y)$ として求めることができる．したがって，その逆関数として（具体的な式として書くことができない場合もあるが）$y = y(x)$ を得ることができるわけである．

もし，$a(x,y)$ が x の関数 $f(x)$ と y の関数 $g(y)$ の積で表せるならば，すなわち，$a(x,y) = f(x)g(y)$ ならば，式 (1.4.17) の両辺を $g(y)$ で割ることで以下の式を得る．

$$\frac{1}{g(y)}\frac{dy}{dx} = f(x) \tag{1.4.20}$$

この両辺を x で積分すれば

$$\int \frac{1}{g(y)}\,dy = \int f(x)\,dx \tag{1.4.21}$$

となり，両辺をそれぞれ積分することができるので，最終的には x と y との定量関係を知ることができるのである．

もしも，$a(x,y) = f(x)g(y)$ の形に分けられない場合は，相当な運と工夫が必要であろう．ただし，物理学においてはほとんどの場合に $a(x,y) = f(x)g(y)$ である場合を考えれば十分なので，そのように書ける場合だけを考えるだけでもほとんどの問題を解くことができる．

以上をまとめると，式 (1.4.16) を求めることまでが物理学であり，そこから先は数学による積分計算だけということもできる．また，式 (1.4.16) から直接，式 (1.4.17) や式 (1.4.21) が得られていることを考えると，最初からそこまでを前提として，式 (1.4.16) の代わりに

$$dy = f(x, y)\,dx \tag{1.4.22}$$

と書くこともよく行われる．

なお，Δy が Δx に比例しているとした上記の考え方は単純化しすぎていると感じた人もいるかも知れない．しかし，これが多くの場合に成り立つことは，後述の 2.3 節の「テイラー展開」を読み，「1 次近似」を考えれば納得できると思うので，それまでお待ちいただきたい．

演 習 問 題

演習 1.1　高校物理では次のような問題がよく登場する．

「傾斜角 θ の斜面に質量 m の物体を置いて，静かに手を放すと，物体が斜面を滑り落ちる．物体と斜面との動摩擦係数を μ，重力加速度を g として，この物体が滑り落ちる加速度の大きさ a を求めよ．」

この答は

$$a = g\sin\theta - \mu g\cos\theta \tag{1}$$

とされている．

この問題に対応する実験を通常の実験室内で行うと，ほぼ同じ結果が得られることから，この答は正しいと言える．しかしながら，上記の答には上記の問題文中では明示されていない近似やモデル化がいくつもなされている．

現実的には成り立っているが，極めて厳密に考えたり極端な状況下で考えると成り立たないものとして，明示されていない近似やモデル化を 3 つ以上挙げよ．

演習 1.2　高校物理でしばしば登場する，斜面を滑り落ちる物体の運動についての問題を考えよう．これに対応すると考えられる現実の物理現象を 1 つ挙げよ．それと比べて，高校物理での演習問題でモデル化および近似されている点をできるだけ多数挙げよ．

演習 1.3　慣用単位では物理量の計算がいかに面倒になるかを確かめるために，以下の実例を計算してみよ．

3 ガロン入りの樽を作った．ここに水を一杯に入れると何ポンドになるかを求め，これが何 kg なのか求めよ．ただし，この水は 1 パイント当たりの質量が 1.25 ポンドであるとする．また，単位は全て英国での単位である．

演習 1.4　国際単位系では計算がずっと簡便になることを確かめるために，ほぼ同じ量で

ある以下の実例を計算してみよ．

13.6 L 入りのタンクを作った．ここに水を一杯に入れると何 kg になるかを求めよ．また，それが何ポンド（英国での単位．英国では 1 lb と書く）に当たるかを求めよ．ただし，この水は 1 cm^3 当たり 1 g の質量であるとし，1 ポンド = 454 g とする．

演習 1.5　一端に質量 m のおもりがついたバネ定数 k のバネを考える．自然長から x_0 だけ伸ばしてから静かに手を放すと，おもりは周期 T で振動する．この物理系を特徴付ける物理量を挙げ，その物理次元を考えることで，周期 T は x_0 によらず，$\sqrt{\frac{m}{k}}$ に比例することを，運動方程式を解くことなく，各物理量の物理次元を考慮することだけで示せ．

演習 1.6　直線上の運動を考える．速度 $\dot{x}$ と加速度 $\ddot{x}$ の微分による定義から以下の関係式を求めよ．ただし，加速度 $\ddot{x} = a$ は一定とする．

(1)　時刻 $t = 0$ に位置 $x = x_0$，速度 $v = v_0$ から加速して，時刻 t での位置 x．

(2)　任意の時刻 t での速度 v，加速度 a，位置 x との関係．

演習 1.7　海面から潜ると深度に応じて水圧が増加することはよく知られている．この関係を簡単な物理モデルで求めてみよう．

海水の密度を ρ とし，重力加速度 g を深さによらず一定とするモデルを考える．海水は運動しておらず，圧力を加えても密度は変化しないと近似しよう．海面からの深さ x での圧力を $p = p(x)$ として，これを求めてみる．

深さ x から $x + \Delta x$ の間に挟まれた海水が上下動しないための力の釣合の式を作り，$\Delta x \to 0$ の極限を考えて，x と p との微分方程式を求めよ．これを解いて深さ x での水圧 p の式を求めよ．ただし，海面での水圧は $p = p(0) = p_0$ とする．

また，海水の密度 ρ や重力加速度 g などの具体的な数値を調べ，得られた結果に代入した答と，ダイビングに関するインターネット上の記述（「10 m 潜るごとにおよそ 1 気圧ずつ水圧が増す」など）と比較せよ．

演習 1.8　地上から上空に上がると高さに応じて気圧が低くなることはよく知られている．この関係を簡単な物理モデルで求めてみよう．

高さ x での気圧を $p = p(x)$ とし，重力加速度 g を高さによらず一定とするモデルを考える．空気の密度 ρ と圧力 p との関係として，理想気体の状態方程式が成り立つとし，気温 T は高度 x によらず一定と近似しよう．気体の体積当たりの分子数と密度との換算に必要な平均分子量 μ は $\mu = 28.8\ \mathrm{g\ mol^{-1}}$ で一定とする．

高さ x から $x + \Delta x$ の間に挟まれた大気が上下動しないための力の釣合の式を作り，$\Delta x \to 0$ の極限を考えて，x と p との微分方程式を求めよ．これを解いて高さ x での気圧 p の式を求めよ．ただし，地表面での気圧は $p = p(0) = p_0$ とする．

また，大気の平均温度を $T = 240\ \mathrm{K}$ とし，重力加速度 g などの具体的な数値を調べ，得られた結果に代入した答と，大気の高さに応じた気圧の変化に関する文献の記述と比較せよ．実際の大気温は高さに応じて変化するが，一定としたこのモデルがほぼ正しい結果を与える理由について考察せよ．

第 2 章
運動方程式とその解き方

2.1 直線上の質点の運動

2.1.1 自由粒子の運動

質点の運動を扱う際には，それに加わる力を考え，運動方程式を解けばよいことがわかった．とはいえ，具体的に解こうとすると問題はそれほど簡単ではない．というのは運動方程式はベクトル量の方程式である上に，質点の位置 $\boldsymbol{x}$ の微分に関する式になっていて，単純な四則演算では解くことができないからである．そのために，ベクトルと微分積分についての基本を学んだわけだが，それだけで現実的な場合の答を考えるのは未だ大変だろう．スポーツでも芸術でもいきなりプロのレベルで勝負に挑むのは大変なのと同じだ．

そこで，“プロの感覚” を得るために，まずは数学的に簡単に解ける場合をいくつか検討してみることにしよう．

最初に考えるのは，最も簡単な場合，すなわち，力が全く加わらない場合の質点の運動である．このように力が全く加わっていない質点を**自由粒子** (free particle) と呼ぶ．自由粒子の場合，力が全く加わらないので $\boldsymbol{f} = 0$ である．これを運動方程式 (1.1.1) に代入すれば，

$$m\boldsymbol{a} = m\frac{d\boldsymbol{v}}{dt} = 0 \tag{2.1.1}$$

となる．この式は $\boldsymbol{v}$ が時間的に変化しないということなので，

$$\boldsymbol{v}(t) = \boldsymbol{v}_0 \tag{2.1.2}$$

と同じ意味になる．ここで，$\boldsymbol{v}_0$ は時間が経っても変化しない定数である．$\boldsymbol{v}_0 \neq 0$ であってもよいことに注意したい．つまり，力が働かない質点は静止しているとは限らず，常に一定の向きに同じ速さで進むこともあるということである．

力が加わらなくとも運動が継続することはニュートン以前の自然科学では認識さ

れていなかった．そのため，ニュートンはこの事実を重視し，「力学の第1法則」として運動方程式とは別の法則とした．しかし，現在の理解から考えると運動方程式の解の1つであると見なすことができる．

2.1.2　一定の力を受ける質点の運動

次に，質点に常に一定の力が加わっている場合を考えよう．力 $\boldsymbol{f}$ はベクトル量なので，力の大きさだけでなく向きも変わらない場合であることに注意して欲しい．この場合，$\boldsymbol{f} = \boldsymbol{f}_0$ として，運動方程式 (1.1.1) に代入すれば，

$$m\boldsymbol{a} = m\frac{d\boldsymbol{v}}{dt} = \boldsymbol{f}_0 \tag{2.1.3}$$

となる．ここで，$\boldsymbol{f}_0$ は時間が経っても変化しない定数である．これは加速度 $\boldsymbol{a}$ が時間的に変化しないということなので，

$$\boldsymbol{a}(t) = \boldsymbol{a}_0 = \frac{\boldsymbol{f}_0}{m} \tag{2.1.4}$$

と同じ意味になる．ここで，$\boldsymbol{a}_0$ は時間が経っても変化しない定数である．

では，2階微分したら上記の $\boldsymbol{a}_0$ となる $\boldsymbol{x}(t)$ とはどんな関数なのだろうか．せっかく学習したので，1.4節で述べた積分を使うことにしよう．ベクトルの積分は式 (1.4.11) での和をベクトル和と考えれば，具体的な数値の計算はできなくても理解はできるだろう．

定数 $\boldsymbol{a}_0$ を積分するので，その答は

$$\boldsymbol{v} = \int_0^t \boldsymbol{a}_0\, dt' = \boldsymbol{a}_0 t + \boldsymbol{v}_0 \tag{2.1.5}$$

となる．ここで，$\boldsymbol{v}_0$ は $t = 0$ での $\boldsymbol{v}$ の値である．

これをもう一度積分すると，時刻 t での質点の位置 $\boldsymbol{x}(t)$ を得ることができる．すなわち，

$$\boldsymbol{x} = \int_0^t \boldsymbol{v}\, dt' = \int_0^t (\boldsymbol{a}_0 t' + \boldsymbol{v}_0)\, dt' = \frac{1}{2}\boldsymbol{a}_0 t^2 + \boldsymbol{v}_0 t + \boldsymbol{x}_0 \tag{2.1.6}$$

である．ここで，$\boldsymbol{x}_0$ は時刻 $t = 0$ での質点の位置である．

この結論が正しいかは実験で確かめる必要がある．正確には，きちんと状況を設定した精密な実験を行うべきだが，似た現象を観察することで日常経験に基づいた判断ができることも多い．その観点で答を見直してみよう．

式 (2.1.5) では力を加え続けた時間に比例して速度が増加する．見通しがよい直

線路で自転車を走らせる場合を考えると，一定の力でペダルを踏み続けると速度が次第に上がることがわかる．逆に，一定の力でブレーキをかければ速度は次第に減少する．離着陸する飛行機の滑走路での運動も同じである．それぞれの場合の移動距離を調べてみると，式 (2.1.6) で示されるように加速時には移動距離がどんどん増える．これらの経験から，得られた答は妥当であると見当を付けることができる．

2.1.3　直線上を運動する質点の運動

次に直線上を運動する質点について考えることにしよう．質点に加わる力は全て運動方向にしか働かない場合を考える．例えば，直線の線路を走る電車の加速と減速だけを考えることにするわけである．

このようにモデルを限定すると，ベクトルといっても大きさしか変化しないので，通常の数の計算で質点の運動を記述できるだろう．ただし，ここでは逆向きのベクトルならば大きさは負値となる（つまり，運動方向に沿ったベクトルの成分ということだ）．

直線方向に力が加わっていない場合や一定の力が加わっている場合の答は既に求めたので，力が時間変化する場合を考えてみよう．この場合の運動方程式は，直線に沿った大きさだけで記述でき，

$$f = m\frac{d^2x}{dt^2} \tag{2.1.7}$$

なので，時刻 t での質点の位置 $x(t)$ は

$$x(t) = \frac{1}{m}\int_0^t \left(\int_0^{t'} f\,dt''\right) dt' \tag{2.1.8}$$

で得ることができる．つまり，時々刻々での力 $f(t)$ がわかれば，それを 2 階積分することで質点の位置は決まってしまうということである．

この答は原理的には重要である．例えば，宇宙船や航空機で用いられている**慣性航法装置** (INS; inertial navigation system) は，この原理に基づいて自分の位置を調べる装置である．これは，自分に加わる力を時々刻々測定し，それを 2 階積分することで時刻 $t = 0$ での位置と速度に基づいて現在の自分の位置 $x(t)$ を推定するのである．

一方，質点に加わる力 f が時間の関数 $f(t)$ として事前にわかっていない状況でも，質点の運動を予想したい場合は多い．そこで，そのような場合について考えてみることにしよう．

2.1.4　速度に比例する力の下での運動

物体に働く力の中には，その物体の速さに比例して進行方向と反対向きに働くものがある．例えば，空気や水などの中を移動する物体に加わる力は一定の速度範囲では物体の速さに比例することが経験的に知られている．自然現象は全て解明されていると誤解している人も世の中には多いが，それは間違いである．この力も特定の速度範囲でだけ成り立ち，その理由も厳密には解明されていない．しかし，経験的に知られていることでも，より複雑な自然現象の解明に役立つ場合は多い．ここでは，（厳密には事実に反するが，）全ての速度範囲で力が速さに比例するとして答を求めてみよう．

この力は物体の運動方向と同じ方向にだけ働くので，これも大きさだけで記述することができる．ただし，逆向きなので力の大きさを負で書くことにする．すなわち，比例係数を c として以下の式で記述することにしよう．

$$f(x) = -cv = -c\frac{dx}{dt} \tag{2.1.9}$$

質点に加わる力がこれだけならば運動方程式は以下のようになる．

$$m\frac{d^2x}{dt^2} = -c\frac{dx}{dt} \tag{2.1.10}$$

これは2階微分方程式であるが，v について考えると以下の1階微分方程式になる．

$$m\frac{dv}{dt} = -cv \tag{2.1.11}$$

この方程式の左辺は t で積分すると mv になることは微分と積分の関係から明らかだが，$v(t)$ の形がわからない（それが求める答！）ので右辺は t で積分できない．そこで，両辺を v で割って右辺に v を含まないようにしよう．

$$m\frac{1}{v}\frac{dv}{dt} = -c \tag{2.1.12}$$

この両辺を t で積分すると

$$m\int\frac{1}{v}\frac{dv}{dt}\,dt = -c\int dt \tag{2.1.13}$$

となる．左辺は変数変換の関係である式 (A.1.8) を使うと

$$m\int\frac{1}{v}\,dv$$

となるので v の式を v で積分することになるから計算ができる．右辺は定数だけ

になったので t で積分できる．このようにして関数関係にある t と $v(t)$ とが右辺と左辺に分かれた式を "**変数分離形**の式" という．微分方程式を変数分離形にすることは微分方程式の解き方の定石の 1 つであるから意識しておくとよいだろう．というわけで，積分を実行すると，以下の式が得られる．

$$m(\ln v - \ln v_0) = -c(t - t_0) \tag{2.1.14}$$

ここで，v_0 と t_0 はどちらも定数であるが，$t = t_0$ のときは $v = v_0$ でなければならないので 2 つを独立には決められない．

このように 1 階の微分方程式を解くと，微分方程式だけでは決められない定数が 1 つ生じる．これを**積分定数**という．2 階微分方程式なら積分定数が 2 つ生じることが予想できる．証明は省くが，この予想は正しい．このため，2 階の微分方程式の答を確定させるには 2 つの積分定数の数値を確定させる必要がある．このための条件を**初期条件** (initial condition) という．運動方程式の場合，指定した時刻（多くは $t = 0$）での位置 $x(t)$ と速度 $\dot{x}(t)$ や，2 つの時刻での位置 $x(t_1)$ と $x(t_2)$ などで指定されることが多い．

さて，変数分離形にした式を変形すると，

$$v(t) = v_0 e^{-\frac{c}{m}(t - t_0)} \tag{2.1.15}$$

が得られる．これが運動方程式 (2.1.11) の答である．

ところで，式 (2.1.11) は「1 階微分したものが元の関数と同じ形をしている関数」を見つければ答になることがわかる．そのつもりで，表 **A.1.1** を見てみると，e^{-kt} がそれに該当することがわかる．実は，ほとんどの関数は e^{-kt} の線形結合で表すことができるので，これ以外の答を求める必要はない．そこで，解を $v(t) = v_0 e^{-kt}$（v_0 は t によらない定数）として式 (2.1.11) に代入してみよう．

$$-kv(t) = -\frac{c}{m}v(t) \tag{2.1.16}$$

ここから，$k = \frac{c}{m}$ が成り立てば，$v(t) = v_0 e^{-kt}$ は式 (2.1.11) の答であることがわかる．つまり，

$$v(t) = \frac{dx(t)}{dt} = v_0 e^{-\frac{c}{m}t} \tag{2.1.17}$$

なのである．この場合，$v(0) = v_0$ となるので v_0 の物理学的な意味がわかりやすい．この答は，変数分離形にして解いた場合に $t_0 = 0$ としたことに対応することがわかる．

式 (2.1.17) の右辺は t の式で表現されているので，t で積分した結果を式で書くことができる．そこで，式 (2.1.17) の両辺を t で積分すると，任意の時刻での質点の位置を

$$x(t) = \int_0^t \frac{dx(t')}{dt'}\,dt' = \int_0^t v_0 e^{-\frac{c}{m}t'}\,dt' = -v_0\frac{m}{c}e^{-\frac{c}{m}t} + x'_0 \tag{2.1.18}$$

と得ることができる．ここで積分の上端と積分変数とを混同しないように後者は t を t' に置き換えた．この場合は，$x(0) = -v_0\frac{m}{c} + x'_0$ となるので，x'_0 の意味が若干わかりにくい．そこで，$x(0) = x_0$ と書くことにすれば，$x'_0 = x_0 + v_0\frac{m}{c}$ となり，

$$x(t) = \int_0^t \frac{dx(t')}{dt'}\,dt' = x_0 + v_0\frac{m}{c}(1 - e^{-\frac{c}{m}t}) \tag{2.1.19}$$

が答となる．

答が数式で得られたからといって満足してはいけない．理論から得られた結果が正しいかどうかの判断は実験で確かめる必要があるからだ．

式 (2.1.17) を見ると，$t = 0$ では $v = v_0$ で運動していた質点は指数関数的に遅くなり，$t = \infty$ では $v = 0$ で静止してしまう．これは，水中で投げた物体が水の抵抗を受けると次第に遅くなることと一致する．それに要する時間は $\frac{c}{m}$ で決まっており，抵抗係数 c が大きいほど，質点の質量 m が小さいほど短い．これも日常経験と一致する．

日常経験できる現象については，このように数式で得られた答が日常経験と合っているかを確かめることを心がけることが物理の“センス”を身につける上で重要である．

2.1.5　一定の力と速度に比例した力が同時に働く場合の運動

1つの質点に対して一定の力とそれと同じ方向の速度に比例した力が同時に働く場合はどうなるのだろうか．空気中を重力に従って鉛直に落下する物体や水中をエンジンなどの動力によって加速中の物体の運動などがこれに対応する．

力はベクトルとして合成できるが，今回の場合は2つの力の方向が一致しているので，向きが逆な場合には負の値を用いることさえ気をつければ単純な和で表現できる．したがって，質点に加わる力は

$$f = f_0 - cv = f_0 - c\frac{dx}{dt} \tag{2.1.20}$$

と表現できる．ここで，f_0 と c は定数である．

質点に加わる力がこれだけならば運動方程式は以下のようになる．

$$m\frac{d^2x}{dt^2} = f_0 - c\frac{dx}{dt} \tag{2.1.21}$$

あとはこれを数学的に解けばよい．

今回も v について考えると以下の 1 階微分方程式になる．

$$m\frac{dv}{dt} = f_0 - cv \tag{2.1.22}$$

これに合う関数は表 **A.1.1** にはないので，解くには少し工夫が必要だ．まず，右辺が 2 つの項に分かれているのは面倒そうなので $f_0 = cv_\infty$ と置き，c で括る．f_0 が一定なので v_∞ は t によらない定数である．さらに，$v'(t) = v(t) - v_\infty$ と置いてみる．この両辺を t で微分すると $\frac{dv'}{dt} = \frac{dv}{dt}$ なので，式 (2.1.22) は

$$m\frac{dv'}{dt} = -cv' \tag{2.1.23}$$

と同値であることがわかる．これは前述の問題と同じで答は既に以下のように得られていた．

$$v'(t) = \frac{dx(t)}{dt} = v_0 e^{-\frac{c}{m}t} \tag{2.1.24}$$

これを $v'(t) = v(t) - v_\infty$ に代入して式変形すれば，

$$v(t) = \frac{dx(t)}{dt} = v_0 e^{-\frac{c}{m}t} + v_\infty = v_0 e^{-\frac{c}{m}t} + \frac{f_0}{c} \tag{2.1.25}$$

となる．この式の右辺は t の式で表現されているので，先ほどと同じく両辺を t で積分して

$$\begin{aligned} x(t) &= \int_0^t \frac{dx(t')}{dt'}\,dt' = \int_0^t (v_0 e^{-\frac{c}{m}t'} + v_\infty)\,dt' \\ &= x_0 + v_0\frac{m}{c}\left(1 - e^{-\frac{c}{m}t}\right) + v_\infty t \\ &= x_0 + v_0\frac{m}{c}\left(1 - e^{-\frac{c}{m}t}\right) + \frac{f_0}{c}t \end{aligned} \tag{2.1.26}$$

が得られる．

一定の力 f_0 が質点に働く重力ならば，地表では $f_0 = mg$ となるので，その速度は

$$v(t) = v_0 e^{-\frac{c}{m}t} + \frac{mg}{c} \tag{2.1.27}$$

となる．十分に長い時間にわたって落下し続けた後には，

$$\lim_{t\to\infty} v(t) = \frac{mg}{c} = v_\infty \tag{2.1.28}$$

となる．つまり，この場合には質点の最初の速度 v_0 によらずに $v_\infty = \frac{f_0}{c} = \frac{mg}{c}$ で落下することになるのである．

この答も日常経験と一致するか確かめてみるとよい．

2.2 位置で変わる力の下での運動と基底展開

2.2.1 振　　動

質点に加わる力が質点の位置だけで決まる場合も多い．例えば，ほとんどの**バネ**[1](spring) は，一定の伸び縮みの範囲内では，伸び縮みの量に比例した力を示すことを実験によってフック (Hooke) が発見した．これを**フックの法則** (Hooke's law) といい，比例係数を**バネ定数** k と呼ぶ．日常経験からわかるように伸びると縮む向きに力が生じ，縮むと伸びる方向に力が生じる．したがって，バネが**自然長**で力が生じていない位置を $x = 0$ とすると，運動方程式は

$$m\ddot{x} = -kx \tag{2.2.1}$$

となる．そろそろ微分にも慣れてきたと思うので，ここからは時間微分についてはライプニッツの記法で書くのをやめてニュートンの記法を用いることにする．

この運動方程式は両辺に x と $\ddot{x}$ が現れている．このような微分方程式は，どのようにして解けばよいのだろうか？

● 線形方程式　上記の運動方程式の答が2つわかっていたとしよう．それらを $x_1(t)$ と $x_2(t)$ とする．つまり，

$$m\ddot{x}_1 = -kx_1, \quad m\ddot{x}_2 = -kx_2 \tag{2.2.2}$$

が成り立つとする．この場合，a, b を定数とすると $x_3 = ax_1 + bx_2$ も同じ運動方程式の解である．それを確かめてみよう．

2つの関数の和の微分は個々の関数の微分の和になり，a, b は定数なので，

$$m\frac{d}{dt}(ax_1 + bx_2) = am\dot{x}_1 + bm\dot{x}_2 \tag{2.2.3}$$

---

[1] 発条ともいう．カタカナで記述することが多いが，外来語ではなく和語である．

となる．これが成り立つことを“微分操作が線形である”という．この両辺をさらに微分すれば，

$$m\frac{d^2}{dt^2}(ax_1 + bx_2) = am\ddot{x}_1 + bm\ddot{x}_2 \tag{2.2.4}$$

となる．これに式 (2.2.2) を代入すると，

$$m\ddot{x}_3 = m\frac{d^2}{dt^2}(ax_1 + bx_2) = -kax_1 - kbx_2 = -k(ax_1 + bx_2) = -kx_3 \tag{2.2.5}$$

が得られる．これは，$x_3 = ax_1 + bx_2$ も式 (2.2.1) の解であることを示す．

このように，ある微分方程式について 2 つの解 x_1, x_2 の線形結合 $x = ax_1 + bx_2$ も解となっている場合，与えられた微分方程式は**線形** (linear) であるという．線形の微分方程式の場合，その解がいくつか求められれば，その**線形結合** (linear combination) も解なので無数の解を得ることができる．幸いにして，多くの現象に対応する運動方程式はほとんどが**線形方程式** (linear equation) である．

● **一般解** 関数群 $f_i(x), i = 1, 2, \ldots$ があり，もしも，ほとんど全ての関数 $f(x)$ が，これらの関数の線形結合で表されるならば，線形方程式の解を得るのは非常に簡単になる可能性がある．このような関数群を**基底関数** (basis function) と呼ぶ．

先人たちの努力により，多数の基底関数が見つかっている．その中でも特に有益なのが $\sin\omega t$, $\cos\omega t$ の組である．この関数群は 2 階微分すると同じ形の関数になることが特徴である．ω は任意の実数なのでこの基底関数は無限個ある．その中で問題としている運動方程式を満たすものがどれかを探せばよいのである．

式 (2.2.1) を見ると 2 階微分したら同じ形になる関数が答になりそうである．これを表 A.1.1 から探してみると，cos と sin が該当することがわかる．そこで，解を $x(t) = a\cos\omega t$ として式 (2.2.1) に代入してみよう．微分を計算すると，

$$-m\omega^2 a\cos\omega t = -ka\cos\omega t \tag{2.2.6}$$

を任意の t について満たせばよいことがわかる．その答は簡単で

$$\omega = \sqrt{\frac{k}{m}} \tag{2.2.7}$$

であれば，a は何でもよい．同様に解を $x(t) = b\sin\omega t$ とすれば同じ条件式が得られる．

したがって，任意の定数 a, b について

$$x(t) = a\cos\left(\sqrt{\frac{k}{m}}t\right) + b\sin\left(\sqrt{\frac{k}{m}}t\right) \tag{2.2.8}$$

は，運動方程式 (2.2.1) の解である．これは三角関数の合成公式を使うと，$A = \sqrt{a^2+b^2}$, $\sin\phi_0 = \frac{a}{A}$, $\cos\phi_0 = \frac{b}{A}$ として，

$$x(t) = A\cos\left(\sqrt{\frac{k}{m}}t + \phi_0\right) \tag{2.2.9}$$

と変形することができる．

今度も答が日常経験に照らして自然な動きになっているのかを確かめることにしよう．

得られた答は振幅 A，角振動数 $\omega = \sqrt{\frac{k}{m}}$ で単振動することを意味する．これはバネにおもりを付けた際の運動とよく一致する．したがって，得られた答とそれを導くための考え方が正しかったと判断できる．

なお，式 (2.2.7) を求めるに際して $\omega > 0$ を仮定したが，$\cos(-x) = \cos x$ や $\sin(-x) = -\sin x$ を知っていれば，これは a, b の符号を適宜選ぶことで実質的に $\omega < 0$ の場合まで含んでいることに対応することがわかる．したがって $\omega > 0$ の場合だけで記述すれば十分である．

● **基底展開** ここまでの流れでわかるように，線形の微分方程式を解く場合，最も重要なのはその答となる基底関数を見出すことである．極めて残念なことだが，一般の線形方程式について，その解となる基底関数を見つける万能の方法はなく，簡単には見つけることができない．しかし，我々は先人の試行錯誤の成果を利用することができる．特定の特徴を持つ微分方程式の解となる基底関数は百年以上に及ぶ科学の先人たちが見つけてくれているので，我々はその恩恵をありがたく受け取ることにしよう．インターネットが普及したおかげで 21 世紀に生きる私たちは先人たちの成果を簡単に確認することができるし，世の中には主要な微分方程式とその基底関数の対応表を掲載した書籍もあるので，それらに簡単にアクセスできる環境を整えておけば，覚える必要は全くない．しかしながら，先人たちが基底関数を見つけることができなかった微分方程式を解くことに迫られることもあるだろう．その場合にはなんとか答を見つけることで，私たち自身が未来人にとっての先人となることも考えるべきだろう．

2.2.2 減 衰 振 動

質点に加わる力がバネの伸び縮みの量に比例した力と同時に速度に比例した抵抗を受ける場合はどうなるのだろうか？

この場合も運動と力は全て同一直線上に働くので，これまでと同じように解くことができる．加わる力を考えると運動方程式は以下のようになる．

$$m\ddot{x} = -kx - c\dot{x} \tag{2.2.10}$$

これを満たす関数 $x(t)$ は 1 階微分しても 2 階微分しても形が変わらない関数だろうと見当がつく．そこで，表 A.1.1 から探してみると，指数関数 e^t が該当することがわかる．そこで，$x(t) = x_0 e^{\kappa t}$ と仮定して代入してみよう．

$$x_0 m\kappa^2 e^{\kappa t} = -kx_0 e^{\kappa t} - cx_0 \kappa e^{\kappa t} \tag{2.2.11}$$

となるので，整理すると予想通り t によらない以下の関係式が得られる．

$$m\kappa^2 + c\kappa + k = 0 \tag{2.2.12}$$

これは κ に関する 2 次方程式なので判別式の値によって以下の 3 通りの値となる．

$$\kappa = \frac{-c \pm \sqrt{c^2 - 4mk}}{2m}, \quad c^2 > 4mk \text{ の場合} \tag{2.2.13}$$

$$\kappa = \frac{-c \pm i\sqrt{4mk - c^2}}{2m}, \quad c^2 < 4mk \text{ の場合} \tag{2.2.14}$$

$$\kappa = -\frac{c}{2m}, \quad c^2 = 4mk \text{ の場合} \tag{2.2.15}$$

このまま計算を進めてもよいが，毎回，$\frac{\sqrt{c^2-4mk}}{2m}$ や $\frac{\sqrt{4mk-c^2}}{2m}$ を書くのが煩わしいので $\lambda = \frac{\sqrt{c^2-4mk}}{2m}$, $\omega = \frac{\sqrt{4mk-c^2}}{2m}$ と置き直して記述することにしよう．

● **$c^2 > 4mk$ の場合** κ の 2 つの解はどちらも実数で，x_1 と x_2 を定数とすると

$$x(t) = x_1 e^{-\left(\frac{c}{2m} - \lambda\right)t} + x_2 e^{-\left(\frac{c}{2m} + \lambda\right)t} \tag{2.2.16}$$

となる．m も k も正なので $\lambda < \frac{c}{2m}$ であり，$\frac{c}{2m} - \lambda > 0$ かつ $\frac{c}{2m} + \lambda > 0$ である．したがって，2 つの項ともに時間が経つ（t が増える）と $x(t)$ は単調に 0 に近づき，その和である $x(t)$ も単調に 0 に近づく．こうした運動を**過減衰** (over damping) という．

この場合の $x(t)$ の時間変化の例を図 2.2.1 の左に示す．

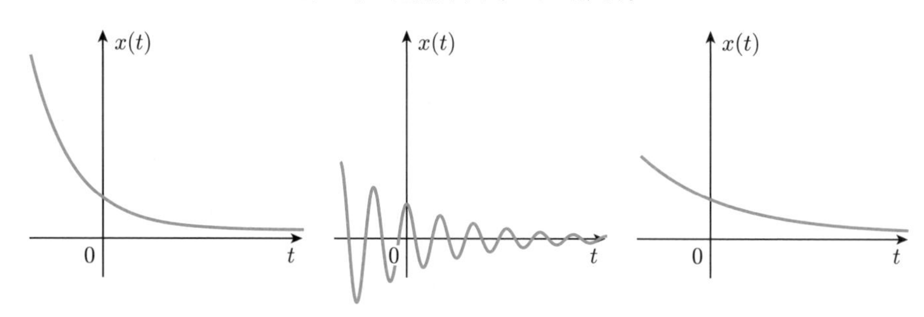

図 2.2.1 位置のずれに比例した力と速さに比例した抵抗力を受ける質点の運動．左から過減衰，減衰振動，臨界減衰の場合．

● $c^2 < 4mk$ の場合 κ の 2 つの解はどちらも複素数で，x_1 と x_2 を定数とすると

$$x(t) = e^{-\frac{c}{2m}t}\left(x_1 e^{i\omega t} + x_2 e^{-i\omega t}\right) \tag{2.2.17}$$

となる．さて，この式を見ると，e の虚数乗 $e^{i\theta}$（ただし，θ は実数）が登場している．これは一体どうやって計算すべき値なのだろうか？

結論を言うと，

$$e^{i\theta} = \cos\theta + i\sin\theta \tag{2.2.18}$$

として計算すれば都合がよいことがわかっている．この式は**オイラーの公式** (Euler's formula) と呼ばれる．その説明は 2.3.5 項で述べるとして，代入すると運動方程式の答は，x_1 と x_2 を定数として

$$\begin{aligned} x(t) &= e^{-\frac{c}{2m}t}\left\{x_1(\cos\omega t + i\sin\omega t) + x_2(\cos\omega t - i\sin\omega t)\right\} \\ &= e^{-\frac{c}{2m}t}\left\{(x_1 + x_2)\cos\omega t + i(x_1 - x_2)\sin\omega t\right\} \end{aligned} \tag{2.2.19}$$

となる．

左辺 $x(t)$ はその意味を考えると実数でなければならないので右辺も実数である．ここで，x_1 と x_2 は複素数でもよいことに気付くと，

$$x_{\rm c} = x_1 + x_2, \quad x_{\rm s} = i(x_1 - x_2)$$

として，$x_{\rm c}$ も $x_{\rm s}$ も実数になるように x_1 と x_2 を制限すれば，

$$x(t) = e^{-\frac{c}{2m}t}(x_{\rm c}\cos\omega t + x_{\rm s}\sin\omega t) \tag{2.2.20}$$

となる．さらに，$A = \sqrt{x_{\rm c}^2 + x_{\rm s}^2}$ および $\cos\phi = \frac{x_{\rm c}}{A}$, $\sin\phi = \frac{x_{\rm s}}{A}$ となるように

ϕ を決める（$|x_{\mathrm{c}}| \leq A = \sqrt{x_{\mathrm{c}}^2 + x_{\mathrm{s}}^2}$ かつ $|x_{\mathrm{s}}| \leq A = \sqrt{x_{\mathrm{c}}^2 + x_{\mathrm{s}}^2}$ なのでこのような ϕ は必ず存在する）と

$$x(t) = Ae^{-\frac{c}{2m}t}\cos(\omega t + \phi) \tag{2.2.21}$$

と表記できる．

グラフを描くとすぐにわかるが，これは時間 t にともなって正弦波で振動しつつ，その振幅が指数関数的に減少する運動であることがわかる．そして，$t = 0$ のときの位置は $A\cos\phi$ で与えられる．この運動を**減衰振動** (damping oscillation) という．

また，$c = 0$ ならば元の運動方程式は振動の場合と同じになり，答も振動の場合と一致する．

この場合の $x(t)$ の時間変化の例を図 **2.2.1** の中央に示す．

● **$c^2 = 4mk$ の場合**　κ の解は実数ではあるが 1 つしかない．このため，対応する運動方程式の解も

$$x(t) = x_0 e^{-\frac{c}{2m}t} \tag{2.2.22}$$

となり，積分定数が 1 つしか入れられない．これ以外の場合は積分定数が 2 つ指定できたのでこれは不自然だ．そこで，もう 1 つあるはずの積分定数を指定できるような解を別の方法で探してみよう．

減衰振動の場合，指数関数と三角関数の積が答であった．これをヒントとして，既知の解とある関数 $y(t)$ との積

$$x(t) = y(t)e^{-\frac{c}{2m}t} \tag{2.2.23}$$

も解であった場合に $y(t)$ が満たすべき条件を考えてみよう．

この $x(t)$ を時間で微分すると，

$$\begin{aligned}
\dot{x} &= \dot{y}e^{-\frac{c}{2m}t} - \frac{c}{2m}ye^{-\frac{c}{2m}t} \\
&= e^{-\frac{c}{2m}t}\left(\dot{y} - \frac{c}{2m}y\right) \\
\ddot{x} &= -\frac{c}{2m}e^{-\frac{c}{2m}t}\left(\dot{y} - \frac{c}{2m}y\right) + e^{-\frac{c}{2m}t}\left(\ddot{y} - \frac{c}{2m}\dot{y}\right) \\
&= e^{-\frac{c}{2m}t}\left\{\ddot{y} - \frac{c}{m}\dot{y} + \left(\frac{c}{2m}\right)^2 y\right\}
\end{aligned} \tag{2.2.24}$$

となるので，これを式 (2.2.10) に代入して，両辺に $e^{\frac{c}{2m}t}$ を乗じると

$$m\left\{\ddot{y}-\frac{c}{m}\dot{y}+\left(\frac{c}{2m}\right)^2 y\right\}=-ky-c\left(\dot{y}-\frac{c}{2m}y\right) \tag{2.2.25}$$

となり，整理すると，

$$m\ddot{y}+\left(k-\frac{c^2}{4m}\right)y=0 \tag{2.2.26}$$

が得られるが，今の場合，$c^2=4mk$ なので，第2項は0である．すなわち，

$$\ddot{y}=0 \tag{2.2.27}$$

両辺を t で2階積分すれば，y_1 と y_0 を定数として

$$y(t)=y_1t+y_0 \tag{2.2.28}$$

であることがすぐにわかる．探していたのは式 (2.2.22) の形では書けない関数だったので $y(t)=y_1t$ とすれば十分だ．

というわけで，x_0 と $v_0=y_1-\frac{c}{2m}x_0$ を定数とすると

$$x(t)=e^{-\frac{c}{2m}t}\left\{x_0+\left(v_0+\frac{c}{2m}x_0\right)t\right\} \tag{2.2.29}$$

が求める答である．

この場合は，振動は起こさず，時刻 t に従って単調に減少し，$t\to\infty$ で $x(t)\to 0$ となる．この運動を**臨界減衰** (critical damping) という．

この場合の $x(t)$ の時間変化の例を図 **2.2.1** の右に示す．

2.2.3 初　期　条　件

ここまででは積分の結果として登場する定数の値を決めることができなかった．これは運動方程式を決めるだけでは運動を決定することができないことを意味する．具体的な運動を予言するためには運動方程式を決め，それを解くだけでは不十分だということだ．これは，同じ重力が働く屋内でボールを投げても投げ方によってボールの運動が変わるという日常経験からも明らかであろう．

それでは，定数を決めるにはどんな条件を考えればよいのであろうか．運動方程式は2階微分方程式なので解に含まれる定数は2つある．なので，2つの異なる条件式を課せば運動方程式の解を決定することができる．2.1.4 項で述べたように，この条件を**初期条件** (initial condition) という．

2.2.2 項で取り上げた 3 つの運動の場合で具体的に考えてみよう．

● 振動の初期条件　式 (2.2.9) で $t=0$ とすると，

$$x(0) = A\cos\phi_0 \tag{2.2.30}$$

となる．また，式 (2.2.9) の両辺を t で微分して $t=0$ を代入すると，

$$v(0) = \dot{x}(0) = -A\omega\sin\phi_0 \tag{2.2.31}$$

が得られる．$x(0)$ と $v(0)$ を指定すれば，これらの 2 式を同時に満たすような A と ϕ を決めることが必ずできるので，それを初期条件と考えればよい．

● 減衰振動の初期条件　過減衰の場合だと，式 (2.2.16)，および，その微分した式で $t=0$ とすると，

$$\begin{aligned} x(0) &= x_1 + x_2 \\ \dot{x}(0) &= -\left(\frac{c}{2m} - \lambda\right)x_1 - \left(\frac{c}{2m} + \lambda\right)x_2 \end{aligned} \tag{2.2.32}$$

となる．これらの式を x_1 および x_2 について解けば，$t=0$ のときの位置 $x(0)$ と速度 $\dot{x}(0)$ で初期条件を与えた場合の解になる．

減衰振動の場合だと，式 (2.2.21)，およびその微分した式で $t=0$ とすると，

$$\begin{aligned} x(0) &= A\cos\phi \\ \dot{x}(0) &= A\left(-\frac{c}{2m}\cos\phi - \omega\sin\phi\right) \end{aligned} \tag{2.2.33}$$

となる．これらの式を A および ϕ について解けば，$t=0$ のときの位置 $x(0)$ と速度 $\dot{x}(0)$ で初期条件を与えた場合の解になる．

臨界減衰の場合だと，式 (2.2.29)，および，その微分した式で $t=0$ とすると，

$$x(0) = x_0, \quad \dot{x}(0) = v_0 \tag{2.2.34}$$

となり，$t=0$ のとき，位置 x_0，速度 v_0 となることを初期条件とした解になっている．

● 臨界減衰の初期条件　臨界減衰の場合，解は式 (2.2.29) で与えられた．この場合，$t=0$ で $x(0)=x_0$, $\dot{x}(0)=v_0$ となることは容易に得られるので，各自で確かめて欲しい．

2.3 テイラー展開と1次近似

2.3.1 テイラー展開と線形化

● 関数の展開　質点に働く力として位置の変化量に比例する力を考えた．この場合，質点は三角関数で表される振動の重ね合わせなどで表される運動を示すことがわかった．しかしながら実在するバネは伸び縮みの量が大きくなるとフックの法則からずれてくる．また，質点に働く力は単純な比例関係にならないことも多い．そのような場合，運動方程式は線形方程式にならないので，基底関数を用いた解法は使えない．しかし，線形でない方程式を解くのは，こうすればよいという方法がなく，面倒なだけでなく，解き方が未だにわからない場合も多い．

そのような場合でもせめて正解に近い答を得ることはできないのだろうか．物理学に登場する重要な考え方として，1.1節で近似を紹介した．この考え方を用いて複雑な関数を馴染みのある関数群の和として示すことを考えよう．

馴染みがある関数といっても，具体的には人により異なる関数群を想像するかも知れない．ここでは冪関数を考えることにする．

2.3.2 冪級数近似

冪関数(べきかんすう)(power function)とは，変数を x とした場合の x^n $(n=0,1,2,\ldots)$ のことである．冪の漢字が難しいので以下では原則として“べき”とひらがなで書くことにする．これを用いて以下の式を考える．

$$f(x) = a_0 + a_1 x + a_2 x^2 + a_3 x^3 + \cdots = \sum_{n=0}^{\infty} a_n x^n \tag{2.3.1}$$

ここで，$a_0, a_1, a_2, a_3, \ldots$ は x の値によらない定数である．

一番右の $\sum$ は真ん中の記述法では長くて面倒だという人のための略記法で，意味は同じである．この式は，n がある値以上では全ての a_n が 0 である場合を含む．このような和を冪級数(べききゅうすう)(power series)という．

べき級数で全ての関数を表すことが可能なのかは数学で研究されており，答は否である．しかし，物理学で用いる量を表す関数はほぼ全てべき級数で表すことが可能であることが知られている（あるいは，仮定している）ので，表せない場合を心配する必要はあまりない．

ある関数がべき級数で表される場合，0 に十分に近い x ならば，$f(x)$ を a_0+a_1x として近似しても影響はあまりないだろう．もし，ある n（ただし，$n>1$）で a_n が非常に大きくなることが予想されるなら，$|a_nx^n| \ll |a_0|$ または $|a_nx^n| \ll |a_1x|$ が成り立つほど 0 に近い x の範囲だけを扱うことにすればよいからである．

このようにして $f(x)$ を a_0+a_1x で代用することを "$f(x)$ を x で **1 次近似** (first order approximation) する" という．もう少し正確にしたい場合は級数を N 項目までとして，$f(x)=\sum_{n=0}^{N} a_nx^n$ とすることもある．この場合を "***N* 次近似** (n-th order approximation)" という．

2.3.3　テイラー展開とマクローリン展開

ある関数 $f(x)$ に対応するべき級数はどのようにして求めたらよいのであろうか．話を簡単にするために，ここでは $f(x)$ を何度でも微分できる関数に限ることにしよう．限るとはいったが，物理量を記述する変数はほとんどが別の変数に対して何度でも微分できる関数になっているので，事実上は制限がないと思ってよい．

● マクローリン展開　式 (2.3.1) の両辺に $x=0$ を代入してみよう．すると，$x^n=0$（$n>0$ の場合）なので，

$$f(0)=a_0 \tag{2.3.2}$$

が得られる．これで a_0 の値を知ることができた．

式 (2.3.1) の両辺を x で微分しよう．微分は線形操作なので右辺は和の各項を微分してから足せばよい．したがって，

$$\frac{df(x)}{dx}=a_1+2a_2x+3a_3x^2+\cdots=\sum_{n=1}^{\infty} na_nx^{n-1} \tag{2.3.3}$$

となる．この両辺に $x=0$ を代入すると，$x^{n-1}=0$（$n>1$ の場合）なので，

$$f'(0)=a_1 \tag{2.3.4}$$

が得られる．ここで，$f'(0)$ は $\frac{df(x)}{dx}$ の $x=0$ での値を表す．これで，a_1 の値を知ることができた．

式 (2.3.1) の両辺を x で 2 階微分しよう．

$$\frac{d^2 f(x)}{dx^2} = 2a_2 + 3 \cdot 2a_3 x + \cdots = \sum_{n=2}^{\infty} n(n-1)a_n x^{n-2} \tag{2.3.5}$$

が得られる．これに $x = 0$ を代入すると，

$$f''(0) = 2a_2 \tag{2.3.6}$$

となる．ここから，

$$a_2 = \frac{1}{2} f''(0) \tag{2.3.7}$$

として a_2 の値を知ることができた．

もう一度微分すると，

$$\begin{aligned} \frac{d^3 f(x)}{dx^3} &= 3 \cdot 2a_3 + 4 \cdot 3 \cdot 2a_4 x + \cdots \\ &= \sum_{n=3}^{\infty} n(n-1)(n-2)a_n x^{n-3} \end{aligned} \tag{2.3.8}$$

が得られる．これに $x = 0$ を代入することで，

$$a_3 = \frac{f^{(3)}(0)}{3 \cdot 2} \tag{2.3.9}$$

が得られる．ここで，$f^{(3)}(0)$ は $f(x)$ の 3 階微分の $x = 0$ での値を表す．

この操作を繰り返すと，

$$a_n = \frac{f^{(n)}(0)}{n!} \tag{2.3.10}$$

が得られることが容易に導ける．ここで，

$$n! = n(n-1)(n-2) \cdots 2 \cdot 1$$

のことである．

以上を繰り返すと，べき級数の係数は全て求めることができて

$$f(x) = \sum_{n=0}^{\infty} \frac{1}{n!} f^{(n)}(0) x^n \tag{2.3.11}$$

となることがわかる．

関数 $f(x)$ をこの方法でべき級数に置き換えることを**マクローリン展開** (Maclaurin expansion) という．

テイラー展開　ここで，$x = y - b$ としてみよう．ただし，b は定数である．この場合，$x = 0$ は $y = b$ に対応する．また，$g(y) = g(x + b) = f(x)$ として y の関数 $g(y)$ を定義する．

$f(x)$ のマクローリン展開の式 (2.3.11) に $y = x + b$ を代入すると

$$f(y-b) = \sum_{n=0}^{\infty} \frac{1}{n!} f^{(n)}(0)(y-b)^n \tag{2.3.12}$$

となる．ところで，$g(y)$ は常に $g(y) = f(x)$ の関係が成り立つように定義されているので，

$$\begin{aligned}
\frac{dg(y)}{dy} &= \lim_{\Delta y \to 0} \frac{g(y + \Delta y) - g(y)}{\Delta y} \\
&= \lim_{\Delta y \to 0} \frac{f(x + \Delta x) - f(x)}{\Delta y} \\
&= \lim_{\Delta x \to 0, \Delta y \to 0} \frac{f(x + \Delta x) - f(x)}{\Delta x} \cdot \frac{\Delta x}{\Delta y} = \frac{df(x)}{dx}
\end{aligned}$$

となる．ここで，$x = y - b$ より，Δy に対する x の変化を Δx とした．また，$\lim\limits_{\Delta y \to 0} \frac{\Delta x}{\Delta y} = 1$ を用いた．これの繰り返しから

$$f^{(n)}(x) = g^{(n)}(y) \tag{2.3.13}$$

が得られる．これを式 (2.3.12) に代入すると

$$g(y) = \sum_{n=0}^{\infty} \frac{1}{n!} g^{(n)}(b)(y-b)^n \tag{2.3.14}$$

が得られる．ここで，y や $g(y)$ は単なる変数の表記方法だと考えて，x および $f(x)$ で書きなおすと

$$f(x) = \sum_{n=0}^{\infty} \frac{1}{n!} f^{(n)}(b)(x-b)^n \tag{2.3.15}$$

となることがわかる．

これを "$x = b$ 周りでの**テイラー展開** (Taylor expansion around $x = b$)" という．したがって，マクローリン展開は「$x = 0$ 周りでのテイラー展開」と同じ意味であり，これをテイラー展開と呼ぶこともある．

2.3.4 1次近似と線形化

質点に加わる力などの物理量をテイラー展開し1次近似を行えば，運動方程式を線形にすることができる．例えば，質点の位置や速度が大きく変化しなければ，それらに対する1次近似で置き換えてもよいだろう．実際，バネの伸び縮みの量と生じる力の関係が厳密には比例関係でなくとも，伸び縮みの量が十分に小さい範囲では1次近似としてフックの法則が成り立つとして扱うことが可能となる．また，流体による抵抗も実験してみると速度 $\dot{x}$ に比例するのは一定の速度範囲に限られているが，これを速度 $\dot{x}$ で1次近似して流体中を落下する物体の運動を論じることもできる．

一方，力が位置や速度の1次式では表せない場合，運動方程式は線形ではなくなる．一般に線形でない方程式を**非線形方程式** (non-linear equation) という．非線形方程式は多くの場合，答を数式として得ることができない．このため，うまい変数変換を見つけて線形方程式に置き換えることができなければ絶望的である．近年では，積分を数値的に行うことで非線形微分方程式を解くことも行われているが，それにはコンピュータが必要であるのみならず，条件が少し変わっただけで，どのような答が出るかが予想しがたいという難点がある．

逆に，1次近似が可能であれば，運動方程式は比較的簡単に答を求めることができる．このため，実際には1次近似が成立しない場合であっても，1次近似が成り立つ場合の答を求めておき，それと著しく矛盾しない結果が得られるかという方法で計算が正しいかどうかを確かめることがよく行われている．その意味で，物理学において1次近似は非常に重要な考え方である．

2.3.5 オイラーの公式

指数関数をテイラー展開すると以下の式が成り立つ．

$$e^x = \sum_{n=0}^{\infty} \frac{1}{n!} x^n = 1 + x + \frac{1}{2} x^2 + \frac{1}{3 \cdot 2} x^3 + \cdots \tag{2.3.16}$$

これに $x = i\theta$ を代入すると以下の式が得られる．

$$e^{i\theta} = \sum_{n=0}^{\infty} \frac{1}{n!} (i\theta)^n = 1 + i\theta - \frac{1}{2}\theta^2 - i\frac{1}{3 \cdot 2}\theta^3 + \frac{1}{4 \cdot 3 \cdot 2}\theta^4 + \cdots \tag{2.3.17}$$

これを $\cos\theta$ および $\sin\theta$ のテイラー展開

$$\cos\theta = 1 - \frac{1}{2}\theta^2 + \frac{1}{4\cdot3\cdot2}\theta^4 + \cdots \tag{2.3.18}$$

$$\sin\theta = \theta - \frac{1}{3\cdot2}\theta^3 + \frac{1}{5!}\theta^3 + \cdots \tag{2.3.19}$$

と比べてみると，オイラーの公式 (2.2.18) が成り立つことがわかる．

テイラー展開が収束しさえすれば，両辺は常に同じ値になるので，オイラーの公式 (2.2.18) は同じ関数を異なった形式で示した式だということもできる．したがって，両辺を微分しても積分しても等式として成り立つ．

オイラーの公式から簡単に導ける

$$\cos\theta = \frac{e^{i\theta} + e^{-i\theta}}{2}, \quad \sin\theta = \frac{e^{i\theta} - e^{-i\theta}}{2i} \tag{2.3.20}$$

も式変形の際には有用なので，どこかにメモしておくとよいだろう．

2.4 斜面上での運動

2.4.1 斜面上の質点の運動

力の方向と運動の方向とが常に一致する場合の質点の運動について考える場合には，それらがベクトルであることをあまり意識せずとも計算することができる．しかし，実在世界は 3 次元であり，力と運動の方向が一致するとは限らない．こうした場合にはベクトルでの計算が必要となる．とはいえ，これは物理学というより数学なので，付録にまとめて，A.2 節に示した．理解に自信がないならば，この節を読んでから以下に進むと良いだろう．ここでは，ベクトルの計算には十分になじみがあるとして，異なる向きに働く力が 2 つ以上ある場合の質点の運動を考えることにする．その最も簡単な例として，斜面上での質点の運動を考える．

地球上で考える限り，斜面上の物体は斜面に沿って運動する．それは地球の重力によって質点が斜面におしつけられているのと同時に，斜面が変形しないことによって生じる力のために質点が斜面にめり込まないからである．斜面から質点が受けるこの力を**垂直抗力**と呼ぶ．

問題を単純にするために，この 2 つの力しか働かない場合を考えよう．重力は鉛直下向きに働くのに対して，垂直抗力の向きはその名の通り斜面に対して垂直になる．斜面の傾きを θ とすると，図 **2.4.1** に示すように，垂直抗力は重力と反対向

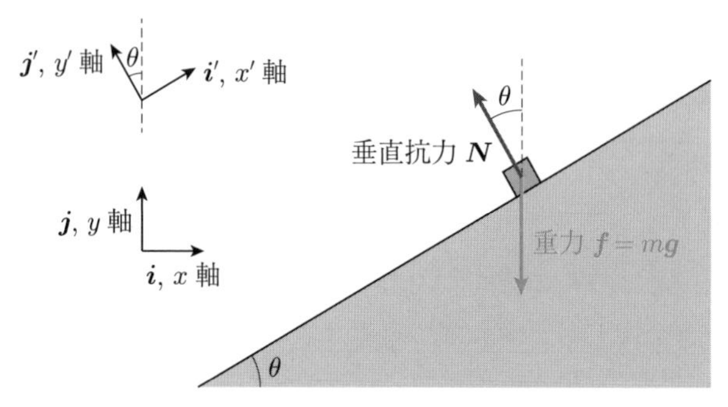

図 2.4.1　水平面から角 θ だけ傾いた斜面上の質点に働く力．重力は鉛直下向きに，垂直抗力は斜面と垂直方向に働く．ここでは作図の都合から質点を正方形で表しているが，質点は大きさを持たないので全ての力は同一点（図では正方形の中心とした）に働くことに注意しよう．

きから角 θ だけ異なった向きに働く．この場合，質点に働く力は重力と垂直抗力の合力となるので，それぞれの力のベクトル和を求める必要がある．質点に働く重力を $\boldsymbol{f}$，垂直抗力を $\boldsymbol{N}$ と書くことにし，質点の質量を m，重力加速度の大きさを g としよう．

● 鉛直・水平の座標で考えるやり方　座標軸や基本ベクトルの向きはどのように決めてもよい．なので，まずは，日常的にグラフを描く場合と同様に，図 2.4.1 の右向きを x 軸，上方を y 軸，紙面に垂直手前を z 軸としよう．また，対応して基本ベクトル $\boldsymbol{i}, \boldsymbol{j}, \boldsymbol{k}$ を設定する．**基本ベクトル** (fundamental vector) とは座標値が増える向きに定めた単位ベクトルのことで，3.2 節と 4.1 節で改めて取り上げる．

計算は少し面倒になるが，この座標軸に固執して最後まで解けるか確かめてみることにする．

この場合，重力 $\boldsymbol{f}$ は鉛直下向きで，大きさは mg である．したがって，基本ベクトルで表すなら，

$$\boldsymbol{f} = -mg\boldsymbol{j} \tag{2.4.1}$$

である．$\boldsymbol{j}$ は鉛直上向きであるのに対して $\boldsymbol{f}$ は鉛直下向きなので，「$-$」がつくことに注意して欲しい．

垂直抗力は斜面に垂直上方なので，図からわかるように鉛直上向きに対して角 θ をなしている．そこで，垂直抗力の大きさ $|\boldsymbol{N}|$ を N とすると，

$$\boldsymbol{N} = -N\sin\theta\ \boldsymbol{i} + N\cos\theta\ \boldsymbol{j} \tag{2.4.2}$$

となる．ここでも向きを気にして，適宜「−」を付ける必要がある．

質点に加わっている力はこの2つしかなく，それらの合力 $\boldsymbol{F}$ は

$$\begin{aligned}\boldsymbol{F} &= \boldsymbol{f} + \boldsymbol{N} \\ &= -N\sin\theta\ \boldsymbol{i} + (N\cos\theta - mg)\ \boldsymbol{j}\end{aligned} \tag{2.4.3}$$

である．したがって，質点の位置 $\boldsymbol{x}$ に対する運動方程式は

$$m\ddot{\boldsymbol{x}} = -N\sin\theta\ \boldsymbol{i} + (N\cos\theta - mg)\ \boldsymbol{j} \tag{2.4.4}$$

となる．

しかしながら，これでは運動方程式を解くことができない．というのは垂直抗力の大きさ N がまだわからないからである．

N の大きさはどうやって決めればよいのだろうか．手がかりは垂直抗力の定義にある．垂直抗力は質点が斜面にめり込まない原因となる力であり，質点は斜面から浮き上がったりしない．これが実現するには斜面と垂直方向には力が釣り合っていることが必要となる．これが高校物理で習う“斜面の問題の解き方”である．しかしながら，加わっている全ての力の和の方向が斜面に沿っているとしてもよいはずである．ここでは，後者の考え方で解いてみよう．

式 (2.4.3) の右辺が $\boldsymbol{i}$ と $\boldsymbol{j}$ の線形結合で表されていることを考えると，図 **2.4.1** とも見比べて，

$$\tan\theta = \frac{N\cos\theta - mg}{-N\sin\theta} \tag{2.4.5}$$

となる．この式を N について解くと，

$$N = mg\cos\theta$$

となり，めでたく N が求められた．これを運動方程式 (2.4.4) に代入すると，

$$m\ddot{\boldsymbol{x}} = -mg\cos\theta\sin\theta\ \boldsymbol{i} + \left(mg\cos^2\theta - mg\right)\boldsymbol{j} \tag{2.4.6}$$

$\boldsymbol{x} = x\boldsymbol{i} + y\boldsymbol{j} + z\boldsymbol{k}$ と置くと，各基本ベクトルの係数の連立方程式として以下の式になる．

$$\ddot{x} = -g\cos\theta\sin\theta, \quad \ddot{y} = g(\cos^2\theta - 1), \quad \ddot{z} = 0 \tag{2.4.7}$$

zについては答は簡単に得られて，$t=0$で$z=0$かつ$\dot{z}=0$ならzは常に0である．これは当たり前すぎるので通常は試験問題にはされないが実験と一致する事実である．

xとyについては，実は一方だけを解けばよい．それは，$\cos^2\theta - 1 = -\sin^2\theta$であることに気付けば，$\ddot{y} = \ddot{x}\tan\theta$であることが式からわかるからである．つまり，$x$について解けば，斜面上での質点の運動は予測できるということである．実際，質点は斜面上から離れないので，$y = x\tan\theta$であり，両辺を時間で2階微分すれば，$\ddot{y} = \ddot{x}\tan\theta$は当然成り立っていなければならない．

ここでは略すが，各ベクトルのx, y, z成分を考えて求めても，全く同様に計算でき，同じ答が得られる．

● 2通りの基本ベクトルを使い分けるやり方　最初に設定した座標軸に固執すると，計算が少々面倒になることがわかった．そこで，別の方法を試してみることにしよう．先ほどの答は基本ベクトルの組を変えると，もう少し簡単かつ機械的に求めることができるのだ．ベクトルは座標軸の決め方あるいは基本ベクトルの決め方によらないため，自分の計算に都合がよいように選んでも問題ない．そのため，このような選択も許される．

そこで，図2.4.1に記したように，斜面に沿った方向に$\boldsymbol{i}'$，垂直な方向に$\boldsymbol{j}'$，紙面に垂直な方向に$\boldsymbol{k}'$を設定すると，

$$\boldsymbol{i} = \cos\theta\,\boldsymbol{i}' - \sin\theta\,\boldsymbol{j}', \quad \boldsymbol{j} = \sin\theta\,\boldsymbol{i}' + \cos\theta\,\boldsymbol{j}', \quad \boldsymbol{k} = \boldsymbol{k}' \tag{2.4.8}$$

であることがわかる．これを運動方程式(2.4.4)に代入すると，

$$\begin{aligned} m\ddot{\boldsymbol{x}} &= -N\sin\theta\,(\cos\theta\,\boldsymbol{i}' - \sin\theta\,\boldsymbol{j}') + (N\cos\theta - mg)\,(\sin\theta\,\boldsymbol{i}' + \cos\theta\,\boldsymbol{j}') \\ &= -mg\sin\theta\,\boldsymbol{i}' + (N - mg\cos\theta)\,\boldsymbol{j}' \end{aligned}$$

質点の運動は$\boldsymbol{i}'$の方向に限られていることから$\boldsymbol{j}'$の係数は0でなければならず$N = mg\cos\theta$が得られるが，それを求めなくても質点の斜面に沿った方向の力がわかってしまうのである．

質点の位置ベクトルを

$$\boldsymbol{x} = x'\boldsymbol{i}' + y'\boldsymbol{j}' + z'\boldsymbol{k}' \tag{2.4.9}$$

と表記すれば，運動方程式は$\boldsymbol{j}'$方向については$\ddot{y}' = 0$となり，zの場合と同じく簡単に解ける．$\boldsymbol{i}'$方向については$\ddot{x}' = -g\sin\theta$となり，これも一定の力の下での

運動として容易に解けるだろう.

このようにベクトル和の表式を使えば成分を用いるよりも簡単に計算できる場合も多い. ただし, その場合には基本ベクトルをどのように設定すれば計算が容易になるのかを考えないと, かえって面倒くさい計算を要する場合も多い. その実例を章末問題に掲載したので, これを解けば実感できるだろう.

● 分力で考えるやり方　垂直抗力の大きさ N を求めたい場合にも, 鉛直と水平に拘らない方が容易に求められる. 今度は力の合成ではなく, 重力を 2 つの力の合成として分解してみよう.

ここでは斜面に沿って滑り落ちる運動を論じたいので, 重力を斜面に平行な力と垂直な力に**分解**することが答にたどり着く近道であろう. **分力**が互いに直交することを考えると, 答は図を見るだけで概ね見当が付く. すなわち,

$$\boldsymbol{f} = -mg\sin\theta\,\boldsymbol{i}' - mg\cos\theta\,\boldsymbol{j}' \tag{2.4.10}$$

である. 図を見ても上記が納得できなければ, 2 組の基本ベクトルを使って, 以下のように同じ答を得ることができる.

$$\boldsymbol{f} = -mg\boldsymbol{j} = -mg\,(\sin\theta\,\boldsymbol{i}' + \cos\theta\,\boldsymbol{j}') \tag{2.4.11}$$

ここで, 式 (2.4.8) を用いた.

垂直抗力の性質を考えた際に述べたように, 斜面に垂直な方向については力は釣り合っている必要があるので, $\boldsymbol{j}'$ の係数は符号は逆で垂直抗力の大きさ N と等しい. すなわち,

$$N = mg\cos\theta$$

となり, これまでに得たのと同じ値となることが確かめられる.

斜面に沿った方向については

$$m\ddot{x}' = -mg\sin\theta \tag{2.4.12}$$

となり, 先ほどと同じく一定の力の下での運動として解くことができる.

これまでは, 答にできるだけ短時間で到達できることを優先して分力で考えるやり方のみを習っていたかも知れない. しかし, 実際の力学では, このようにさまざまな考え方に基づく計算方法があり, そのどれを用いるのが最善なのかは場合によって異なることがある. 最善の方法を比較的容易に見つけられるかが問題を解く人

の腕の見せどころとなるわけで，これが“物理学で必要なセンス”なのである．とはいえ，“センスに多少欠けた人”でも，地道に解けば正しい答にたどり着くことは可能である．その意味で，“センスは努力で補うことができる”のが物理学の公平なところである．

2.4.2　現実の現象との対応と応用

前項では重力と垂直抗力の2つしか働かない状況を考えたが，現実には斜面と質点との間の摩擦など，それ以外にもさまざまな力が働いている．だからといって，前項のような理想的な状況でしか物理の法則が使えないのなら，その利用は極めて限られてしまい，物理学の勉強をする意義は限られたものとなる．しかしながら，実際の自然界はそれほど意地悪にはできていない．

第1章で述べたように現実に発生する自然現象を調べてみると，影響が甚大なものと，それほどでもないものとがある．例えば，摩擦が他の要因よりも十分に小さければ，それを無視した検討でも実生活での現象の説明や予言に十分に役立つ．

例えば，自動車や鉄道車両のような，車輪が付いた何トンもある重い物体を斜面に沿って移動させる際にはここでの検討がほぼ正しく成り立つ．ある程度以上，急な勾配がある道路には急勾配の標識が立っている（図 2.4.2, 2.4.3）．そこに記載されている「%」は道路の勾配を示す数値で水平移動距離に対する高低差を示す値である．つまり，10% の勾配ならば，100 m 進むことで高低差が 10 m となることを意味する．あるいは，鉄道線路にある勾配標は水平移動距離に対する高低差を千分

図 2.4.2　道路の勾配標識の例．ここから先が 10% の上り勾配であることを示す．

図 2.4.3　鉄道の勾配標の例．ここから先が 30‰の下り勾配であることを示す（京王線中河原駅にて著者撮影）．

率（‰）で示している．つまり，25‰の勾配ならば，1000 m 進むことで高低差が 25 m となることを意味する．これらの数値は勾配の角を θ とすれば，$\tan\theta$ の値であり，10% なら $\theta \approx 5.7°$，25‰なら $\theta \approx 1.43°$ である．つまり，道路や線路として急勾配と呼ばれるものでも，多くの場合，その傾斜角は $1\ \mathrm{rad} \approx 57.3°$ より十分に小さい．

θ が $1\ \mathrm{rad} \approx 57.3°$ よりも十分に小さいならば $\tan\theta \approx \sin\theta$, $\cos\theta \approx 1$ であることを用いると斜面を滑り落ちようとする力は，10% の道路ならその自動車の重さの 10%，すなわち，質量 5.0 t の小型トラックなら 4.9 kN になるし，25‰の鉄道線路ならその車両の重さの 2.5%，すなわち，スハ 43[2] など質量 40 t の客車なら 9.8 kN という大きな力となる．これらの力を上回る牽引力がないと，この坂は登れないし，これらよりも強いブレーキ力がないとこの坂を下る際に途中で止まることができない．こうしたことが，「斜面上での運動」の検討結果から予想できるのである．

2.5 等速円運動

2.5.1 円運動の加速度

今度は運動方向と力の方向が異なる場合について考えてみよう．その最も簡単な例として，等速円運動を考えることにする．

質量 m の質点が半径 r の円上を一定の速さ v で運動する場合を考えよう（図 2.5.1）．円周上を動く間に速さ v は変わらないが，運動の向きが刻々と変化するので，ベクトルとしての速度 $\boldsymbol{v}$ は常に変化している．その変化はどちらの向きにどれくらいの大きさになるのだろうか．

時刻 t での速度 $\boldsymbol{v}(t)$ から時刻 $t+\Delta t$ での速度 $\boldsymbol{v}(t+\Delta t)$ までの（ベクトルとしての）差は以下のように考えれば求めることができる．

質点は等速運動しているので，時間 Δt の間に進む円周上の長さは $x = v\Delta t$ であり，その中心角は弧度法の定義によって

$$\Delta\theta = \frac{x}{r} = \frac{v}{r}\Delta t \tag{2.5.1}$$

となる．その間に速度ベクトル $\boldsymbol{v}$ も角 $\Delta\theta$ だけ回転する．ベクトルは平行移動しても変わらないから，それぞれの時刻での速度 $\boldsymbol{v}(t+\Delta t)$ と $\boldsymbol{v}(t)$ の始点を同一点に

---

[2] 1950〜70 年代の国鉄の代表的な長距離用客車．蒸気機関車などで牽引する．「銀河鉄道 999」の客車のモデルとも．

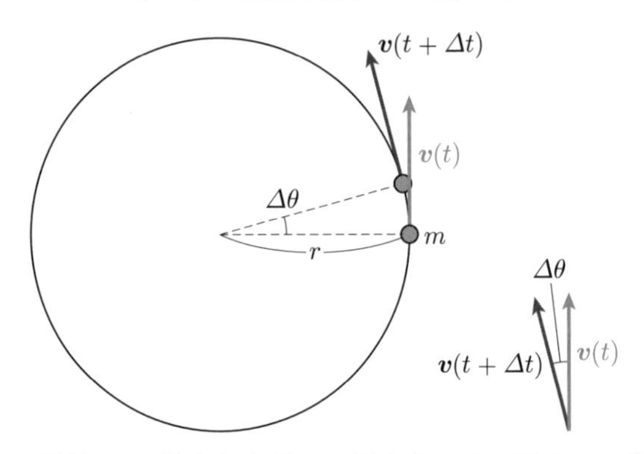

図 2.5.1 質量 m の質点が半径 r の円上を一定の速さ v で運動する様子．時刻 t から $t+\Delta t$ の間に角 $\Delta\theta$ だけ回転するとしよう．その間に速度ベクトル $\boldsymbol{v}$ も角 $\Delta\theta$ だけ回転する．ベクトルは平行移動してもよいから，それぞれの時刻での速度 $\boldsymbol{v}(t+\Delta t)$ と $\boldsymbol{v}(t)$ の始点を同一点に移動させると，その終点は半径 v の円周上で中心角 $\Delta\theta$ となる弧に対応することがわかる．

移動させると，その終点は半径 v の円周上で角 $\Delta\theta$ だけ回転した位置になる．したがって，その長さは $v\Delta\theta$ となる．もし，Δt が十分に小さければ，$\Delta\theta$ も十分に小さく，2 つのベクトルの終点を直線で繋いだ長さはほぼ $v\Delta\theta$ になり，その方向は $\boldsymbol{v}(t)$ と垂直となる．つまり，この場合，それぞれの時刻での速度の差 $\Delta\boldsymbol{v}=\boldsymbol{v}(t+\Delta t)-\boldsymbol{v}(t)$ は，大きさが $v\Delta\theta=\frac{v^2}{r}\Delta t$ になると考えてよい．ここから，回転運動による加速度の大きさは

$$\left|\frac{d\boldsymbol{v}}{dt}\right|=\lim_{\Delta t\to 0}\left|\frac{\Delta\boldsymbol{v}}{\Delta t}\right|=\frac{v^2}{r} \tag{2.5.2}$$

であり，その向きは円の中心方向であることがわかる．このとき，v は一定なので右辺は時間的に変化しない．つまり，加速度の向きは常に変化しているが，その大きさは一定であることに注意しよう．

2.5.2 円運動の運動方程式

加速度がわかったので，これを運動方程式 $\boldsymbol{f}=m\dot{\boldsymbol{v}}$ に代入してみよう．この式は加速度の向き $\dot{\boldsymbol{v}}$ と力 $\boldsymbol{f}$ の向きが一致していることを示しているので，力の向きは質点から常に円の中心を向いていることがわかる．そこで，この力 $\boldsymbol{f}$ を**向心力**

(centripetal force) と呼ぶ．一方，加速度の大きさは $\frac{v^2}{r}$ で一定なので力の大きさ f は一定となり，次の式が得られる．

$$f = m\frac{v^2}{r} \tag{2.5.3}$$

円運動を特徴付ける数値として**周期** (period) や**角速度** (angular velocity) が用いられることもある．周期 T は質点が円周上を 1 回転するのに要する時間である．円周は $2\pi r$ なので，速さ v が一定の場合には定義から $v = \frac{2\pi r}{T}$ となる．これを式 (2.5.3) に代入すると以下の式が得られる．

$$f = 4\pi^2 m\frac{r}{T^2} \tag{2.5.4}$$

角速度 ω は円の中心から見た質点の向きが変化する割合である．円運動で速さ v が一定の場合には角速度も一定で，1 周すると向きは 2π 変わるので，定義から $\omega = \frac{2\pi}{T}$ となる．先ほどの式とこれとを式 (2.5.3) に代入すると次の式が得られる．

$$f = mr\omega^2 \tag{2.5.5}$$

力の大きさ f に関する，これら 3 つの式は回転の速さ v，周期 T，角速度 ω の定義に従って表現を変えただけであり，物理学的には互いに同等の式である．物理学に登場する式は，このように物理学的な意味は同一で，表現が異なるだけのものが多数ある．これらを個別に覚えようとすると記憶すべき公式が膨大な数になってしまい無駄である．むしろ，一番本質的だと思える式の導出の仕方を理解し，それと物理量の定義式を組み合わせることで，関連する公式を導けるようにすることの方が，物理学を体系的に理解することに繋がる．

演　習　問　題

演習 2.1　$x \ll 1$ の場合，以下の式のテイラー展開による 1 次近似を求めよ．定義に基づいて微係数を示してから求めてもよいし，1 次近似の順次適用を行ってもよい．

(1)　$\sin x$　　(2)　e^x　　(3)　$\ln(1+x)$　　(4)　$\dfrac{1}{1+x}$　　(5)　$\dfrac{1}{(1-x)^2}$

演習 2.2　固体に力を加えると，それに応じた力で押し返してくることは日常的にも体験することである．このとき，厳密には固体が変形して伸びたり縮んだりしており，その変形量に応じた力が発生していることが知られている．この力を応力という．

生じた変形量 x に対する応力の大きさを $f(x)$ とするとき，x が十分に小さければ $f(x)$ は x に比例することをテイラー展開の考え方を用いて説明せよ．

演習 2.3　2.4節で取り上げた斜面上での運動を解く場合を考える．本文に示した3つのやり方（鉛直・水平の座標で考えるやり方，2通りの基本ベクトルを使い分けるやり方，分力で考えるやり方）を比較して，それぞれについて自分にとって良い点，悪い点として考えられることを挙げよ．

演習 2.4　運動方程式はベクトル方程式なので，どのような座標系や基本ベクトルの組で記述してもベクトルとして同じ答が得られると2.4節で述べた．それを確かめる1つの例として，斜面の問題を，水平方向から角 α だけ傾いた向きとそれに垂直な向きを2つの基本ベクトル $\boldsymbol{i}''$, $\boldsymbol{j}''$ として記述し，運動方程式

$$m\ddot{\boldsymbol{x}} = \boldsymbol{N} + m\boldsymbol{g}$$

を解くことを考えよう．これが α の値によらないことを示せ．簡単のため，3つ目の基本ベクトル $\boldsymbol{k}''$ は $\boldsymbol{k}$ と平行とし，この方向については解かなくてよい．

演習 2.5　自動車レースの最高峰といわれるF1では質量800 kg程度の車が時速300 km近いスピードで疾走する迫力が魅力とされる．一方，この競技に用いられるコースには意図的に急カーブがあり，その一部は，一般車が通行する高速道路とは異なり水平面になっている．このため，タイヤでの摩擦力の限界を遠心力が上回ると，車はカーブの外側に滑っていく．

運転者などを含む車の総質量 m による重力が4つのタイヤに均等に加わった場合を考え，半径 r のカーブを滑らずに通過するための最高速度 v を求めよ．ただし，タイヤが横滑りしないための摩擦力は車の重量によって路面との間で生じる摩擦だけとし，重量と摩擦力の比である摩擦係数を μ とする．

また，得られた結果だけを判断基準とするならコースの内側と外側（r が異なる）のどちらを通過する方が所要時間が短いだろうか．

演習 2.6　鉄道車両は，車輪の構造により曲線の通過が苦手である．このため，曲線では外側のレールを高くして車体を傾け，線路からの垂直抗力と重力との合力を円運動の向心力とすることで，曲線区間を滑らかに通過できるように作られている．この線路の傾きをカントと呼ぶ．1本の線路を構成する2本のレールの間隔を w とするとき，半径 r の円に沿った曲線の線路（2本のレールはこの円から内外に同じだけ異なる半径の円となる）を速さ v で通過する際に妥当なレールの高低差 h を求めよ．ただし，$h \ll w$ とする近似を用いてよい．

例えば，新幹線はレール間隔1435 mmで半径4000 mの円に沿った曲線が多用されている．ここを時速300 kmで通過するのに妥当なカント量（2本のレール間での高低差）は何mmになるかを求め，実際に使われている値を調べて比較せよ．

第3章

運動に関する保存則

3.1 運動量と力積

3.1.1 ニュートンの3法則

ここまでは，力学の基礎としてニュートンの運動方程式を取り上げた．しかしながら，ニュートンが見出した運動の法則は，それだけではなく，以下の3つとして表現される．

1. 第1法則（**慣性の法則**）：力が加わらない限り物体は静止あるいは等速直線運動をする．
2. 第2法則（**運動の法則**）：物体に力が加わった場合，その運動は運動方程式 $\boldsymbol{f} = m\ddot{\boldsymbol{x}}$ に従う．
3. 第3法則（**作用反作用の法則**）：2つの物体が互いに力を及ぼし合う場合，一方の力は他方の力と向きが反対で大きさが等しい．

第1法則は $\boldsymbol{f} = 0$ の場合には $\ddot{\boldsymbol{x}} = 0$ ということなので，第2法則の特別な場合を表現しただけだと言うこともできる．ではなぜ，この法則をことさら第1法則としたのだろうか．実は，この法則はそれ以前に言われていた物体の運動に関する法則を全否定しているのである．したがって歴史的な意味は重大であるが，それだけだと考えてもよいだろう．

第3法則はこれとは異なり，2つの物体が登場するので少しややこしい．以下で詳しく検討してみよう．

まずは，2つの物体を区別するために一方をA，他方をBと名付けよう．Aに働くBからの力を $\boldsymbol{f}_{\mathrm{AB}}$，Bに働くAからの力を $\boldsymbol{f}_{\mathrm{BA}}$ と書くことにする．他の力は働かない場合について考えるので，Aに働く力は $\boldsymbol{f}_{\mathrm{AB}}$ のみであり，Bに働く力は $\boldsymbol{f}_{\mathrm{BA}}$ のみであることに注意しよう．この場合，第3法則は，

$$\boldsymbol{f}_{\mathrm{BA}} = -\boldsymbol{f}_{\mathrm{AB}} \tag{3.1.1}$$

と表現できる.

それぞれの物体について以下のように運動方程式を書くことができる.

$$\boldsymbol{f}_{\mathrm{AB}} = m_{\mathrm{A}}\ddot{\boldsymbol{x}}_{\mathrm{A}} \tag{3.1.2}$$

$$\boldsymbol{f}_{\mathrm{BA}} = m_{\mathrm{B}}\ddot{\boldsymbol{x}}_{\mathrm{B}} \tag{3.1.3}$$

ここで, m_{A} と m_{B} は A と B の質量, $\boldsymbol{x}_{\mathrm{A}}$ と $\boldsymbol{x}_{\mathrm{B}}$ は A と B の位置ベクトルである.

2つの式を辺々足し合わせると,

$$\boldsymbol{f}_{\mathrm{AB}} + \boldsymbol{f}_{\mathrm{BA}} = m_{\mathrm{A}}\ddot{\boldsymbol{x}}_{\mathrm{A}} + m_{\mathrm{B}}\ddot{\boldsymbol{x}}_{\mathrm{B}} \tag{3.1.4}$$

となり, これに式 (3.1.1) を代入すると,

$$m_{\mathrm{A}}\ddot{\boldsymbol{x}}_{\mathrm{A}} + m_{\mathrm{B}}\ddot{\boldsymbol{x}}_{\mathrm{B}} = 0 \tag{3.1.5}$$

となる.

この式の左辺は A についての量と B についての量の和になっている. そこで, 表記の簡略化を意図して, 1つの物体について, その質量 m と速度 $\boldsymbol{v}$ とを用いて, 新たな物理量 $\boldsymbol{p}$ を以下のように定義する.

$$\boldsymbol{p} = m\boldsymbol{v} \tag{3.1.6}$$

この物理量 $\boldsymbol{p}$ を**運動量** (momentum) と呼ぶ.

これを用いると, 2つの物体 A と B の運動量は

$$\boldsymbol{p}_{\mathrm{A}} = m_{\mathrm{A}}\dot{\boldsymbol{x}}_{\mathrm{A}}, \quad \boldsymbol{p}_{\mathrm{B}} = m_{\mathrm{B}}\dot{\boldsymbol{x}}_{\mathrm{B}} \tag{3.1.7}$$

と書ける. 分裂や合体を考えなければ質量は変化しないので

$$\dot{\boldsymbol{p}} = m\dot{\boldsymbol{v}} = m\ddot{\boldsymbol{x}} \tag{3.1.8}$$

となる. これを用いると式 (3.1.5) は

$$\frac{d}{dt}(\boldsymbol{p}_{\mathrm{A}} + \boldsymbol{p}_{\mathrm{B}}) = 0 \tag{3.1.9}$$

と表現できる. もちろん, $\boldsymbol{p}_{\mathrm{A}}$ と $\boldsymbol{p}_{\mathrm{B}}$ は, それぞれ質点 A と B の運動量である. つまり,「2つの物体間でのみ力が働いている場合にはそれぞれの質点の持つ運動量の和は一定である」ことを意味する. このように表現した物理法則を**運動量保存則**

(momentum conservation law) という．ニュートン力学の第 2 法則と第 3 法則を組み合わせたものが運動量保存則ということもできる．

ニュートンの運動方程式は微分方程式であり，物体の運動を知るにはこれを解く必要があった．これに対して，運動量保存則は数学的には大きく異なる方程式である．2 つの時点での運動量の合計が等しいことを示しており，数学的には通常の方程式（**代数方程式**）になっているのだ．代数方程式なので数学的には微分方程式よりもずっと簡単に解くことができる．

3.1.2 運動量変化と力積

運動量が基本的な物理量であることがわかったので，その時間変化を考えてみる．

再び，1 つの質点について考えよう．まずは，運動方程式 (1.4.9) を時間で積分してみよう．

$$\int \boldsymbol{f}\, dt = \int m\ddot{\boldsymbol{x}}\, dt \tag{3.1.10}$$

分裂や合体が起きなければ，質量 m は一定なので

$$\langle \boldsymbol{f} \rangle \varDelta t = m\dot{\boldsymbol{x}}(t = t_2) - m\dot{\boldsymbol{x}}(t = t_1) \tag{3.1.11}$$

となる．ただし，

$$\langle \boldsymbol{f} \rangle \equiv \frac{\int \boldsymbol{f}(t)\, dt}{\varDelta t} \tag{3.1.12}$$

であり，これは“力 $\boldsymbol{f}$ が作用している間の（ベクトル）平均的な力”という意味になる．

$\varDelta t$ が十分に短く，その時間内での $\boldsymbol{f}$ の変化を気にしないならば，$\langle \boldsymbol{f} \rangle \varDelta t$ を 1 つの物理量と考えてもよいだろう．これを**力積** (impulse) と呼ぶ．

質量が一定ならば式 (3.1.10) の右辺は，

$$\int m\ddot{\boldsymbol{x}}\, dt = m \int \ddot{\boldsymbol{x}}\, dt = m\varDelta \dot{\boldsymbol{x}} = m\varDelta \boldsymbol{v}$$

となる．すなわち，

$$\langle \boldsymbol{f} \rangle \varDelta t = m\varDelta \boldsymbol{v} = \varDelta \boldsymbol{p}$$

となる．これは，力積と運動量変化が等しいことを意味する．

3.1.3 運動量の意味

通常，1つの物体の質量は変化しないので運動量変化は速度変化としてもよいはずだ．ならば，なぜ $\boldsymbol{p} = m\dot{\boldsymbol{x}}$ を1つの物理量として扱えというのだろうか．

2つに分裂できる1つの物体を考えよう．2両連結の列車でもいいし，切り離し式のロケットを想定してもよい．2つの部分をAとBと呼び，それぞれの質量を m_{A} および m_{B} とする（図3.1.1）．

分裂前はAとBとが合体しており，同じ速度 $\boldsymbol{v}$ で運動している．その質量は $m = m_{\mathrm{A}} + m_{\mathrm{B}}$ である．分裂すると，別の速度 $\boldsymbol{v}_{\mathrm{A}}$ と $\boldsymbol{v}_{\mathrm{B}}$ で運動する．

分裂後の速度が分裂前と異なるので，分裂時にAとBとはそれぞれ力を及ぼし合う必要がある．分裂が十分に短い時間 Δt で実現し，分裂前後の運動量変化を与えるのは力積だと考えよう．

物体Aは質量 m_{A} で速度が $\boldsymbol{v}$ から $\boldsymbol{v}_{\mathrm{A}}$ に変化するから運動量変化は

$$\Delta \boldsymbol{p}_{\mathrm{A}} = m_{\mathrm{A}}(\boldsymbol{v}_{\mathrm{A}} - \boldsymbol{v}) = \boldsymbol{f}_{\mathrm{AB}} \Delta t \tag{3.1.13}$$

である．物体Bについても同様に考えると

$$\Delta \boldsymbol{p}_{\mathrm{B}} = m_{\mathrm{B}}(\boldsymbol{v}_{\mathrm{B}} - \boldsymbol{v}) = \boldsymbol{f}_{\mathrm{BA}} \Delta t \tag{3.1.14}$$

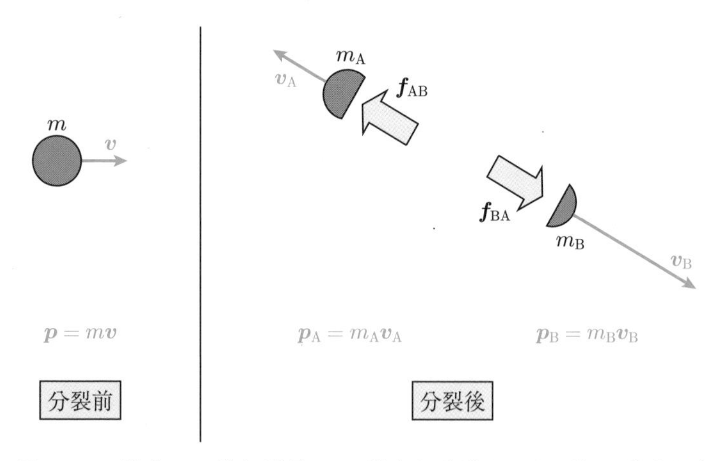

図3.1.1 速度 $\boldsymbol{v}$ で進む質量 m の質点が分裂し，その際に受けた力 $\boldsymbol{f}_{\mathrm{AB}}$ と $\boldsymbol{f}_{\mathrm{BA}}$ で加速され異なる速度となって運動する場合を考える．分裂した質点のそれぞれの質量を m_{A} と m_{B}，速度を $\boldsymbol{v}_{\mathrm{A}}$ と $\boldsymbol{v}_{\mathrm{B}}$ とする．

である．

作用反作用の法則により，常に $\boldsymbol{f}_{\mathrm{AB}} = -\boldsymbol{f}_{\mathrm{BA}}$ なので，2つの式を辺々足し合わせて整理すると，

$$m_{\mathrm{A}}(\boldsymbol{v}_{\mathrm{A}} - \boldsymbol{v}) + m_{\mathrm{B}}(\boldsymbol{v}_{\mathrm{B}} - \boldsymbol{v}) = 0$$

$$m_{\mathrm{A}}\boldsymbol{v}_{\mathrm{A}} + m_{\mathrm{B}}\boldsymbol{v}_{\mathrm{B}} - (m_{\mathrm{A}} + m_{\mathrm{B}})\boldsymbol{v} = 0$$

となる．ここで，$m = m_{\mathrm{A}} + m_{\mathrm{B}}$ を用いると，

$$m_{\mathrm{A}}\boldsymbol{v}_{\mathrm{A}} + m_{\mathrm{B}}\boldsymbol{v}_{\mathrm{B}} = m\boldsymbol{v} \tag{3.1.15}$$

が得られる．

では，この現象を「A と B が合体した物体が B を切り離すことで質量が m から $m' = m_{\mathrm{A}}$ へと変化し，速度が $\boldsymbol{v}$ から $\boldsymbol{v}' = \boldsymbol{v}_{\mathrm{A}}$ に変わった」と考えるとどうなるであろうか．対応する変数を代入して，移項すると

$$m\boldsymbol{v} - m'\boldsymbol{v}' = m_{\mathrm{B}}\boldsymbol{v}_{\mathrm{B}} \tag{3.1.16}$$

となる．この式は切り離し前の物体が持つ運動量 $\boldsymbol{p} = m\boldsymbol{v}$ が $\boldsymbol{p}' = m'\boldsymbol{v}'$ に減少した分だけ，切り離した B に運動量が移動したと解釈することもできる．

3.1.4　運動量変化と力

ここまでの検討から，運動量の方が本質的な物理量である感じがつかめてきたと思う．そこで，運動量変化の観点から運動方程式を見直してみよう．

1つの物体に外力が加わる場合には質量は変化しないので，運動量の時間変化は

$$\dot{\boldsymbol{p}} = m\dot{\boldsymbol{v}} = m\ddot{\boldsymbol{x}} \tag{3.1.17}$$

となり，運動方程式 (1.4.9) は

$$\boldsymbol{f} = \dot{\boldsymbol{p}} \tag{3.1.18}$$

と表すことができる．

では，物体が分離・合体することで質量が変化する場合はどうなるのだろうか．先ほどの検討結果を利用するために速度 $\boldsymbol{v}$ で進む質量 m の物体が質量 m_{B} の物体を分離して質量 m' となり，その際に受けた力 $\boldsymbol{f}_{\mathrm{AB}}$ で加速されて速度が $\boldsymbol{v}'$ となったとしよう（図 3.1.2）．この場合の運動量変化（増加分なので符号に注意）は，

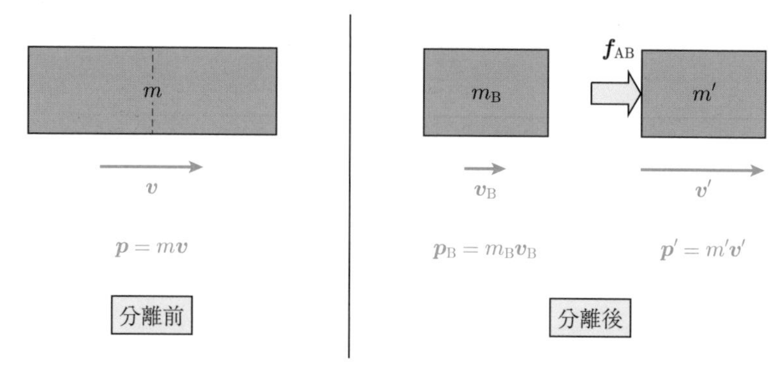

図 3.1.2　速度 $\boldsymbol{v}$ で進む質量 m の物体が質量 m_B の物体を分離して質量 m' となり，その際に受けた力 $\boldsymbol{f}_\mathrm{AB}$ で加速されて速度が $\boldsymbol{v}'$ となったとする．ロケットが質量 m_B のガスを噴射して加速する状況がこれに近い．

先に求めた通り

$$\Delta\boldsymbol{p} = m'\boldsymbol{v}' - m\boldsymbol{v} = -m_\mathrm{B}\boldsymbol{v}_\mathrm{B} \tag{3.1.19}$$

となる．この変化が十分に短い時間 Δt で起こるなら以下の式が成り立つ．

$$\dot{\boldsymbol{p}} = \frac{d\boldsymbol{p}}{dt} = -m_\mathrm{B}\dot{\boldsymbol{v}}_\mathrm{B} \tag{3.1.20}$$

この際に物体がBを切り離すことで受ける力 $\boldsymbol{f}_\mathrm{AB}$ は，作用反作用の法則により $-\boldsymbol{f}_\mathrm{BA}$ であるが，これはBについての運動方程式から求めることができる．すなわち，

$$\boldsymbol{f}_\mathrm{AB} = -\boldsymbol{f}_\mathrm{BA} = -m_\mathrm{B}\ddot{\boldsymbol{x}}_\mathrm{B} = -m_\mathrm{B}\dot{\boldsymbol{v}}_\mathrm{B} \tag{3.1.21}$$

である．これを式 (3.1.20) に代入すれば，

$$\dot{\boldsymbol{p}} = \boldsymbol{f}_\mathrm{AB} \tag{3.1.22}$$

となる．

ここから，式 (3.1.18) は，分離・合体によって質量が変化する場合にも使えることがわかる．すなわち，式 (3.1.18) で示される「運動量の時間微分と加わった力とは等しい」という表現の方がより一般的な表現であることが確かめられた．

3.2 ベクトルの内積と外積

3.2.1 ベクトル同士の積

1.3 節で，物理量にはベクトルとスカラーとがあることを学んだ．ベクトルとスカラーとの積については，高校数学で学んだはずであり，既に運動方程式でも使っている．とはいえ，物理学的観点からの意味を意識した人は少ないと考えられるので，それを A.2 節にまとめてある．高校数学での学習では納得できなかった人は，そちらもご覧いただきたい．

ところで，さまざまな現象を検討していくと，複数のベクトル量によって物理状態が指定される場合があり，その場合には 2 つ以上のベクトルが等式の片側にだけ登場することになる．そこで，ここでは 2 つのベクトル量から 1 つの物理量を得る演算として，ベクトルの内積と外積を考えてみることにしよう．これらは数学に属するが，物理学では特によく登場するので，ここに記載することにした．

3.2.2 ベクトルの内積

よく使われるベクトルの内積の求め方は 3 種類ある．ここでは幾何学的なものを定義とし，それ以外の計算方法と一致することは A.4 節に示した．

● **幾何学的定義**　2 つのベクトル $\boldsymbol{a}$, $\boldsymbol{b}$ から 1 つのスカラーを作る演算として次のやり方を考えよう（図 **3.2.1**）．一方のベクトルの長さと，その方向へのもう一方のベクトルの射影の長さの積を求める．その際に，元のベクトルと射影ベクトルとの向きが同じなら正，逆向きなら負と定める．すなわち，$\boldsymbol{a}$ と $\boldsymbol{b}$ のなす角を θ とするとき，以下の式で $\boldsymbol{a}\cdot\boldsymbol{b}$ を定義する．

$$\boldsymbol{a}\cdot\boldsymbol{b} = |\boldsymbol{a}||\boldsymbol{b}|\cos\theta \tag{3.2.1}$$

このような演算をベクトルの**内積** (inner product) または**スカラー積** (scalar product) という．

$|\boldsymbol{a}|$, $|\boldsymbol{b}|$, θ のいずれも，座標原点の平行移動や回転に影響されないので，$\boldsymbol{a}\cdot\boldsymbol{b}$ の値も，座標原点の平行移動や回転に影響されない．すなわち，スカラー量であることがわかる．

積とは乗算の結果をいうが，英語での product は生成するという意味もあるの

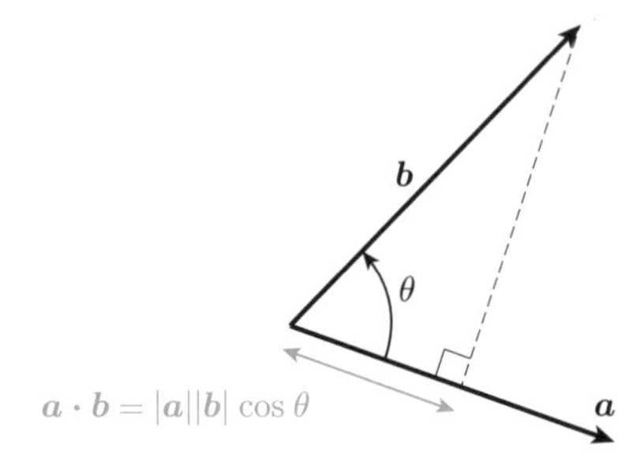

図 3.2.1 内積またはスカラー積の幾何学的定義．$\boldsymbol{a}\cdot\boldsymbol{b}$ はスカラーなので向きはなく，図に示した長さとなるが，$\cos\theta$ を含むため，内積の値は，$0^\circ<\theta<90^\circ$ ならば正，$90^\circ<\theta<180^\circ$ ならば負になる．

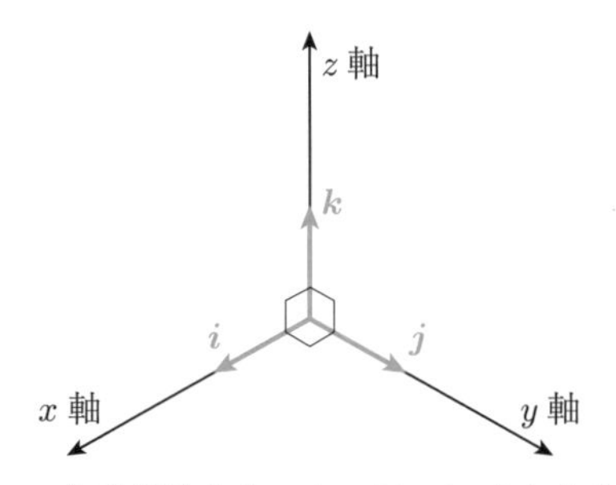

図 3.2.2 x,y,z の各座標軸を向いた，互いに直交する3つの単位ベクトルを基本ベクトルという．通常は，図のような位置関係となる．

で，スカラー積とは（2つのベクトルから）スカラーを生成するという意味だと思えば覚えやすいだろう．

● **基本ベクトルを用いた計算法**　座標軸に沿った，互いに直交する3つの単位ベクトル $\boldsymbol{i},\boldsymbol{j},\boldsymbol{k}$（図 3.2.2）について，その内積を以下のように定義する．

$$\begin{aligned}\boldsymbol{i}\cdot\boldsymbol{i}=\boldsymbol{j}\cdot\boldsymbol{j}=\boldsymbol{k}\cdot\boldsymbol{k}=1\\ \boldsymbol{i}\cdot\boldsymbol{j}=\boldsymbol{j}\cdot\boldsymbol{k}=\boldsymbol{k}\cdot\boldsymbol{i}=0\end{aligned}\tag{3.2.2}$$

加えて，内積には交換則と結合則[1] が成り立つとする．

これは，以下のようにすれば覚えやすいだろう．

[1] 交換則は $\boldsymbol{x}\cdot\boldsymbol{y}=\boldsymbol{y}\cdot\boldsymbol{x}$．結合則は $(\boldsymbol{x}+\boldsymbol{y})\cdot\boldsymbol{z}=\boldsymbol{x}\cdot\boldsymbol{z}+\boldsymbol{y}\cdot\boldsymbol{z}$．

1. 自分自身との内積なら 1.
2. 他の単位ベクトルとの内積なら 0.
3. 順番が逆でも値は同じで，結合則も成り立つ.

このうち，3 は内積の一般的な性質なので本質的には 1 と 2 のみ覚えればよい.

この方法で計算する場合には，任意のベクトルを $\boldsymbol{a} = a_x\boldsymbol{i} + a_y\boldsymbol{j} + a_z\boldsymbol{k}$ のように，3 つの単位ベクトルの線形結合に分解し，あとはスカラー倍も含めた交換則と結合則を用いればよい.

● 直交座標成分からの計算法 2 つのベクトルが直交座標成分で $\boldsymbol{a} = (a_x, a_y, a_z)$, $\boldsymbol{b} = (b_x, b_y, b_z)$ と表現される場合，その内積は以下の式で求められる.

$$\boldsymbol{a} \cdot \boldsymbol{b} = a_x b_x + a_y b_y + a_z b_z \tag{3.2.3}$$

これは，以下の 2 段階に分けると覚えやすいだろう.

1. 2 つのベクトルの同じ成分同士を乗ずる.
2. 全成分について合計する.

● 内積と 2 乗表現 自分自身とのなす角は 0 なので，任意のベクトル $\boldsymbol{a}$ について

$$\boldsymbol{a} \cdot \boldsymbol{a} = |\boldsymbol{a}|^2 \tag{3.2.4}$$

である．ここから，

$$\boldsymbol{a}^2 = \boldsymbol{a} \cdot \boldsymbol{a} = |\boldsymbol{a}|^2 \tag{3.2.5}$$

と表記することもある.

● 内積によるベクトルの直交分解 1 つのベクトルを互いに直交する 2 つのベクトルの和に分解できると，いろいろと便利である．成分による計算に慣れていると，それで計算したくなるが，内積を用いると成分を用いずともそれぞれのベクトルを表記することができる.

まず，$\boldsymbol{a}$ と $\boldsymbol{b}$ から作られるベクトル

$$\boldsymbol{b}_{/\!/} = \frac{\boldsymbol{a} \cdot \boldsymbol{b}}{|\boldsymbol{a}|^2}\boldsymbol{a} \tag{3.2.6}$$

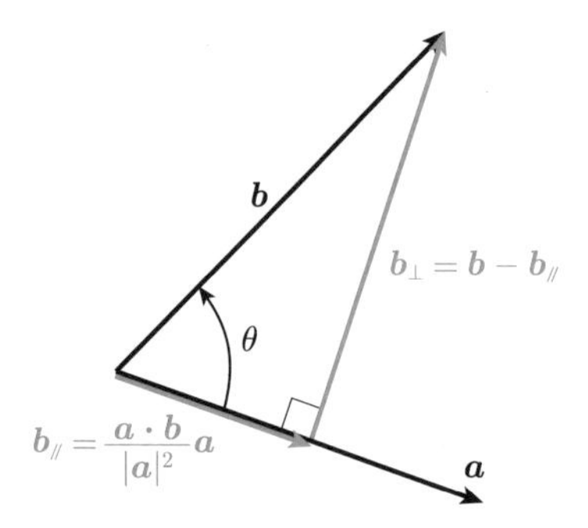

図 3.2.3　$\boldsymbol{a}$ を基準として，$\boldsymbol{b}$ を互いに直交する 2 つのベクトル $\boldsymbol{b}_{/\!/}$ と $\boldsymbol{b}_\perp$ の和で表す．

は，$\boldsymbol{a}$ のスカラー倍なので，$\boldsymbol{a}$ と平行なベクトルである．これを使って作る

$$\boldsymbol{b}_\perp = \boldsymbol{b} - \boldsymbol{b}_{/\!/} = \boldsymbol{b} - \frac{\boldsymbol{a}\cdot\boldsymbol{b}}{|\boldsymbol{a}|^2}\boldsymbol{a} \tag{3.2.7}$$

は，ベクトル $\boldsymbol{a}$ と垂直なベクトルである．図 3.2.3 からも明らかだが，

$$\boldsymbol{a}\cdot\boldsymbol{b}_\perp = \boldsymbol{a}\cdot\boldsymbol{b} - \frac{\boldsymbol{a}\cdot\boldsymbol{b}}{|\boldsymbol{a}|^2}\boldsymbol{a}^2 = 0$$

として計算で確かめることもできる．ここで，式 (3.2.5) の記法と $\boldsymbol{a}^2 = |\boldsymbol{a}|^2$ を用いた．

もちろん，式 (3.2.7) から明らかに

$$\boldsymbol{b} = \boldsymbol{b}_{/\!/} + \boldsymbol{b}_\perp \tag{3.2.8}$$

である．

このように内積を用いれば，面倒な成分の計算をせずに任意のベクトル $\boldsymbol{b}$ を互いに直交する 2 つのベクトルの和に分解した場合の表現を得ることができる．

● **交換則**　2 つのベクトル量 $\boldsymbol{a}, \boldsymbol{b}$ に対し

$$\boldsymbol{a}\cdot\boldsymbol{b} = \boldsymbol{b}\cdot\boldsymbol{a} \tag{3.2.9}$$

が成り立つ．これは式 (3.2.1) を見れば明らかである．

他の 2 つの計算方法を見ても交換則が成り立つことは容易に確かめられよう．

スカラー倍 スカラー量 p, q とベクトル量 $\boldsymbol{a}, \boldsymbol{b}$ に対し

$$(p\boldsymbol{a}) \cdot (q\boldsymbol{b}) = pq(\boldsymbol{a} \cdot \boldsymbol{b}) \tag{3.2.10}$$

である．

結合則 3つのベクトル量 $\boldsymbol{a}, \boldsymbol{b}, \boldsymbol{c}$ に対し

$$\boldsymbol{a} \cdot (\boldsymbol{b} + \boldsymbol{c}) = \boldsymbol{a} \cdot \boldsymbol{b} + \boldsymbol{a} \cdot \boldsymbol{c} \tag{3.2.11}$$

が成り立つ．証明は付録の A.4 節に示したので見て欲しい．

内積の2乗 結合則と交換則を考えると，ベクトルの和および差の2乗が以下のように書けることは容易に確かめられる．

$$(\boldsymbol{a} \pm \boldsymbol{b})^2 = (\boldsymbol{a} \pm \boldsymbol{b}) \cdot (\boldsymbol{a} \pm \boldsymbol{b}) = \boldsymbol{a}^2 \pm 2\boldsymbol{a} \cdot \boldsymbol{b} + \boldsymbol{b}^2 \tag{3.2.12}$$

3.2.3 ベクトルの外積

ベクトルの外積の求め方も3種類ある．ここでも幾何学的なものを定義とし，それ以外の計算方法と一致することは A.4 節に示した．

幾何学的定義 2つのベクトル $\boldsymbol{a}, \boldsymbol{b}$ から1つのベクトルを作る演算として次のやり方を考えよう．2つのベクトルのいずれとも直交する2つの向きのうち，$\boldsymbol{a}$ から $\boldsymbol{b}$ へ回転させたとき，**右ネジの法則** (right hand screw rule; right-hand grip rule) で進む向き（右手で欧米人が示すグッドサインを作ったときに立てた親指）とし，2つのベクトルがなす平行四辺形の面積を大きさとするベクトルを考える（図 3.2.4）．すなわち，$\boldsymbol{a}$ を $\boldsymbol{b}$ と平行となるように回転させるべき角を θ とするとき，以下の式で $\boldsymbol{a} \times \boldsymbol{b}$ の大きさを定義する．

$$|\boldsymbol{a} \times \boldsymbol{b}| = |\boldsymbol{a}||\boldsymbol{b}||\sin\theta| \tag{3.2.13}$$

このような演算をベクトルの**外積** (outer product) または**ベクトル積** (vector product) という．

$|\boldsymbol{a}|, |\boldsymbol{b}|, \theta$ のいずれも，座標原点の平行移動や回転に影響されないので，$\boldsymbol{a} \times \boldsymbol{b}$ の大きさも，座標原点の平行移動や回転に影響されない．$\boldsymbol{a}$ も $\boldsymbol{b}$ もベクトルなので，

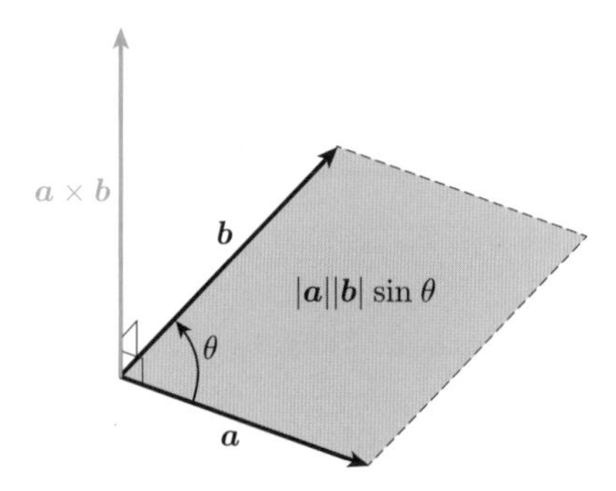

図 3.2.4　外積またはベクトル積の幾何学的定義

$\boldsymbol{a} \times \boldsymbol{b}$ の向きも座標原点の平行移動や回転に影響されない．したがって，$\boldsymbol{a} \times \boldsymbol{b}$ はベクトル量であることがわかる．

積とは乗算の結果をいうが，英語での product は生成するという意味もあるので，ベクトル積とは（2つのベクトルから）ベクトルを生成するという意味だと思えば覚えやすいだろう．

● 基本ベクトルの外積を用いた計算法　座標軸に沿った互いに直交する3つの単位ベクトル $\boldsymbol{i}, \boldsymbol{j}, \boldsymbol{k}$ に対して，それぞれの外積を以下のように定義する．

$$
\begin{aligned}
&\boldsymbol{i} \times \boldsymbol{i} = 0, \quad \boldsymbol{j} \times \boldsymbol{j} = 0, \quad \boldsymbol{k} \times \boldsymbol{k} = 0 \\
&\boldsymbol{i} \times \boldsymbol{j} = \boldsymbol{k}, \quad \boldsymbol{j} \times \boldsymbol{k} = \boldsymbol{i}, \quad \boldsymbol{k} \times \boldsymbol{i} = \boldsymbol{j} \\
&\boldsymbol{j} \times \boldsymbol{i} = -\boldsymbol{k}, \quad \boldsymbol{k} \times \boldsymbol{j} = -\boldsymbol{i}, \quad \boldsymbol{i} \times \boldsymbol{k} = -\boldsymbol{j}
\end{aligned}
\tag{3.2.14}
$$

加えて，外積には反交換則と結合則[2)] が成り立つとする．

これは，以下のようにすれば覚えやすいだろう．

1. 自分自身との外積なら0.
2. 外積をとる2つのベクトルのどちらとも異なる基本ベクトルになる．
3. 基本ベクトルがアルファベット順なら＋，逆順なら－（$\boldsymbol{k}$ の次は $\boldsymbol{i}$）．

ただし，1は外積の一般的な性質なので本質的には2と3だけを覚えればよい．

任意の2つのベクトルの外積は，それぞれを $\boldsymbol{i}, \boldsymbol{j}, \boldsymbol{k}$ の線形結合で表した後，スカラー倍や結合則と上記の3項目の性質を用いることで，計算できる．

---

2) 反交換則は $\boldsymbol{x} \times \boldsymbol{y} = -\boldsymbol{y} \times \boldsymbol{x}$．結合則は $(\boldsymbol{x} + \boldsymbol{y}) \times \boldsymbol{z} = \boldsymbol{x} \times \boldsymbol{z} + \boldsymbol{y} \times \boldsymbol{z}$．

直交座標成分からの計算法　2つのベクトルが直交座標成分で $\boldsymbol{a} = (a_x, a_y, a_z)$, $\boldsymbol{b} = (b_x, b_y, b_z)$ と表現される場合，その外積は以下の式で求められる．

$$\boldsymbol{a} \times \boldsymbol{b} = (a_y b_z - a_z b_y,\ a_z b_x - a_x b_z,\ a_x b_y - a_y b_x) \tag{3.2.15}$$

これは，以下の2段階に分けると覚えやすいだろう．

1. 外積の座標成分は自分以外の2成分の積だけから得られる（順番が2通りある）．
2. 作る成分がアルファベット順なら $+$，逆順なら $-$（ただし，z の次は x と考える）．

物理の目　行列式による暗記法

多くの力学の教科書では外積の計算法の暗記の仕方として以下の記述がなされている．

$$\begin{aligned}\boldsymbol{a} \times \boldsymbol{b} &= \begin{vmatrix} a_x & a_y & a_z \\ b_x & b_y & b_z \\ \boldsymbol{i} & \boldsymbol{j} & \boldsymbol{k} \end{vmatrix} \\ &= (a_x b_y)\boldsymbol{k} + (a_y b_z)\boldsymbol{i} + (a_z b_x)\boldsymbol{j} - (a_x b_z)\boldsymbol{j} - (a_y b_x)\boldsymbol{k} - (a_z b_y)\boldsymbol{i} \\ &= (a_y b_z - a_z b_y)\boldsymbol{i} + (a_z b_x - a_x b_z)\boldsymbol{j} + (a_x b_y - a_y b_x)\boldsymbol{k}\end{aligned}$$

当然ながら，結果は本書の本文で示した覚え方に従った計算と同じである．

しかし，本書の著者はこの暗記方法を勧めない．以下に示すように，結果が同じであるのに暗記すべき事項数が多くなるからである．

- 他の3つの計算方法と異なり，内積の計算方法との類似性が全くない．
- 外積の概念と行列式とは他では関連がなく，ここで覚える以外役に立たない．
- ベクトルとベクトルの成分が混在した行列式の計算なのでなじみが薄い．
- 3×3 行列式は使用頻度が低いため，これを別途暗記しなければならない．
- 行列式を求めた後で基本ベクトルごとに整理する必要があり，直交成分での計算よりも面倒である．
- 行や列の順番を覚え間違えると結果の符号が逆になる場合がある．この計算方法だけを暗記していると間違いに気付く方法がない．

もちろん，「暗記の方法」なのであって，既に暗記してしまっている人が改める必要はないが，新規に覚えようとする人には「百害あって一利なし」といえよう．

3.2.4 ベクトルの外積の性質

ベクトルの外積は高校数学では扱わないので，その性質や計算方法には，なじみがないと思われる．ここでは結果のみを簡単にまとめたが，「記憶することを最小限にする」という物理の原則に則って理解するべきである．しかし，その証明などを詳しく説明すると長くなるため，付録のA.4節に記載した．外積については，そちらも読むことを強く勧める．

● **反交換則** 2つのベクトルの外積は順番を入れ替えると符号が逆になる．つまり，任意のベクトル $\boldsymbol{a}, \boldsymbol{b}$ について

$$\boldsymbol{a} \times \boldsymbol{b} = -\boldsymbol{b} \times \boldsymbol{a} \tag{3.2.16}$$

である．

● **スカラー倍** スカラー量 p, q とベクトル量 $\boldsymbol{a}, \boldsymbol{b}$ に対し

$$(p\boldsymbol{a}) \times (q\boldsymbol{b}) = pq(\boldsymbol{a} \times \boldsymbol{b}) \tag{3.2.17}$$

である．

● **結合則** 2つのベクトルの和の外積は，各ベクトルの外積の和と等しい．つまり，任意のベクトル $\boldsymbol{a}, \boldsymbol{b}, \boldsymbol{c}$ について

$$(\boldsymbol{a} + \boldsymbol{b}) \times \boldsymbol{c} = \boldsymbol{a} \times \boldsymbol{c} + \boldsymbol{b} \times \boldsymbol{c} \tag{3.2.18}$$

である．

● **外積と平行性** 互いに平行なベクトルの外積は0であり，外積が0のベクトルの組は互いに平行である．つまり，任意のベクトル $\boldsymbol{a}, \boldsymbol{b}$ について

$$\boldsymbol{a} \times \boldsymbol{b} = 0 \tag{3.2.19}$$

ならば2つのベクトルは平行である．

3.2.5 ベクトルの微分

次に，ベクトルを微分することを考えてみよう．多くの物理法則が微分方程式の形で与えられるので，ベクトル量の微分もここで考えておくのがよいからだ．

ベクトル $\boldsymbol{x}$ が微小変化して $\boldsymbol{x}+\Delta\boldsymbol{x}$ になる場合を考える．この変化が微小時間 Δt で起こったとすれば，次のように定義すべきだろう．

$$\frac{d\boldsymbol{x}}{dt}=\lim_{\Delta t\to 0}\frac{\Delta\boldsymbol{x}}{\Delta t} \tag{3.2.20}$$

これを成分で書けば具体的な値の計算方法も得られる．すなわち，$\boldsymbol{x}=(x,y,z)$，$\boldsymbol{x}+\Delta\boldsymbol{x}=(x+\Delta x,y+\Delta y,z+\Delta z)$ とすれば，$\Delta\boldsymbol{x}=(\Delta x,\Delta y,\Delta z)$ なので，

$$\frac{d\boldsymbol{x}}{dt}=\left(\frac{dx}{dt},\frac{dy}{dt},\frac{dz}{dt}\right) \tag{3.2.21}$$

となることは容易にわかる．

● 内積の微分　2 つのベクトル $\boldsymbol{a}=(a_x,a_y,a_z)$ と $\boldsymbol{b}=(b_x,b_y,b_z)$ に対して，その内積 $\boldsymbol{a}\cdot\boldsymbol{b}$ を変数 t で微分してみよう．

直交成分表示で計算してみるのが一番簡単だろう．式 (3.2.3) に示したように

$$\boldsymbol{a}\cdot\boldsymbol{b}=a_xb_x+a_yb_y+a_zb_z$$

だったので，

$$\begin{aligned}\frac{d}{dt}(\boldsymbol{a}\cdot\boldsymbol{b})&=\frac{d}{dt}(a_xb_x+a_yb_y+a_zb_z)\\&=\frac{da_x}{dt}b_x+a_x\frac{db_x}{dt}+\frac{da_y}{dt}b_y+a_y\frac{db_y}{dt}+\frac{da_z}{dt}b_z+a_z\frac{db_z}{dt}\end{aligned} \tag{3.2.22}$$

となるが，これは $\frac{d\boldsymbol{a}}{dt}\cdot\boldsymbol{b}+\boldsymbol{a}\cdot\frac{d\boldsymbol{b}}{dt}$ と等しい．よって，

$$\frac{d}{dt}(\boldsymbol{a}\cdot\boldsymbol{b})=\frac{d\boldsymbol{a}}{dt}\cdot\boldsymbol{b}+\boldsymbol{a}\cdot\frac{d\boldsymbol{b}}{dt} \tag{3.2.23}$$

である．つまり，2 つのベクトルの内積に対する微分は 2 つの数値の積についての微分と極めて似ており，覚えやすいだろう．

特に，$\boldsymbol{a}=\boldsymbol{b}=\boldsymbol{x}$ の場合は，

$$\frac{d\boldsymbol{x}^2}{dt}=2\boldsymbol{x}\cdot\frac{d\boldsymbol{x}}{dt} \tag{3.2.24}$$

となる．

外積の微分　外積の場合はどうなるのだろうか．式 (3.2.15) で示したように，

$$\boldsymbol{a}\times\boldsymbol{b}=(a_yb_z-a_zb_y,\ a_zb_x-a_xb_z,\ a_xb_y-a_yb_x)$$

なので，その x 成分の微分は，

$$\begin{aligned}\frac{d}{dt}(a_yb_z-a_zb_y)&=\left(\frac{da_y}{dt}b_z+a_y\frac{db_z}{dt}\right)-\left(\frac{da_z}{dt}b_y+a_z\frac{db_y}{dt}\right)\\&=\left(\frac{da_y}{dt}b_z-\frac{da_z}{dt}b_y\right)+\left(a_y\frac{db_z}{dt}-a_z\frac{db_y}{dt}\right)\end{aligned}\tag{3.2.25}$$

となるが，これは $\frac{d\boldsymbol{a}}{dt}\times\boldsymbol{b}+\boldsymbol{a}\times\frac{d\boldsymbol{b}}{dt}$ の x 成分と等しい．y 成分，z 成分についても同様に考えられるので，

$$\frac{d}{dt}(\boldsymbol{a}\times\boldsymbol{b})=\frac{d\boldsymbol{a}}{dt}\times\boldsymbol{b}+\boldsymbol{a}\times\frac{d\boldsymbol{b}}{dt}\tag{3.2.26}$$

である．

つまり，2つのベクトルの外積に対する微分も2つの数値の積についての微分と極めて似ており，こちらも覚えやすいだろう．

3.3 仕事とエネルギー保存則

3.3.1 仕　　事

地上で高いところから物体が落ちると落下速度が次第に増加する．この動きを受け止める仕掛けを使えば，これを動力として利用することもできる．人類は古くから水車などの仕掛けで，こうした現象を実際に利用してきた．このことから，物体の高さ自体が，そこから落ちる物体の運動に対して意味を持つことがわかる．

一方，地上には地球の重力が働いているため，物体を高いところへ持ち上げるには力が必要である．しかし，重力を支える力だけで水平方向に移動させても高さは変わらないので力の向きと移動方向の関係も考慮する必要がある．

そこで，加えた力の向きにどれだけ移動したかを評価する物理量を作ることにしよう．力も移動量もベクトル量なので，力の向きへの移動量は両者の内積で示すべきである．ただし，両者がなす角や大きさが一定とは限らないので，移動量 $\Delta\boldsymbol{x}$ が十分に小さい場合で定義しよう．

$$\Delta W=\boldsymbol{f}\cdot\Delta\boldsymbol{x}\tag{3.3.1}$$

こうして定義された物理量 ΔW を力 $\boldsymbol{f}$ がなした**仕事** (work) と呼ぶ．この単語は日常用語でも使うが，物理学では式 (3.3.1) で定義された量を指す学術用語であり，日常用語での仕事とは異なる意味を持つことに注意して欲しい．

物理量としての仕事の単位は，式 (3.3.1) の比例係数が 1 になるように決める．すなわち，1 N（ニュートン）の力でその向きに 1 m 進んだ際になされる仕事を 1 J（ジュール）とする．

以下では力 $\boldsymbol{f}$ が，質点がいる位置 $\boldsymbol{x}$ だけで値が決まる，つまり $\boldsymbol{x}$ の関数である場合を考える．この場合は，ΔW を積分して，以下の量を仕事とすればよい．

$$W = \int_{\boldsymbol{x}_1(C)}^{\boldsymbol{x}_2} \boldsymbol{f} \cdot d\boldsymbol{x} \tag{3.3.2}$$

ここで，積分範囲として記述したものは，経路 C に沿って地点 $\boldsymbol{x}_1$ から $\boldsymbol{x}_2$ まで順次積分していくことを意味する．高校数学での積分では理解しがたいかも知れないが，1.4 節で説明した積分の考え方を思い出せば，（具体的な計算方法はともかく）どんな値を求めようとしているのかは想像できるだろう．

3.3.2 仕　事　率

現実的には，同じ仕事でもどれくらいの時間で行ったかは重要である．そこで，式 (3.3.1) が十分に短い時間 Δt で起こった場合を考え，$\Delta t \to 0$ の極限を用いて

$$P = \frac{dW}{dt} = \boldsymbol{f} \cdot \frac{d\boldsymbol{x}}{dt} \tag{3.3.3}$$

で，新たな物理量 P を定義する．これを**仕事率** (power) という．

仕事率の単位は，この式を用いて比例係数が 1 になるように決める．すなわち，1 J の仕事を 1 秒間になす仕事率を 1 W（ワット）という．

3.3.3 保　存　力

質点に力 $\boldsymbol{f}$ が働く状況下で，経路 C_1 に沿って点 $\boldsymbol{x}_1$ から $\boldsymbol{x}_2$ へ移動した場合，この力 $\boldsymbol{f}$ が質点に及ぼす仕事は

$$W_{\boldsymbol{f}} = \int_{\boldsymbol{x}_1(C_1)}^{\boldsymbol{x}_2} \boldsymbol{f} \cdot d\boldsymbol{x} \tag{3.3.4}$$

である．式 (3.3.4) の右辺の値が経路 C_1 の選び方によってまちまちな値になる場

合には，途中経過も全て考慮する必要があり，かなり面倒だが，逆に，経路 C によらず始点 $\boldsymbol{x}_1$ と終点 $\boldsymbol{x}_2$ だけで決まるならば話はかなり単純になる．これが成り立つ場合，力 $\boldsymbol{f}$ を**保存力** (conservative force) という．幸いなことに自然界で働く多くの力は保存力であることが知られている．

保存力であるかの条件式は，数学的にはより美しく書くこともできる．$\boldsymbol{x}_1$ から $\boldsymbol{x}_2$ に向かう 2 つの経路 C_1 と C_2 を考えてみよう．$\boldsymbol{f}$ が保存力ならば，どちらの経路に沿った積分値も等しいので，

$$W_{\boldsymbol{f}} = \int_{\boldsymbol{x}_1(C_1)}^{\boldsymbol{x}_2} \boldsymbol{f}\cdot d\boldsymbol{x} = \int_{\boldsymbol{x}_1(C_2)}^{\boldsymbol{x}_2} \boldsymbol{f}\cdot d\boldsymbol{x} \tag{3.3.5}$$

となる．ここで，経路 C_2 に沿って逆向きに $\boldsymbol{x}_2$ から $\boldsymbol{x}_1$ に向かう場合の仕事を求めると，$d\boldsymbol{x}$ の向きだけが逆になるので，

$$\int_{\boldsymbol{x}_1(C_2)}^{\boldsymbol{x}_2} \boldsymbol{f}\cdot d\boldsymbol{x} = -\int_{\boldsymbol{x}_2(C_2)}^{\boldsymbol{x}_1} \boldsymbol{f}\cdot d\boldsymbol{x} \tag{3.3.6}$$

となる．したがって，

$$\int_{\boldsymbol{x}_1(C_1)}^{\boldsymbol{x}_2} \boldsymbol{f}\cdot d\boldsymbol{x} + \int_{\boldsymbol{x}_2(C_2)}^{\boldsymbol{x}_1} \boldsymbol{f}\cdot d\boldsymbol{x} = 0 \tag{3.3.7}$$

となる．そこで，C_1 と C_2 とを繋いで 1 つの経路 O と考えると，始点と終点が一致しているので，これは O が閉曲線であることを意味する．つまり，保存力の場合，力 $\boldsymbol{f}$ は

$$\oint \boldsymbol{f}\cdot d\boldsymbol{x} = 0 \tag{3.3.8}$$

を満たす．ここで $\oint$ は任意の閉曲線に沿った積分を意味する．

保存力ならば，始点 $\boldsymbol{x}_1$ と終点 $\boldsymbol{x}_2$ を決めれば経路 C を記述する必要はない．そこで，式 (3.3.4) に代わって

$$W_{\boldsymbol{f}} = \int_{\boldsymbol{x}_1}^{\boldsymbol{x}_2} \boldsymbol{f}\cdot d\boldsymbol{x} \tag{3.3.9}$$

と経路 C を略して書いてもよいだろう．

3.3.4 地上での位置エネルギー

重力の下で下から上へ物を運ぶには重力に対抗する力で高さ方向に移動する必要がある．つまり，それに対応する仕事が必要となる．この場合，高いところにある物体は落下することで速さを増し，それが下の物体にぶつかって力を加えて移動させれば仕事をすることになる．これは，高さの形で「仕事を溜めておく」のが可能であることを意味する．そこで，「溜めてある仕事」あるいは「仕事を引き出すことができる能力」も物理量だと考えることができる．

これは一般の場合でも以下のようにして示すことができる．保存力 $\boldsymbol{f}$ に対抗して力 $\boldsymbol{F}$ を加えた場合を考えよう．例えば，坂道で重力に逆らって物体をゆっくりと押し上げる状況を想像するとよいだろう．加えた力に応じて質点が経路 C_1 に沿って点 $\boldsymbol{x}_2$ から $\boldsymbol{x}_1$ へ移動した場合，この力 $\boldsymbol{F}$ が質点に対してする仕事は

$$W_{\boldsymbol{F}} = \int_{\boldsymbol{x}_2(C_1)}^{\boldsymbol{x}_1} \boldsymbol{F} \cdot d\boldsymbol{x} = -\int_{\boldsymbol{x}_1(C_1)}^{\boldsymbol{x}_2} \boldsymbol{F} \cdot d\boldsymbol{x} \tag{3.3.10}$$

となる．2つ目の等号は式 (3.3.6) を求めたのと同じ考え方を用いている．ここで，$\boldsymbol{F}$ による移動に要する時間はいくらでもかかってよい，つまり，移動速度は限りなく0に近いとすれば，加えるべき力の最小限度は $\boldsymbol{F} = -\boldsymbol{f}$ である．そこで，式 (3.3.4) と (3.3.10) を見比べると

$$W_{\boldsymbol{f}} = W_{\boldsymbol{F}} \tag{3.3.11}$$

であることがわかる．つまり，力 $\boldsymbol{F}$ によって $\boldsymbol{x}_2$ から $\boldsymbol{x}_1$ まで質点をゆっくり移動させた場合に行った仕事は，この質点が力 $\boldsymbol{f}$ によって $\boldsymbol{x}_1$ から $\boldsymbol{x}_2$ まで移動する際に質点に加えられる仕事と等しいということである．

そこで，$W_{\boldsymbol{f}}$ に相当する物理量を**エネルギー** (energy) と呼び，特に，重力下での高さだけを意識した場合，これを**位置エネルギー** (potential energy) と呼ぶことにしよう．

エネルギーとは，古代ギリシア語で「仕事をする能力」を意味する単語が語源で，そのドイツ語発音に基づいたものである．英語ではエナジーに近い発音の単語で，こちらは一部のドリンク剤の名前の一部として聞いたことがある人もいるだろう．

話を物理学に戻そう．一様な重力が働く地上で高さ h だけ質点を持ち上げた際

の位置エネルギーはどんな値になるのだろうか．式 (3.3.4) を用いて具体的に計算してみよう．

ここでは鉛直上向きを z 軸として，ベクトルの成分表示で計算することにする．位置 $\boldsymbol{x} = (x, y, z)$ にある質量 m の質点に働く重力は，重力加速度の大きさを g とすると，$\boldsymbol{f} = (0, 0, -mg)$ である．

したがって，微小移動量 $\Delta\boldsymbol{x} = (\Delta x, \Delta y, \Delta z)$ に対して，この力がなす仕事は

$$\begin{aligned} \Delta W_{\boldsymbol{f}} &= \boldsymbol{f} \cdot \Delta\boldsymbol{x} \\ &= 0\,\Delta x + 0\,\Delta y - mg\,\Delta z \\ &= -mg\Delta z \end{aligned} \tag{3.3.12}$$

となる．力の向きが一定であるため，移動量との内積は力の向きである z 方向の移動量のみで決まり，途中の経路によらない．つまり，地表での重力は保存力であることがわかる．

具体的に，始点と終点の座標を $\boldsymbol{x}_1 = (0, 0, h)$, $\boldsymbol{x}_2 = (x, y, 0)$ とすれば，

$$W_{\boldsymbol{f}} = \int_{\boldsymbol{x}_1}^{\boldsymbol{x}_2} \boldsymbol{f} \cdot d\boldsymbol{x} = -\int_h^0 mg\,dz = mgh \tag{3.3.13}$$

となることがわかる．また，重力に逆らって十分にゆっくりと，この質点を持ち上げようとした場合，その最小限の力 $\boldsymbol{F} = -\boldsymbol{f}$ がする仕事は同じく，

$$W_{\boldsymbol{F}} = \int_{\boldsymbol{x}_2}^{\boldsymbol{x}_1} \boldsymbol{F} \cdot d\boldsymbol{x} = \int_0^h mg\,dz = mgh \tag{3.3.14}$$

と同一の値になる．その値は，始点と終点の鉛直方向座標の差 h のみで決まり，その間での水平方向の移動量にはよらない．鉛直方向の高さが同一ならば，斜面に沿って引き上げようとも，綱をかけて鉛直に引き上げようとも，それらの力がなす仕事は同じなのである．

3.3.5 ポテンシャル

保存力の場合，その力 $\boldsymbol{f}$ が質点に及ぼす仕事 $W_{\boldsymbol{f}}$ は，始点が同じならば終点の位置だけで値が決まる．つまり，始点を $\boldsymbol{x}_0$ に固定して考えると，$W_{\boldsymbol{f}}$ は終点 $\boldsymbol{x} = (x, y, z)$ だけによる値，すなわち，$\boldsymbol{x}$ あるいはその成分である x, y, z の関数となる．そこで，これを $V(\boldsymbol{x})$ あるいは $V(x, y, z)$ と表すことにしよう．つまり，

$$V(\boldsymbol{x}) = -\int_{\boldsymbol{x}_0}^{\boldsymbol{x}} \boldsymbol{f} \cdot d\boldsymbol{x} \tag{3.3.15}$$

で $V(\boldsymbol{x})$ を定義する．この $V(\boldsymbol{x})$ を $\boldsymbol{f}$ の**ポテンシャル** (potential) と呼ぶ．この定義式からわかるようにポテンシャルの値を 1 つに決めるには基準点 $\boldsymbol{x}_0$ を決める必要がある．これは右辺の積分を実行した際の積分定数を決めることにも対応する．

さて，先ほど示したように式 (3.3.15) の上下端を入れ替えて，

$$V(\boldsymbol{x}) = \int_{\boldsymbol{x}}^{\boldsymbol{x}_0} \boldsymbol{f} \cdot d\boldsymbol{x} \tag{3.3.16}$$

とも書ける．つまり，この値は力 $\boldsymbol{f}$ によって，現在の場所 $\boldsymbol{x}$ から基準点 $\boldsymbol{x}_0$ まで質点が移動した際に力 $\boldsymbol{f}$ が質点に与えるはずの仕事と等しく，この力と釣り合う外力 $\boldsymbol{F}$ が力 $\boldsymbol{f}$ に逆らって質点を $\boldsymbol{x}_0$ から $\boldsymbol{x}$ に移動した際に与えた最小の仕事 $W_{\boldsymbol{F}}$ とも等しい．その意味では基準点 $\boldsymbol{x}_0$ に対して，その質点が $\boldsymbol{x}$ に位置するために溜め込まれたエネルギーと等しいと言ってもよい．つまり，ポテンシャルとは，位置 $\boldsymbol{x}$ から $\boldsymbol{x}_0$ へ質点が移動した際に保存力 $\boldsymbol{f}$ がなしうる仕事と考えてもよいだろう．このことは，ポテンシャルという単語が「潜在的になしうる能力」という意味に基づいて作られた言葉であることと関連付けることもできよう．

ここで，$\boldsymbol{x}_1$ と $\boldsymbol{x}_2$ とが非常に近く，$\Delta\boldsymbol{x} = \boldsymbol{x}_2 - \boldsymbol{x}_1$ だけしか離れていない場合を考えてみよう．この場合，式 (3.3.15) より，2 地点間でのポテンシャルの差は

$$\Delta V = -\boldsymbol{f} \cdot \Delta\boldsymbol{x} \tag{3.3.17}$$

となる．2 つのベクトルの成分を

$$\boldsymbol{f} = (f_x, f_y, f_z), \quad \Delta\boldsymbol{x} = (\Delta x, \Delta y, \Delta z)$$

とすると，式 (3.3.17) は

$$-\Delta V = f_x\,\Delta x + f_y\,\Delta y + f_z\,\Delta z \tag{3.3.18}$$

となる．ここから，V と $\boldsymbol{f}$ の関係を式 (3.3.15) とは別の表現で示すことができるが，それには次に挙げる数学的概念を先に知っておくと理解しやすかろう．

3.3.6　偏　微　分

3 つの変数を持つ関数 $f(x, y, z)$ を考えよう．これに対して，以下の 3 つの微分を考える．

$$f_x(x,y,z) = \lim_{\Delta x \to 0} \frac{f(x+\Delta x, y, z) - f(x,y,z)}{\Delta x}$$
$$f_y(x,y,z) = \lim_{\Delta y \to 0} \frac{f(x, y+\Delta y, z) - f(x,y,z)}{\Delta y}$$
$$f_z(x,y,z) = \lim_{\Delta z \to 0} \frac{f(x, y, z+\Delta z) - f(x,y,z)}{\Delta z}$$

これらのように，複数ある変数のうち1つだけを変化させた際の微分を**偏微分** (partial differential) と呼び，変化させる変数だけを使って

$$\frac{\partial f(x,y,z)}{\partial x} = \lim_{\Delta x \to 0} \frac{f(x+\Delta x, y, z) - f(x,y,z)}{\Delta x} \tag{3.3.19}$$

のように記述する．もし，変化させない変数が明らかである場合には，それを省略して $\frac{\partial f}{\partial x}$ のように記述してもよいことにしよう．

偏微分というと「なにが偏っているんだ？」と感じてしまうが，英語の partial differential を直訳すれば「部分的な微分」となり，定義の式が抵抗なく思い浮かぶのではなかろうか．

3.3.7 ポテンシャルの勾配と力

場所の関数 $f(\boldsymbol{x}) = f(x,y,z)$ から次の物理量を定義しよう．ただし，$f(\boldsymbol{x})$ は連続関数で，任意の点 $\boldsymbol{x} = (x,y,z)$ で微分可能であるとし，点 $\boldsymbol{x}$ での値 $f(\boldsymbol{x})$ は物理学的にはスカラー量であるとする．

$$\boldsymbol{\nabla} f = \frac{\partial f}{\partial x}\boldsymbol{i} + \frac{\partial f}{\partial y}\boldsymbol{j} + \frac{\partial f}{\partial z}\boldsymbol{k} \tag{3.3.20}$$

これを「関数 $f(\boldsymbol{x})$ の**勾配** (gradient)」といい，grad f または $\boldsymbol{\nabla} f$ と書く．grad はグラッドと読み，gradient の略である．$\boldsymbol{\nabla}$ は**ナブラ** (nabla) と読む．ナブラとはヘブライ語で竪琴（たてごと）の意味であり，その記号の形が西洋の竪琴に似ていることからこう呼ばれる．形式的には

$$\boldsymbol{\nabla} = \boldsymbol{i}\frac{\partial}{\partial x} + \boldsymbol{j}\frac{\partial}{\partial y} + \boldsymbol{k}\frac{\partial}{\partial z} \tag{3.3.21}$$

と考えると覚えやすかろう．

式 (3.3.20) によると，$\boldsymbol{\nabla} f$ はベクトルの形をしているが，そうだとしたら，この物理量はどちらを向いているのだろうか．

まず，$f(\boldsymbol{x})$ はスカラー値になる連続関数なので，$f(\boldsymbol{x})$ の値が一定となる面が空

間中に存在する．この面を**等ポテンシャル面** (equipotential surface) という．位置 $\boldsymbol{x}$ で，この面に接する平面上のベクトルを

$$\Delta \boldsymbol{x}_{/\!/} = \Delta x\ \boldsymbol{i} + \Delta y\ \boldsymbol{j} + \Delta z\ \boldsymbol{k} \tag{3.3.22}$$

とすると，この平面上ではどちらに動いても $f(\boldsymbol{x})$ の値は変化しないので，接平面内という条件を満たしている任意の $\Delta \boldsymbol{x}_{/\!/} = (\Delta x, \Delta y, \Delta z)$ について，

$$\frac{\partial f}{\partial x}\Delta x + \frac{\partial f}{\partial y}\Delta y + \frac{\partial f}{\partial z}\Delta z = 0 \tag{3.3.23}$$

でなければならない．

一方，

$$\boldsymbol{\nabla} f \cdot \Delta \boldsymbol{x}_{/\!/} = \frac{\partial f}{\partial x}\Delta x + \frac{\partial f}{\partial y}\Delta y + \frac{\partial f}{\partial z}\Delta z \tag{3.3.24}$$

であるが，右辺は式 (3.3.23) により 0 である．つまり，$\boldsymbol{\nabla} f$ は $\Delta \boldsymbol{x}_{/\!/}$ と直交する．これは，$\boldsymbol{\nabla} f$ は $f(\boldsymbol{x})$ の値が一定の面と直交する向き，すなわち，法線方向を向いていることを意味する．

3 次元空間中の等ポテンシャル面はすぐには想像しにくいかも知れないが，2 次元平面上ならば，そう難しくはないだろう．平面と垂直な方向にポテンシャル値をプロットしたグラフを想像してみよう．このグラフは 2 次元平面の上方に浮かんだ曲面となるはずである．これに対して，地形図の等高線のように，この曲面上で同じ高さの点を結んだ線が等ポテンシャルの場所（この場合は線）になる．$\boldsymbol{\nabla} f$ はこの線の法線になるので，ポテンシャルを表す曲面のその位置での勾配の向きとなり，勾配がきついほど大きくなる．$\boldsymbol{\nabla} f$ を「関数 f の勾配」と呼ぶのは，これをイメージしているからである．

式 (3.3.18) と，関数 f を V に書き直した式 (3.3.20) とを見比べると

$$\boldsymbol{f} = -\boldsymbol{\nabla} V \tag{3.3.25}$$

となることがわかる．

3.3.8 力の和とポテンシャルの和

物体の運動を考える際には，それに加わる力を全て考える必要があるが，力はベクトルなので多数の力のベクトル和の計算は面倒である．これに対し，ポテンシャルはスカラーなのでその和の計算は単純にできる．

今，n 個の力 $\boldsymbol{f}_1, \boldsymbol{f}_2, \ldots, \boldsymbol{f}_n$ が同時に働く場合を考えよう．これらが全て保存力ならば，それぞれに対応するポテンシャル $V_1, V_2, \ldots, V_n$ が定義でき，

$$\boldsymbol{f}_i = -\boldsymbol{\nabla} V_i, \quad (i = 1, 2, \ldots, n) \tag{3.3.26}$$

である．両辺を全て足すと，

$$\boldsymbol{f} = \sum_{i=1}^{n} \boldsymbol{f}_i = -\sum_{i=1}^{n} \boldsymbol{\nabla} V_i \tag{3.3.27}$$

であるが，$\boldsymbol{\nabla} V_i$ の定義から右辺の $\boldsymbol{\nabla}$ は和の後にとってもよく，

$$\boldsymbol{f} = \sum_{i=1}^{n} \boldsymbol{f}_i = -\boldsymbol{\nabla}\left(\sum_{i=1}^{n} V_i\right) \tag{3.3.28}$$

に等しい．したがって，ポテンシャルの和を求めてからその勾配を求めればよい．

3.3.9 運動エネルギー

物体を運動させるには力を加え加速する必要がある．運動している物体は衝突することで他の物体に力を加え，これを動かすことができる．その意味では，運動している物体にもエネルギーがあるといえる．これを**運動エネルギー** (kinetic energy) という．

運動方程式を用いて，静止している質量 m の質点に力 $\boldsymbol{f}$ のみを加え続けた場合に，それがなす仕事と物体の速度の関係を求めてみよう．

仕事率 P の定義式 (3.3.3) に運動方程式 $\boldsymbol{f} = m\ddot{\boldsymbol{x}}$ を代入すると，

$$P = \dot{W} = m\ddot{\boldsymbol{x}} \cdot \dot{\boldsymbol{x}} = m\dot{\boldsymbol{v}} \cdot \boldsymbol{v} \tag{3.3.29}$$

となる．ここで，$\boldsymbol{v} = \dot{\boldsymbol{x}}$ は質点の速度である．式 (3.2.24) を思い出し，式 (3.2.5) の記法も用いると右辺はさらに変形できて，

$$\dot{W} = \frac{1}{2} m \frac{d}{dt} \boldsymbol{v}^2 \tag{3.3.30}$$

が得られる．

そこで，新たな物理量として

$$K = \frac{1}{2} m \boldsymbol{v}^2 \tag{3.3.31}$$

を定義すると，式 (3.3.30) は

$$\dot{W} = \dot{K} \tag{3.3.32}$$

となる．この K を運動エネルギーとよぶ．これを時刻 $t = t_0$ から t まで積分すると

$$W = K - K_0 \tag{3.3.33}$$

が得られる．ここで，K_0 は力が加わる直前である $t = t_0$ での K の値である．

3.3.10　力学的エネルギー保存則

加わっているのが保存力だけの場合，力学で非常によく利用される重要な法則が導ける．ここでは，それを考えてみよう．

保存力 $\boldsymbol{f}$ によって，質点が $\boldsymbol{x}_1$ から $\boldsymbol{x}$ まで移動したとする．この場合，質点に力 $\boldsymbol{f}$ がなす仕事 W は，式 (3.3.9) に従って，

$$W = \int_{\boldsymbol{x}_1}^{\boldsymbol{x}} \boldsymbol{f} \cdot d\boldsymbol{x} \tag{3.3.34}$$

である．一方，この保存力に対応するポテンシャル V は式 (3.3.15) で与えられるので，上の式も用いて，

$$V(\boldsymbol{x}) = -\int_{\boldsymbol{x}_0}^{\boldsymbol{x}} \boldsymbol{f} \cdot d\boldsymbol{x} = -\int_{\boldsymbol{x}_0}^{\boldsymbol{x}_1} \boldsymbol{f} \cdot d\boldsymbol{x} - \int_{\boldsymbol{x}_1}^{\boldsymbol{x}} \boldsymbol{f} \cdot d\boldsymbol{x} = V_0 - W \tag{3.3.35}$$

となる．ここで，$V_0 = V(\boldsymbol{x}_1)$ は第 1 項に現れた定積分の値であり，定数である．したがって，

$$W = -V(\boldsymbol{x}) + V_0 \tag{3.3.36}$$

である．これを，式 (3.3.33) に代入すれば

$$K - K_0 = V_0 - V(\boldsymbol{x}) \tag{3.3.37}$$

となる．したがって，質点がどの位置 $\boldsymbol{x}$ にいる場合でも

$$K + V(\boldsymbol{x}) = K_0 + V_0 \tag{3.3.38}$$

であり，右辺は定数である．そこで，

$$E = K + V(\boldsymbol{x}) \tag{3.3.39}$$

を定義すると，この値は常に一定値となる．この E を**力学的エネルギー** (mechanical energy) といい，1つの質点が保存力によって運動する場合，この値が一定値となることを**力学的エネルギー保存則**という．

力学的エネルギー保存則は，運動量保存則と同様に，2つの時点での力学的エネルギーが等しいことを示しており，代数方程式である．これを用いれば，微分方程式を解かずともある時点での質点の運動を求めることが可能となる場合があり，有用な物理法則である．

3.3.11 非保存力の代表：摩擦力

高校物理でしばしば登場する力に**摩擦力**がある．ところが，大変残念なことに摩擦力は保存力ではない．したがって，摩擦力が関係する運動ではエネルギー保存則が成り立たない．実は，摩擦力は日常的に目にする力でありながら，それが生じるしくみが現代物理学でも明確には説明できない力なのである．

このように，身近な現象の中にさえ現代物理学では完全な説明ができない現象がある．これを現代物理学の限界と捉え無力感に襲われるのか，現代物理学にも解決すべき課題がいくつもあり魅力的な分野だと感じるのかは各人の自由だ．しかし，後者であって欲しいというのが著者の希望である．

3.4 場の量とベクトル解析

3.4.1 ポテンシャルと場

3.3節では，質点を原点から指定した場所へ移動するために要する仕事として，物体に加わる保存力 $\boldsymbol{f}$ に対応してポテンシャル $V(\boldsymbol{x})$ を定義した．その場合，両者は式 (3.3.25) の関係を持ち，加わる力の種類が複数ある場合には，それぞれに対応するポテンシャルの和で考えればよいことも知った．

このように記述すると，力 $\boldsymbol{f}$ は実在するが，ポテンシャル $V(\boldsymbol{x})$ はそこから作り出した便宜的な存在であるかのように思える．しかし，本当にそうなのだろうか．

力は我々が肉体で感じることができるので，その実在を疑うのは相当に疑い深い人に違いない．しかしながら，自分の肉体が直接感じることができない，他の物体に加わった力は，実は観察している物体の加速度運動から，その存在を推測し，実在すると認識しているのである．なので，ポテンシャルも実在していると考えてもよいのではなかろうか.

そこで,“広い心”を持って,ポテンシャルも実在する物理量であると考えてよいことにしよう.それによって得られる結論が実験や観測と一致すれば,そう考えても問題がないことになるし,著しい不一致が生じたのならば,考えを改めればよいのである.ここでは触れないが,物理学の歴史をひもとくと,このようにして物理学的実体を広げてきたことがわかるであろう.

この考え方に基づくと,ポテンシャル $V(\boldsymbol{x})$ は場所 $\boldsymbol{x}$ に応じて値が変わりうる量であり,空間中の全ての点にわたって広がっている物理量と言うことができる.このように場所の関数であり,空間中の全ての点にわたって広がっている物理量を**場** (field) という.

異なった力に対応して異なったポテンシャルを考えることができることから,場にも種類があり,力の名前にちなんで“○○場”と呼び分けることがある.例えば,重力に対応するポテンシャルを重力ポテンシャルと呼び,対応する場を重力場と呼ぶ.

ところで,よく考えてみると場はポテンシャルに限らず定義できることがわかる.例えば,空気は完全には一様ではないので,その密度は場所の関数 $\rho(\boldsymbol{x})$ と書くことができる.同様にして気圧や気温も $P(\boldsymbol{x})$ や $T(\boldsymbol{x})$ と書けるはずだ.風が吹いていれば,場所によって風向・風速が異なるので,風速ベクトルも場所の関数として $\boldsymbol{v}(\boldsymbol{x})$ と書くことができよう.

これらの例でわかるように,分布している量はスカラーの場合もあればベクトルの場合もありうる.両者を区別したい場合には,前者を**スカラー場** (scalar field),後者を**ベクトル場** (vector field) と呼ぶ.

以下のように考えると直観的にイメージしやすいだろう.

- スカラー場:濃淡がある霧が閉じ込められている箱
- ベクトル場:さまざまな方向にいろいろな速さの水が流れている水槽

あるいは,以下のイメージも理解の一助になるかも知れない(図 **3.4.1**, **3.4.2**).

- スカラー場:内部にさまざまな数値が浮かんでいる箱
- ベクトル場:内部にさまざまな向きでいろいろな長さの矢印が浮かんでいる箱

地表や指定高度での気圧や温度あるいは風向・風速を表す図表は天気予報で目にすることも多い.地形図の等高線も高さを表す場の表現と捉えられる.物理量の分

4.4	5.1	−3.2	2.1	2.6	1.4	1.9
7.3	7.2	−1.1	0.0	3.2	3.0	1.6
6.3	4.1	2.2	2.1	3.6	6.4	5.9
4.3	6.2	8.1	5.4	2.2	5.1	4.2
5.4	3.2	4.3	8.2	2.4	1.9	2.5
7.3	7.1	2.1	0.0	4.5	3.2	2.8
6.4	4.3	7.2	1.4	6.3	1.4	0.9

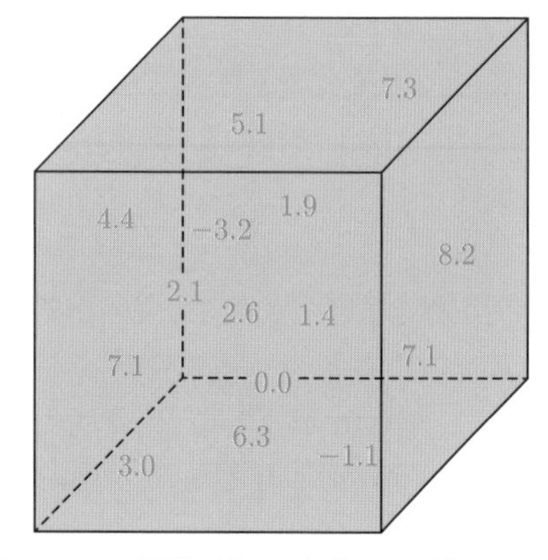

図 3.4.1　内部にさまざまな数値が並んでいる矩形（左：平面）や，浮かんでいる箱（右：立体）．スカラー場を連想させる一例．

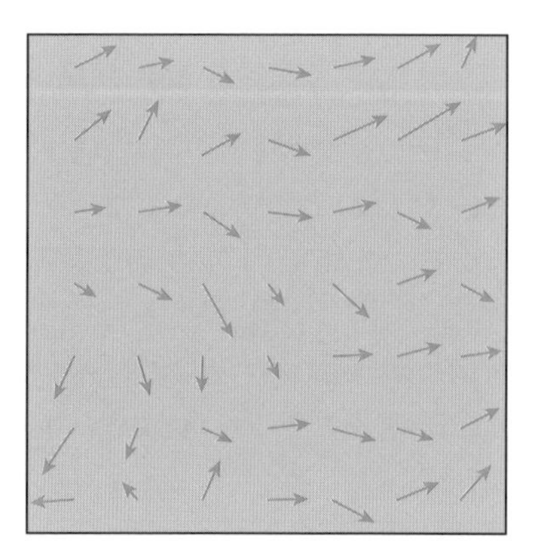

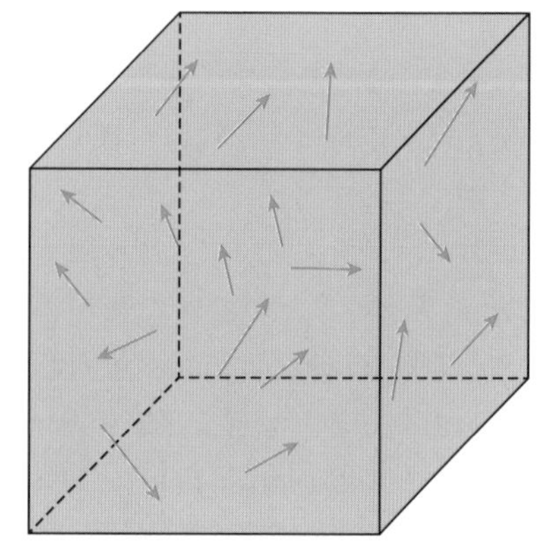

図 3.4.2　内部にさまざまな向きと長さの矢印が並んでいる矩形（左：平面）や，浮かんでいる箱（右：立体）．ベクトル場を連想させる一例．

布も，これらとほぼ同じ形式で表すことが多く，その表記法に慣れておくのは価値がある．場の量を天気予報に登場する図や地図の等高線でイメージしておけば，起こっている物理現象を把握する上でも有益だろう．

3.4.2 勾　　配

ポテンシャル $V(\boldsymbol{x})$ に対する保存力 $\boldsymbol{f}$ は式 (3.3.25) の関係にある．つまり，場所 $\boldsymbol{x}$ が決まれば保存力 $\boldsymbol{f}$ が決まってしまうということであり，これは $\boldsymbol{f}(\boldsymbol{x})$ と書いてよいということである．ならば，この $\boldsymbol{f}(\boldsymbol{x})$ も場の量である．この場合，スカラー場であるポテンシャルに対して，ベクトル場 $\boldsymbol{f}(\boldsymbol{x})$ を**力場** (force field) と呼ぶ．

一方，式 (3.3.25) は，「スカラー場からベクトル場を求める操作」ということもできる．そこで，任意のスカラー場 $\phi(\boldsymbol{x})$ からベクトル場 $\boldsymbol{\nabla}\phi(\boldsymbol{x})$ を求める操作を考え，これをスカラー場 $\phi(\boldsymbol{x})$ の**勾配** (gradient) と呼ぶ．ここから，$\boldsymbol{\nabla}\phi(\boldsymbol{x})$ を $\mathrm{grad}\ \phi(\boldsymbol{x})$ と表記することも多い．

改めて書くと，

$$\boldsymbol{f}(\boldsymbol{x}) = \boldsymbol{\nabla}\phi(\boldsymbol{x}) \equiv \mathrm{grad}\ \phi(\boldsymbol{x}) \tag{3.4.1}$$

でベクトル場 $\boldsymbol{f}(\boldsymbol{x})$ を導くことができる．中央の表式は式 (3.3.21) をみればうまい表記方法だと理解できるだろう．

勾配という呼び名は保存力とそれに対応するポテンシャルについての検討の結果を考えると容易に納得ができるだろう．

3.4.3 発　　散

先ほどとは逆にベクトル場 $\boldsymbol{f}(\boldsymbol{x})$ からスカラー場 $\phi(\boldsymbol{x})$ を求める操作も考えられる．例えば，

$$\boldsymbol{\nabla} \cdot \boldsymbol{f}(\boldsymbol{x}) = \frac{\partial f_x}{\partial x} + \frac{\partial f_y}{\partial y} + \frac{\partial f_z}{\partial z} \tag{3.4.2}$$

と定義しよう．ここで，f_x, f_y, f_z はベクトル場 $\boldsymbol{f}(\boldsymbol{x})$ の x, y, z 成分である．

これをベクトル場 $\boldsymbol{f}(\boldsymbol{x})$ の**発散** (divergence) または**湧き出し**と呼ぶ．ここから，$\boldsymbol{\nabla} \cdot \boldsymbol{f}(\boldsymbol{x})$ を $\mathrm{div}\ \boldsymbol{f}(\boldsymbol{x})$ と表記することも多い．

改めて書くと，

$$\phi(\boldsymbol{x}) = \boldsymbol{\nabla} \cdot \boldsymbol{f}(\boldsymbol{x}) \equiv \mathrm{div}\ \boldsymbol{f}(\boldsymbol{x}) \tag{3.4.3}$$

でスカラー場 $\phi(\boldsymbol{x})$ を導くことができる．中央の表式は式 (3.3.21) をみればうまい表記方法だと理解できるだろう．

● 物理的イメージ　勾配と同じように発散も物理的イメージを持つことができる．

今，十分に小さな直方体を考えることにしよう．各軸に対する幅を $\Delta x, \Delta y, \Delta z$ とし，原点に近い頂点の位置を $\boldsymbol{x} = (x, y, z)$ とする．この直方体をベクトル量 $\boldsymbol{f}$ が単位時間で通過する場合を考える．断面積が広くなると通過する物理量は当然増えるので，断面積で割った値を大きさとして用いることにする．このような物理量を**流束** (flux) と呼ぶ（図 **3.4.3**）．

x 方向を考えると，この方向の流束は f_x であり，断面積は $\Delta y\,\Delta z$ なので，

$$(f_x\,(x+\Delta x) - f_x\,(x))\,\Delta y\,\Delta z = \frac{\partial f_x}{\partial x}\Delta x\,\Delta y\,\Delta z = \frac{\partial f_x}{\partial x}\Delta V \tag{3.4.4}$$

y, z 軸についても同様に考えると，以下の式が得られる．

$$(f_y\,(y+\Delta y) - f_y\,(y))\,\Delta z\,\Delta x = \frac{\partial f_y}{\partial y}\Delta V \tag{3.4.5}$$

$$(f_z\,(z+\Delta z) - f_z\,(z))\,\Delta x\,\Delta y = \frac{\partial f_z}{\partial z}\Delta V \tag{3.4.6}$$

ここで $\Delta V = \Delta x \Delta y \Delta z$ とする．

3次元なので出入口はこの3方向しかない．したがって，体積 ΔV に対する流束の実質的な流出量は

$$\frac{\partial f_x}{\partial x}\Delta V + \frac{\partial f_y}{\partial y}\Delta V + \frac{\partial f_z}{\partial z}\Delta V = \left(\frac{\partial f_x}{\partial x} + \frac{\partial f_y}{\partial y} + \frac{\partial f_z}{\partial z}\right)\Delta V \tag{3.4.7}$$

となる．$\Delta V \to 0$ の極限をとると，ベクトル場 $\boldsymbol{f}$ は場所 $\boldsymbol{x}$ において体積当たり

$$\boldsymbol{\nabla} \cdot \boldsymbol{f} = \frac{\partial f_x}{\partial x} + \frac{\partial f_y}{\partial y} + \frac{\partial f_z}{\partial z}$$

の流束が流れ出ていることがわかる．

つまり，$\boldsymbol{\nabla} \cdot \boldsymbol{f} = \mathrm{div}\,\boldsymbol{f}$ は，「$\boldsymbol{f}$ の単位体積当たりの湧き出し」という意味になる．式で表せば，

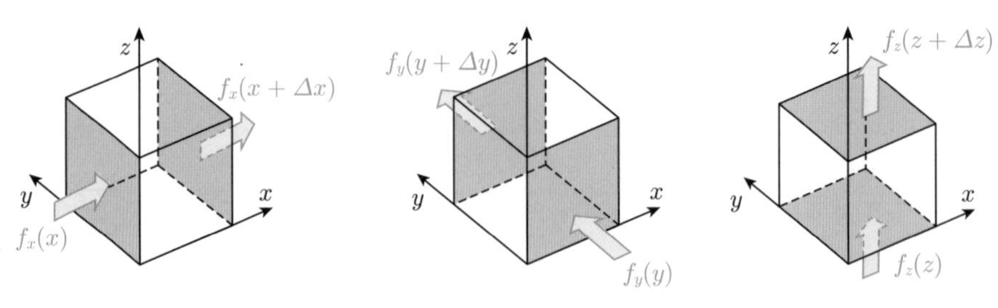

図 **3.4.3**　微小体積 $\Delta x\,\Delta y\,\Delta z$ での流束

$$\int_{\Delta V} \nabla \cdot \boldsymbol{f}\, dV = \int_{\Delta S} \boldsymbol{f} \cdot d\boldsymbol{S} \tag{3.4.8}$$

となる．ここで右辺の積分範囲はこの体積 ΔV の全表面を意味し，$d\boldsymbol{S}$ は微小断面積（面の法線方向外向きを正としたベクトル）を表す．

3.4.4 回　転

最後に，ベクトル場 $\boldsymbol{f}(\boldsymbol{x})$ からベクトル場を求める操作を考えることにする．ベクトル場 $\boldsymbol{f} = f_x\boldsymbol{i} + f_y\boldsymbol{j} + f_z\boldsymbol{k}$ に対して，以下の式で $\boldsymbol{f}$ の**回転**，または，**ローテーション** (rotation) が求められる．

$$\mathrm{rot}\ \boldsymbol{f} \equiv \nabla \times \boldsymbol{f} = \left(\frac{\partial f_z}{\partial y} - \frac{\partial f_y}{\partial z}\right)\boldsymbol{i} + \left(\frac{\partial f_x}{\partial z} - \frac{\partial f_z}{\partial x}\right)\boldsymbol{j} + \left(\frac{\partial f_y}{\partial x} - \frac{\partial f_x}{\partial y}\right)\boldsymbol{k} \tag{3.4.9}$$

中央の表式は式 (3.3.21) をみればうまい表記方法だと理解できるだろう．

● **物理的イメージ**　回転にも物理的イメージを持つことができる．

3 次元だと想像しにくいので，まずは 2 次元で考える．図 3.4.4 のように，z 軸に垂直な微小面積 $\Delta S_z = \Delta x\, \Delta y$ を考え，その縁を C_z とする．

C_z の向きに意味を持たせ，時計回りを正と決めておこう．周に沿って場所ごとに流束 $\boldsymbol{f}$ と周の微小接線ベクトル $d\boldsymbol{r}$ との内積を求める．4 辺で積分すると，

$$\oint_{C_z} \boldsymbol{f} \cdot d\boldsymbol{r} = \int_{X_1} \boldsymbol{f} \cdot d\boldsymbol{r} + \int_{Y_1} \boldsymbol{f} \cdot d\boldsymbol{r} + \int_{X_2} \boldsymbol{f} \cdot d\boldsymbol{r} + \int_{Y_2} \boldsymbol{f} \cdot d\boldsymbol{r} \tag{3.4.10}$$

となる．ここで，X_1, X_2, Y_1, Y_2 は図 3.4.4 に示すように 4 角形を 1 周する各辺の経路を表す．右辺の第 1 項と第 3 項は次のように書ける．

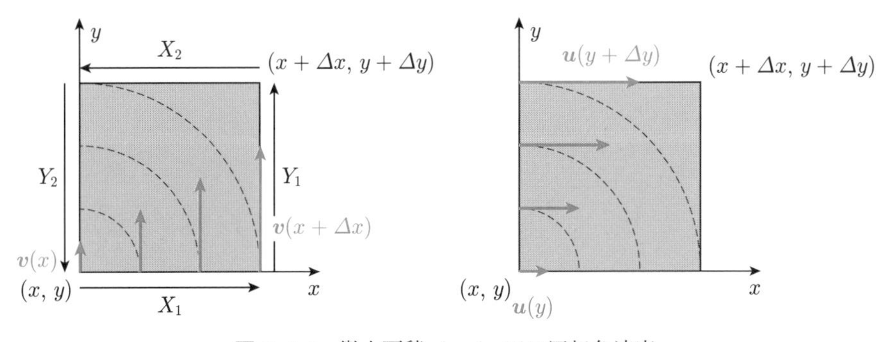

図 3.4.4　微小面積 $\Delta x\, \Delta y$ での回転角速度

$$\int_{X_1} \boldsymbol{f} \cdot d\boldsymbol{r} = \int_{x}^{x+\Delta x} f_x(x, y, z)\, dx, \quad \int_{X_2} \boldsymbol{f} \cdot d\boldsymbol{r} = \int_{x+\Delta x}^{x} f_x(x, y+\Delta y, z)\, dx$$

ここで X_2 の積分範囲に注意しよう．Δx が十分に小さければ，

$$\int_{X_1} \boldsymbol{f} \cdot d\boldsymbol{r} = f_x(x, y, z)\ \Delta x, \quad \int_{X_2} \boldsymbol{f} \cdot d\boldsymbol{r} = -f_x(x, y+\Delta y, z)\ \Delta x$$

であり，Δy が十分に小さければ，

$$f_x(x, y+\Delta y, z) = f_x(x, y, z) + \frac{\partial f_x}{\partial y} \Delta y$$

なので，

$$\int_{X_1} \boldsymbol{f} \cdot d\boldsymbol{r} + \int_{X_2} \boldsymbol{f} \cdot d\boldsymbol{r} = -\frac{\partial f_x}{\partial y} \Delta x\ \Delta y \tag{3.4.11}$$

を得る．

同様に，

$$\int_{Y_1} \boldsymbol{f} \cdot d\boldsymbol{r} + \int_{Y_2} \boldsymbol{f} \cdot d\boldsymbol{r} = \frac{\partial f_y}{\partial x} \Delta x\ \Delta y \tag{3.4.12}$$

を得る．

したがって，式 (3.4.10) は

$$\oint_{C_z} \boldsymbol{f} \cdot d\boldsymbol{r} = \left(\frac{\partial f_y}{\partial x} - \frac{\partial f_x}{\partial y} \right) \Delta x\ \Delta y = (\boldsymbol{\nabla} \times \boldsymbol{f})_z\ \Delta x\ \Delta y \tag{3.4.13}$$

となる．ここで，$\boldsymbol{\nabla} \times \boldsymbol{f}$ の定義を用いた．

同様にして，x 軸に垂直な微小面積 $\Delta y\ \Delta z$，y 軸に垂直な微小面積 $\Delta z\ \Delta x$ を考えると，

$$\oint_{C_x} \boldsymbol{f} \cdot d\boldsymbol{r} = \left(\frac{\partial f_z}{\partial y} - \frac{\partial f_y}{\partial z} \right) \Delta y\ \Delta z = (\boldsymbol{\nabla} \times \boldsymbol{f})_x\ \Delta y\ \Delta z$$

$$\oint_{C_y} \boldsymbol{f} \cdot d\boldsymbol{r} = \left(\frac{\partial f_x}{\partial z} - \frac{\partial f_z}{\partial x} \right) \Delta z\ \Delta x = (\boldsymbol{\nabla} \times \boldsymbol{f})_y\ \Delta z\ \Delta x$$

が得られる．

$\Delta x \to 0$, $\Delta y \to 0$, $\Delta z \to 0$ の極限をとると，ベクトル場 $\boldsymbol{f}$ は場所 $\boldsymbol{r}$ において面積当たり

$$\mathrm{rot}\ \boldsymbol{f} = \boldsymbol{\nabla} \times \boldsymbol{f} = \left(\frac{\partial f_z}{\partial y} - \frac{\partial f_y}{\partial z} \right) \boldsymbol{i} + \left(\frac{\partial f_x}{\partial z} - \frac{\partial f_z}{\partial x} \right) \boldsymbol{j} + \left(\frac{\partial f_y}{\partial x} - \frac{\partial f_x}{\partial y} \right) \boldsymbol{k}$$

の回転を持つことがわかる（ここで回転というのは「向きが変わる」という意味であり，何回転もするわけではないことに注意）．

つまり，$\nabla \times \boldsymbol{f} = \mathrm{rot}\,\boldsymbol{f}$ は，「単位断面積当たりの $\boldsymbol{f}$ が左に曲がる程度」という意味になる．式で表せば，

$$\int_{\Delta S} (\nabla \times \boldsymbol{f})\, dS = \oint_{\Delta C} \boldsymbol{f} \cdot d\boldsymbol{r} \tag{3.4.14}$$

となる．ここで右辺の積分範囲はこの面積 ΔS の全周（時計回りを正とする向きを持つ）を意味している．

演 習 問 題

演習 3.1 宇宙空間で外力を受けないロケットが直線に沿って加速する場合，どのような速度が達成できるかを示すものとして，ロシアのツィオルコフスキーが導いた次の公式がある．

$$v = u \ln \frac{m_0}{m}$$

ここで，m_0 はロケットの初期質量（このときの速度は 0）であり，v はロケットの質量が m の時点でのロケットの速度，u はロケットから進行方向と反対向きに一定速度で噴き出すガスの相対速度である．

この式を運動量保存則に基づいて，以下の手順で導いてみよ．

(1) 時刻 t でのロケットの質量を $m = m(t)$，速度を $v = v(t)$ として，ロケットの運動量を求めよ．また，時刻 $t + \Delta t$ での質量と速度を

$$m(t + \Delta t) = m(t) + \Delta m$$
$$v(t + \Delta t) = v(t) + \Delta v$$

とし，この時点でのこの力学系の全運動量を求めよ．ここで「この力学系」とはロケット本体とそこから噴き出したガスを合わせたものである．

(2) 運動量保存則を適用して方程式を立て，それを展開して整理せよ．その式に対して，$\Delta t \to 0$ の極限を考えることで，条件となる微分方程式を求めよ．

(3) (2) で求めた微分方程式を解き，$t = 0$ のときに $m = m(0) = m_0$ で $v = v(0) = 0$ とする初期条件での解を求めよ．

(4) 得られた式がツィオルコフスキーの公式である．この式からロケットの到達速度を上げるためにはどのような方策があるかについて論ぜよ．また，ロケットのガス噴出量の時間変化が時刻 t での速度 v にどんな影響を与えるのかについて，得られた公式からわかることを示せ．

演習 3.2　ロケットがガスを噴射して加速する際にロケット本体が受ける力を推力と呼ぶ．前問を解く過程を用いて，ロケットの推力を表す式を求めよ．

また，この式から，推力が大きなロケットを作るにはどの値を大きくすれば良いのかについて論ぜよ．

演習 3.3　飛行機のジェットエンジンは前問のロケットエンジンと似ているが，消費された燃料の質量よりも遥かに大量の質量の空気を吸入し噴出することが力学的に大きく異なる．この点では，プロペラ飛行機も力学としてはジェットエンジンと同じに扱える．そこで，飛行機の場合のエンジンの推力を求めてみよう．

簡単のため，飛行機周囲の空気は静止しているとする．速度 v で飛行する質量 M の飛行機が質量 dm の空気を吸入し，時間 dt の後に，それを飛行機の機体に対して速度 $v+u$ に加速して（地上に対して速度 u で）後方に噴出し，その反動で飛行機が速度 $v+dv$ に加速したとする．この間に飛行機の質量 M は変化しないものとする．

dt 前後での運動量保存則から，これらの変数の関係を求め，飛行機の加速に寄与する力，すなわち推力が

$$f = u\frac{dm}{dt}$$

で与えられることを示せ．また，この式から，原理的に u を音速より速くできないプロペラ飛行機では超音速飛行が不可能であることを示せ．

演習 3.4　飛行機のエンジンが微小時間 dt の間に，飛行機本体と噴出した空気になした仕事を dW とする．このうち飛行機の運動エネルギーの増加 dK に寄与する割合を推進効率 $\eta = \frac{dK}{dW}$ と呼ぶことにしよう．ここで，エンジンがなした仕事は全て飛行機本体および噴出した空気の運動エネルギーに変換されるとする．

前問と同じ条件として，

$$\eta = \frac{1}{1+\frac{u}{2v}}$$

となることを示せ．ここから，推進効率が良くなる条件について論ぜよ．

また，この結論を元に，プロペラ（正式にはローターと呼ぶ）で上昇するヘリコプターは日常的によく使われているのに，ジェット推進の垂直離着陸機は英国空軍のハリアーなど軍用機で僅かな例しかない理由について考察せよ．

演習 3.5　ベクトルの内積の交換則と，ベクトルの和と内積に関する結合則，および，基本ベクトル間の内積を用いて，基本ベクトルを用いた2つのベクトルの内積の計算法が，ベクトルの直交3成分を用いた計算法の結果と一致することを示せ．

演習 3.6　ベクトルの外積の反交換則と，ベクトルの和と外積に関する結合則，および，基本ベクトル間の外積を用いて，基本ベクトルを用いた2つのベクトルの外積の計算法が，ベクトルの直交3成分を用いた計算法の結果と一致することを示せ．

演習 3.7　人工衛星は地球の周囲を公転している．この人工衛星が円運動をしている場合には，その運動エネルギーは常に一定であり，同じ速さで軌道上を運動する．このことを力が及ぼす仕事とエネルギーの関係からできるだけ簡潔に説明せよ．ただし，この人工衛星に加わる地球の重力は公転の中心方向を向いており，人工衛星には他の力は働かないものとする．

演習 3.8　新幹線で使われている電車 N700S は 1 編成 16 両全体の質量がおよそ 700 t あり，東京-新大阪間で最高時速 285 km で走行する．一方，非常時には平坦地なら 3 km 以下で急停車することができる．

(1) 編成の質量を 700 t とし，最高速度から距離 3 km で停車するのに必要なブレーキの力はどれくらいか．ただし，減速率（速度を下げる加速度）は一定とする．

(2) このブレーキ力がなした仕事を求めよ．

(3) 新幹線でも用いられている電力回生ブレーキではブレーキ力を用いて発電した電力を他の電車が加速するのに利用できる．これを利用する場合，最高速度で走行している 1 編成の列車が提供できる最大のエネルギーを求めよ．ただし，各種の損失がない理想的な状況を仮定してよい．

演習 3.9　x-y 平面上の点 $\mathrm{A}(a,0)$ と $\mathrm{B}(b,0)$ に同じ質量 M の質点があり，それぞれから重力が及んでいるとする．この平面上の点 (x,y) に位置する，質量 m の質点 X に加わる力を考える．

この状況において以下の小問に答えよ．なお，重力を示す式は後述の式 (4.4.9) で示したものを用いてよい．

(1) 質点 X に A および B から加わる，それぞれの重力を求め，その合力 $\boldsymbol{f}$ を求めよ．

(2) この質点に対する A および B によるそれぞれの重力ポテンシャルを求め，その和 $V(x,y)$ を求めよ．

(3) $-\boldsymbol{\nabla}V(x,y)$ を求め，その結果と (1) で求めた $\boldsymbol{f}$ とが一致することを確かめよ．

第4章
回転運動と慣性力および重力

4.1 座　標

4.1.1 3種類の座標

質点の位置を示すにも，場の量が場所によってどう変わるのかを考えるにも空間中の1点の位置を数値で表現できれば便利だ．このために導入された概念が座標である．

現実の世界は3次元であり，空間中の1点を重複なく示すには3つの値を組にする必要がある．とはいえ，その表現は1通りではない．物理学でよく使われる座標の表現は以下の3種類である．

- 直交座標系
- 円柱座標系
- 極座標系

それぞれの考え方と特徴を順次示していこう．

直交座標系　原点で交わる，互いに直交する向きを持つ直線の座標軸を3つ作り，それぞれの軸に沿って原点からどれくらい離れているかで表現する座標である．数学的に厳密に言えば，3つの軸のそれぞれに垂直で原点を通る面を考え，そこに対して下ろした垂線の長さを各軸に沿った座標値とする座標系である．これを**直交座標系**という（図 4.1.1）．2次元平面上での直交座標系の考え方を確立した，デカルトの名にちなんで**デカルト座標系** (Cartesian coordinate system) と呼ぶこともある．

中学や高校の数学でも習うので，多くの人に馴染みがある座標系だろう．3つの座標が互いに対等であることや異なる座標原点に対する座標値の相互変換が簡単な式で表記できるのが利点である．このため，物理学では最も多用される座標系である．

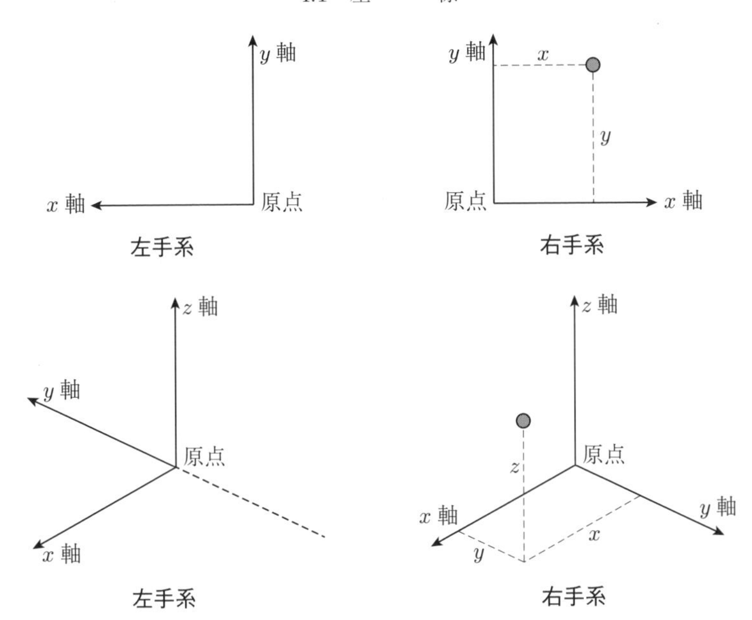

図 4.1.1　直交座標系．上が 2 次元，下が 3 次元の場合で，それぞれ，左が左手系，右が右手系である．右手系の場合に示したように座標軸に沿って原点からのずれ（向きによって符号を付ける）を用いて，対象とする点の座標を (x, y, z) とする．

2 次元の場合は x 軸と y 軸，3 次元の場合は 3 つの軸の正方向がどちら向きなのかに関して，回転させても重ね合わせることができない 2 つの系統に分かれ，一方を**右手系** (right-handed coordinate system)，他方を**左手系** (left-handed coordinate system) という．親指，人差し指，中指を互いに直交させ，この順に x, y, z 軸を対応させると左手と右手がそれぞれ左手系と右手系になることから，このように呼ばれる．物理学では原則として右手系だけを使い，特殊な場合に限って左手系を用いることがある．

● **円柱座標系**　原点を通り z 軸に対し直交する平面を考え，対象とする点を平面上に投影する．投影した点が原点から平面上でどれくらい離れているかの距離 R と，平面上で定めた基準方向（x 軸方向とする）からどちらの向きなのかを示す方位角 φ，および対象とする点が平面からどれくらいの高さ（距離）にあるかを示す z で対象点の位置を表す（図 4.1.2）．これを**円柱座標系** (cylindrical coordinate system) という．**円筒座標系**と呼ぶこともある．運動が平面上に限られる場合に

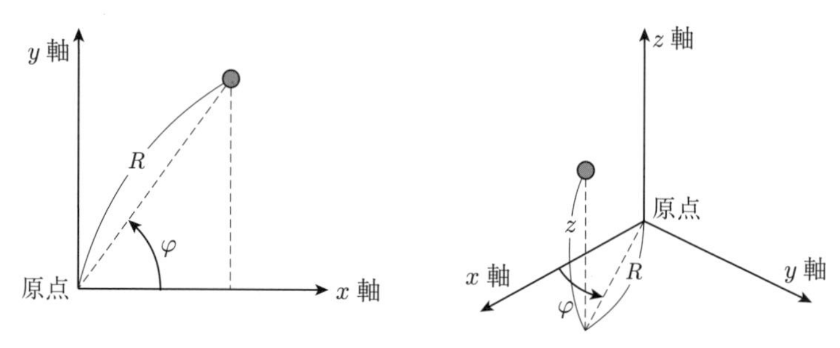

図 4.1.2 円柱座標系．左が2次元，右が3次元の場合．右手系のみ示した．2次元の場合は原点からの距離 R と x 軸からの回転角 φ を用いて対象とする点の座標を (R, φ) とする．3次元の場合には z 軸に垂直な平面上での投影距離 R と方位角 φ および z 軸に沿って測った，z 軸に直交する平面からの距離 z を用いて，対象とする点の座標を (R, φ, z) とする．

は，これを x-y 平面として $z=0$ に制限すれば，後述の（2次元での）極座標系と一致する．

円柱座標系では位置座標の値は物理次元が異なり，R と z は長さ，φ は無次元量である．変数としては φ の代わりに θ を，R の代わりに r を用いることも多いが，この場合，後述の極座標系の座標変数 θ や r とは同一点に対応する量が異なるので注意．

原点が同一で z 軸周りの回転を考える場合には，対応する点の座標値の変換が比較的簡単になる．このため，回転を扱う場合にはよく使われる．

θ を右回りで測るか左回りで測るかで右手系と左手系になる．物理学では左手系を用いることはほとんどないが，天文学では歴史的経緯から例外的に用いることがある．

● **極座標系**　原点からの距離 r と，原点と対象点を結ぶベクトル（対象点の位置ベクトル）が z 軸に垂直な面となす角 θ，および，原点を通り z 軸に垂直な面に位置ベクトルを投影した際の投影ベクトルが平面上の基準方向（x 軸とする）からどちらの向きなのかを示す方位角 ϕ で対象点の位置を表す（図 4.1.3）．これを**極座標系** (polar coordinate system) という．**球面座標系** (spherical coordinate system) と呼ぶこともある．2次元の場合（z 軸に垂直で原点を通る平面上で考えればよい）は円柱座標系と同一になる．

極座標系では位置座標の値は物理次元が異なり，r は長さ，ϕ と θ は無次元量で

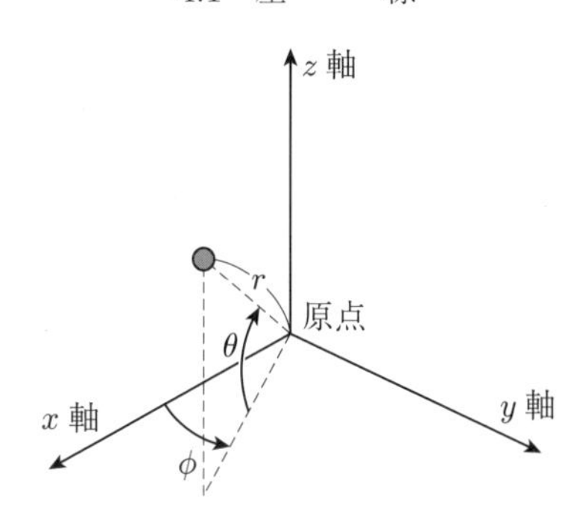

図 4.1.3　極座標系．3 次元の場合．右手系のみ示した．2 次元の場合は円柱座標系と同じ．原点からの距離 r と，z 軸に垂直な面上に投影した方位角 ϕ，および対象点の向きが z 軸と垂直な面となす角 θ を用いて，対象とする点の座標を (r, ϕ, θ) とする．

ある．θ に z 軸の正の向きから測る座標値を用いる場合もあるので注意.

どちらの方位でどの高度角方向にどれくらいの距離で離れているかという表現なので自分が原点にいる場合には直観的にわかりやすい座標といえる．原点からの距離だけで物理量が変化する対象（**球対称**）の場合には便利で，よく使われる.

4.1.2　3 種の座標系の変換

直交座標系，円柱座標系，極座標系の 3 種の座標は，それぞれ計算のたやすさに関して便利さが異なる．したがって，計算に都合がよい座標系を選び，それに基づいて計算を行うのが賢いやり方である.

とはいえ，計算の途中で異なる座標系の方が都合がよくなることも，しばしば起こる．そこで，同一点に対して 3 つの座標系での表現がどのような関係になっているのかをここでまとめておくことにしよう.

図 4.1.2 を図 4.1.1 と見比べると，同一点 P を表す直交座標 (x, y, z) と円柱座標 (R, φ, z) の間では両者の原点および x 軸，z 軸の向きが一致していれば，以下の式が成り立つことがわかる.

$$
\begin{aligned}
x &= R\cos\varphi \\
y &= R\sin\varphi \\
z &= z
\end{aligned}
\tag{4.1.1}
$$

また，図 4.1.3 を図 4.1.1 と見比べると，同一点 P を表す直交座標 (x, y, z) と極座標 (r, ϕ, θ) の間では両者の原点および x 軸，z 軸の向きが一致していれば，以下の式が成り立つことがわかる．

$$
\begin{aligned}
x &= r\cos\phi\cos\theta \\
y &= r\sin\phi\cos\theta \\
z &= r\sin\theta
\end{aligned}
\tag{4.1.2}
$$

逆変換がどんな式で表されるかは，各自で考えてもらうことにしよう．

4.1.3 座標系による 3 次元積分の違い

物理学では物理量を有限の体積にわたって積分したい場合も多い．同一点の表現の間の関係式はわかったが，それぞれの座標表現での体積積分の場合の変換はどうなるのであろうか．

直交座標の場合は，微小体積 dV は微小座標変化 dx, dy, dz に対して，$dV = dx\,dy\,dz$ であるが，他の座標の場合はこれとの変数変換が必要である．

数学で積分の変数変換を行う場合の定理を調べると，以下の公式がみつかる．

$$
\int f(x, y, z)\ dx\,dy\,dz = \int F(u, v, w)\ \frac{\partial(x, y, z)}{\partial(u, v, w)}\ du\,dv\,dw \tag{4.1.3}
$$

ここで，$F(u, v, w)$ は x, y, z を u, v, w の関数として表した $f(x, y, z)$，すなわち，

$$
F(u, v, w) = f\big(x(u, v, w), y(u, v, w), z(u, v, w)\big) \tag{4.1.4}
$$

である．$\frac{\partial(x,y,z)}{\partial(u,v,w)}$ は**ヤコビ行列式**あるいは**ヤコビアン** (Jacobian) と呼ばれ，以下で定義される．

$$
\frac{\partial(x, y, z)}{\partial(u, v, w)} = \begin{vmatrix} \frac{\partial x}{\partial u} & \frac{\partial x}{\partial v} & \frac{\partial x}{\partial w} \\ \frac{\partial y}{\partial u} & \frac{\partial y}{\partial v} & \frac{\partial y}{\partial w} \\ \frac{\partial z}{\partial u} & \frac{\partial z}{\partial v} & \frac{\partial z}{\partial w} \end{vmatrix} \tag{4.1.5}
$$

円柱座標の場合は式 (4.1.1) より，

$$
\frac{\partial(x, y, z)}{\partial(R, \varphi, z)} = \begin{vmatrix} \cos\varphi & -R\sin\varphi & 0 \\ \sin\varphi & R\cos\varphi & 0 \\ 0 & 0 & 1 \end{vmatrix} = R(\cos^2\varphi + \sin^2\varphi) = R \tag{4.1.6}
$$

なので，積分範囲を的確に変換することに注意すれば，

$$dx\,dy\,dz = R\;dR\,d\varphi\,dz \tag{4.1.7}$$

と置き換えてよい．

極座標の場合は式 (4.1.2) より，

$$\begin{aligned}
\frac{\partial(x,y,z)}{\partial(r,\phi,\theta)} &= \begin{vmatrix} \cos\phi\cos\theta & -r\sin\phi\cos\theta & -r\cos\phi\sin\theta \\ \sin\phi\cos\theta & r\cos\phi\cos\theta & -r\sin\phi\sin\theta \\ \sin\theta & 0 & r\cos\theta \end{vmatrix} \\
&= r^2\cos^2\phi\cos^3\theta + r^2\sin^2\phi\cos\theta\sin^2\theta \\
&\quad + r^2\cos^2\phi\cos\theta\sin^2\theta + r^2\sin^2\phi\cos^3\theta \\
&= r^2\cos^3\theta + r^2\cos\theta\sin^2\theta = r^2(\cos^2\theta + \sin^2\theta)\cos\theta \\
&= r^2\cos\theta
\end{aligned} \tag{4.1.8}$$

なので，積分範囲を的確に変換することに注意すれば，

$$dx\,dy\,dz = r^2\cos\theta\;dr\,d\phi\,d\theta \tag{4.1.9}$$

と置き換えてよい．

4.1.4 ベクトルの円柱座標成分と極座標成分

ここまでで，異なる座標系に対する同一点の表現の関係を数式で表現することができた．一方，多くの物理量がベクトル量であることを考えると，異なる座標系での成分がどのような関係にあるのかを表す関係式を知らないと具体的な数値が計算できない．この関係式を導いてみよう．

1.3 節で述べたように，物理学でのベクトル量は位置ベクトルの差と同じ座標変換となる．これを用いて，同じベクトルを表す，異なる座標系での成分の関係を考えてみよう．その答は座標の場合とは異なったものとなる．というのは，2 点の位置ベクトルの差が直交座標以外では同じ成分にはならないからである．

ベクトルの直交座標成分表記は座標軸に沿った 3 つの基本ベクトル $\boldsymbol{i}, \boldsymbol{j}, \boldsymbol{k}$ の線形結合で表した係数と等しくなっていることを思い出そう．そして，3 つの基本ベクトルは直交座標の値が増える向きの単位ベクトルであった．そこで，これにならって，円柱座標と極座標の座標軸に対応する基本ベクトルを考えることにする．

● 円柱座標 円柱座標では位置ベクトルの座標値 R, φ, z が増える向きの単位ベクトルは，直交座標での基本ベクトルを用いて以下のように表せる．

$$\begin{aligned} \boldsymbol{e}_R &= \frac{x\boldsymbol{i} + y\boldsymbol{j}}{R} = \boldsymbol{i}\cos\varphi + \boldsymbol{j}\sin\varphi \\ \boldsymbol{e}_\varphi &= \frac{-y\boldsymbol{i} + x\boldsymbol{j}}{R} = -\boldsymbol{i}\sin\varphi + \boldsymbol{j}\cos\varphi \\ \boldsymbol{e}_z &= \boldsymbol{k} \end{aligned} \tag{4.1.10}$$

これを用いて，任意のベクトル $\boldsymbol{a}$ が $\boldsymbol{a} = a_R\boldsymbol{e}_R + a_\varphi\boldsymbol{e}_\varphi + a_z\boldsymbol{k}$ と表される場合，このベクトルの円柱座標成分を (a_R, a_φ, a_z) と書くことにしよう．このとき，3成分は全てベクトル $\boldsymbol{a}$ と同じ物理次元を持つことに注意したい（座標の成分とは異なり，φ 成分は角度に当たる無次元量にはならない）．

式 (4.1.10) を逆に解けば，

$$\begin{aligned} \boldsymbol{i} &= \boldsymbol{e}_R\cos\varphi - \boldsymbol{e}_\varphi\sin\varphi \\ \boldsymbol{j} &= \boldsymbol{e}_R\sin\varphi + \boldsymbol{e}_\varphi\cos\varphi \\ \boldsymbol{k} &= \boldsymbol{e}_z \end{aligned} \tag{4.1.11}$$

が得られる．

● 極座標 極座標では位置ベクトルの座標値 r, ϕ, θ が増える向きの単位ベクトルは図 4.1.4 を参考に考えると，以下のようになる．

$$\begin{aligned} \boldsymbol{e}_r &= (\boldsymbol{i}\cos\phi + \boldsymbol{j}\sin\phi)\cos\theta + \boldsymbol{k}\sin\theta \\ \boldsymbol{e}_\phi &= -\boldsymbol{i}\sin\phi + \boldsymbol{j}\cos\phi \\ \boldsymbol{e}_\theta &= -(\boldsymbol{i}\cos\phi + \boldsymbol{j}\sin\phi)\sin\theta + \boldsymbol{k}\cos\theta \end{aligned} \tag{4.1.12}$$

これを用いて，任意のベクトル $\boldsymbol{a}$ が $\boldsymbol{a} = a_r\boldsymbol{e}_r + a_\phi\boldsymbol{e}_\phi + a_\theta\boldsymbol{e}_\theta$ と表される場合，このベクトルの極座標成分を (a_r, a_ϕ, a_θ) と書くことにしよう．このとき，3成分は全てベクトル $\boldsymbol{a}$ と同じ物理次元を持つことに注意したい（ϕ および θ 成分は角度に当たる無次元量にはならない）．

式 (4.1.12) を逆に解けば，

$$\begin{aligned} \boldsymbol{i} &= (\boldsymbol{e}_r\cos\theta - \boldsymbol{e}_\theta\sin\theta)\cos\phi - \boldsymbol{e}_\phi\sin\phi \\ \boldsymbol{j} &= (\boldsymbol{e}_r\cos\theta - \boldsymbol{e}_\theta\sin\theta)\sin\phi + \boldsymbol{e}_\phi\cos\phi \\ \boldsymbol{k} &= \boldsymbol{e}_r\sin\theta + \boldsymbol{e}_\theta\cos\theta \end{aligned} \tag{4.1.13}$$

が得られる．

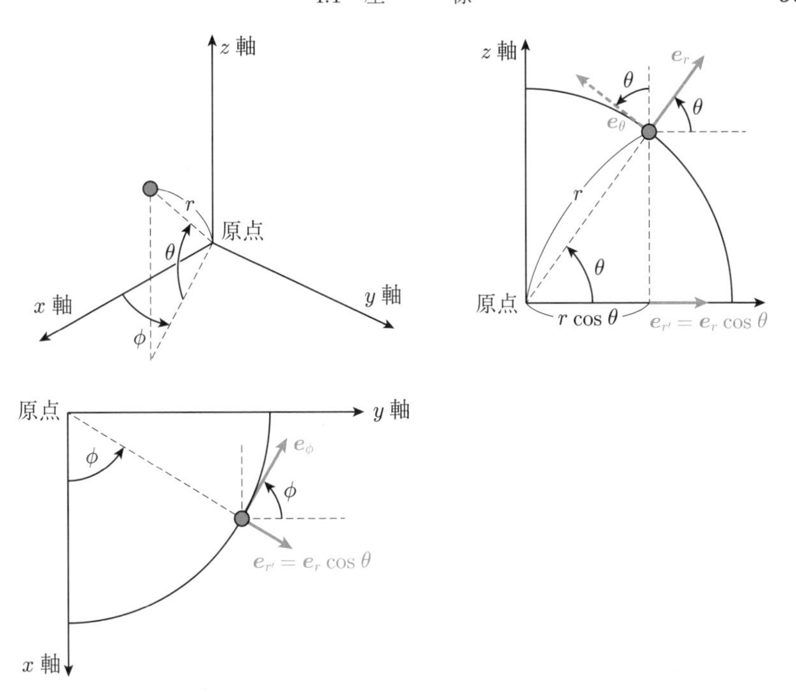

図 4.1.4　極座標系の基本ベクトル．右手系のみ示した．座標 (r, ϕ, θ) を始点とする基本ベクトルは，原点を中心とする半径 r の球面に垂直な単位ベクトル $\boldsymbol{e}_r$ と球面に接する 2 つの単位ベクトル $\boldsymbol{e}_\phi, \boldsymbol{e}_\theta$ となる．

4.1.5　3 座標系での運動方程式

力学の基本は運動方程式 (1.4.9) である．これを上記の 3 つの座標系の成分間の方程式で記述するとどうなるだろうか．座標変換の応用として求めておくことにしよう．実は，これらの表現は比較的使用例が多いので，いずれの座標系によるものでも自由に使えるのが望ましい（すぐに調べられるなら暗記する必要はない）．

● **直交座標**　ベクトルの微分を考えるにはまずベクトルの差を考える必要がある．任意のベクトル $\boldsymbol{a}$ と $\boldsymbol{a}'$ について，$\Delta\boldsymbol{a} = \boldsymbol{a}' - \boldsymbol{a}$ を定義する．直交座標系で，$\boldsymbol{a} = (x_a, y_a, z_a)$, $\boldsymbol{a}' = (x'_a, y'_a, z'_a)$, $\Delta\boldsymbol{a} = (\Delta x, \Delta y, \Delta z)$ とする．直交座標系の場合には差のベクトルの直交座標成分は簡単に求まり，

$$\Delta x = x'_a - x_a, \quad \Delta y = y'_a - y_a, \quad \Delta z = z'_a - z_a \tag{4.1.14}$$

である．したがって，微分と差分の関係を考えれば，速度も加速度も各成分の差となる．

つまり，x, y, z の3成分は互いに独立しており，位置座標を $\boldsymbol{x} = (x, y, z)$，力を $\boldsymbol{f} = (f_x, f_y, f_z)$ とすると

$$f_x = m\ddot{x}, \quad f_y = m\ddot{y}, \quad f_z = m\ddot{z} \tag{4.1.15}$$

となる．この表記は高校物理でも，それとは認識しないまま多用していたはずなので，なじみがあろう．

●円柱座標 運動方程式はベクトル方程式なので，どんな成分表記でも両辺の各成分が等しくなっている必要がある．そこで，式 (4.1.15) を円柱座標成分に変換してみよう．

ここは式変形は単純だが，長くて面倒くさいので，結果のみ示し，途中経過の確認は章末問題で取り上げる．自分で一度は計算してみることを強く勧める．

まず，式 (4.1.1) の両辺を時間微分してみよう．

$$\begin{aligned} \dot{x} &= \dot{R}\cos\varphi - R\dot{\varphi}\sin\varphi \\ \dot{y} &= \dot{R}\sin\varphi + R\dot{\varphi}\cos\varphi \\ \dot{z} &= \dot{z} \end{aligned} \tag{4.1.16}$$

これをもう1階微分すると，質点の位置ベクトル $\boldsymbol{x}$ に対する加速度 $\boldsymbol{a} = \ddot{\boldsymbol{x}}$ の直交座標成分が得られるので，そこに式 (4.1.11) を代入すれば，加速度ベクトルの円柱座標成分は以下のように求められる．

$$\ddot{\boldsymbol{x}} = (\ddot{R} - R\dot{\varphi}^2)\boldsymbol{e}_R + (2\dot{R}\dot{\varphi} + R\ddot{\varphi})\boldsymbol{e}_\varphi + \ddot{z}\boldsymbol{k} \tag{4.1.17}$$

したがって，力 $\boldsymbol{f}$ の円柱座標成分を (f_R, f_φ, f_z) とし，質量 m の質点に対する**運動方程式**を円柱座標の3成分で分けて書くと，以下の式となる．

$$\begin{aligned} f_R &= m(\ddot{R} - R\dot{\varphi}^2) \\ f_\varphi &= m(2\dot{R}\dot{\varphi} + R\ddot{\varphi}) = m\frac{1}{R}\frac{d}{dt}\left(R^2\dot{\varphi}\right) \\ f_z &= m\ddot{z} \end{aligned} \tag{4.1.18}$$

ここで φ 成分の最後の変形は数学的にはわざとらしいが，この表記は $R^2\dot{\varphi}$ の時間変化に関する式になっているため，物理学のイメージを描くには役立つ表記である．

● 極座標　極座標の場合にも同様に考えればよい．これも式変形は単純だが，長くて面倒くさいので，結果のみ示す．途中経過の確認は章末問題で取り上げる．こちらも自分で一度は計算してみることを強く勧める．

式 (4.1.2) の両辺を時間微分すると，

$$\begin{aligned}\dot{x} &= \dot{r}\cos\phi\cos\theta - r\dot{\phi}\sin\phi\cos\theta - r\dot{\theta}\cos\phi\sin\theta \\ \dot{y} &= \dot{r}\sin\phi\cos\theta + r\dot{\phi}\cos\phi\cos\theta - r\dot{\theta}\sin\phi\sin\theta \\ \dot{z} &= \dot{r}\sin\theta + r\dot{\theta}\cos\theta\end{aligned} \tag{4.1.19}$$

が得られる．これをもう 1 階微分すると，質点の位置ベクトル $\boldsymbol{x}$ に対する加速度 $\boldsymbol{a} = \ddot{\boldsymbol{x}}$ の直交座標成分が得られるので，そこに式 (4.1.13) を代入すれば，加速度ベクトルの極座標成分が以下のように求められる．

$$\begin{aligned}\ddot{\boldsymbol{x}} &= (\ddot{r} - r\dot{\phi}^2\cos^2\theta - r\dot{\theta}^2)\boldsymbol{e}_r \\ &\quad + \left\{(2\dot{r}\dot{\phi} + r\ddot{\phi})\cos\theta - 2r\dot{\phi}\dot{\theta}\sin\theta\right\}\boldsymbol{e}_\phi \\ &\quad + \left(r\dot{\phi}^2\sin\theta\cos\theta + 2\dot{r}\dot{\theta} + r\ddot{\theta}\right)\boldsymbol{e}_\theta\end{aligned} \tag{4.1.20}$$

したがって，力 $\boldsymbol{f}$ の極座標成分を (f_r, f_ϕ, f_θ) とし，質量 m の質点に対する**運動方程式**を極座標の 3 成分で分けて書くと，以下の式となる．

$$\begin{aligned}f_r &= m(\ddot{r} - r\dot{\phi}^2\cos^2\theta - r\dot{\theta}^2) \\ f_\phi &= m\{(2\dot{r}\dot{\phi} + r\ddot{\phi})\cos\theta - 2r\dot{\phi}\dot{\theta}\sin\theta\} \\ f_\theta &= m(r\dot{\phi}^2\sin\theta\cos\theta + 2\dot{r}\dot{\theta} + r\ddot{\theta})\end{aligned} \tag{4.1.21}$$

4.2 軸周りの回転

4.2.1 回転軸を巡る質点

日常的に取り扱う物体は自由に動けるものばかりではない．特に，身の周りの機械や道具などは固定された軸の周りに回転することだけができるものも多い．車輪，歯車，滑車など全てそのような物体である．あるいは，太陽系内の天体の運動のように特定の点を中心に回転を繰り返す物理現象も多い．

このとき，軸周りに回転しているものは摩擦が小さいとなかなか回転が止まらない．また，固定軸がなくとも地面を転がっていったり，空中で回転しているボールや円盤なども力が加わらなくなっても回転を続けることはよく観測される．したがって，回転運動でも慣性の法則に類した法則が成り立っているのではないかという予想が立つ．

なので，1点の周りを回転する物体の運動を考えることにしよう．上記の経験に基づく“回転運動に関する法則”も力学の3法則から導くことができるかも知れない．力がベクトル量であることを意識すれば，直交座標を用いるよりも，円柱座標や極座標を用いる方が計算がたやすくなりそうだと気付くだろう．

なるべく単純なモデルから考えを巡らせることが物理学の考え方であることに立ち返り，ここでも，指定された点の周囲を定まった半径で回転する質点というモデルから始めることにしよう．なお，このように回転を考える場合には，特定の固定された点からの距離を**動径**と呼ぶことも多い．

図 4.2.1 のように，固定された軸 z の周囲を一定の半径 r で円回転することだけが許される質点を考える．質点の質量を m とし，これに力 $\boldsymbol{f}$ を加えた場合の運動

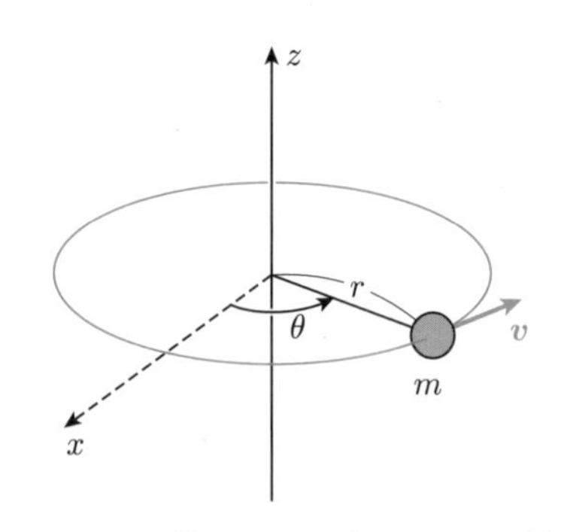

図 4.2.1 軸 z の周囲を回転する質点

を考えよう．

$\boldsymbol{f}$ のうち，軸と質点とを結ぶ方向への成分は，2.5 節で見たように，質点の回転角速度を ω とすれば，$mr\omega^2$ となる．なので，質点の角速度 ω を求めて代入すればよい．質点に加わる力のうち，動径方向の成分がこれにベクトル的に加わるはずである．しかし，今回考えるのは軸が動かず動径距離も変わらないというモデルなので，ここではこの力についてはこれ以上考えずに回転方向について考えよう．

回転軸からの力は回転方向とは直交するので回転運動には影響を与えない．なので，力 $\boldsymbol{f}$ が質点の回転方向と平行な場合を考えればよい．質点の回転速度を $\boldsymbol{v}$ とすると，質点に対するニュートンの運動方程式は

$$\boldsymbol{f} = m\dot{\boldsymbol{v}} \tag{4.2.1}$$

となる．

軸が固定されている場合には，質点は回転方向にしか動かない．したがって，速度の回転方向成分は軸周りの回転角を θ として $v_\theta = r\dot{\theta}$，加速度は $\ddot{x}_\theta = r\ddot{\theta}$ となる．したがって，力の回転方向成分 f_θ に対して

$$f_\theta = mr\ddot{\theta} = mr\dot{\omega} \tag{4.2.2}$$

が成り立つ．

4.2.2　角運動量とトルク

次に，運動方程式 (4.2.1) の両辺に対して，質点の位置ベクトル $\boldsymbol{x}$ との外積を作ってみよう．ここで，位置ベクトルの原点は質点の回転運動の中心とする．すると，

$$\boldsymbol{x} \times \boldsymbol{f} = m\left(\boldsymbol{x} \times \dot{\boldsymbol{v}}\right) = m\frac{d}{dt}\left(\boldsymbol{x} \times \boldsymbol{v}\right) \tag{4.2.3}$$

が得られる．ここで，外積の微分の公式と，$\boldsymbol{v} = \frac{d\boldsymbol{x}}{dt}$ であるから $\frac{d\boldsymbol{x}}{dt} \times \boldsymbol{v} = 0$ となることを用いた．

そこで，

$$\boldsymbol{N} = \boldsymbol{x} \times \boldsymbol{f} \tag{4.2.4}$$

$$\boldsymbol{L} = m\boldsymbol{x} \times \boldsymbol{v} \tag{4.2.5}$$

と置くと，式 (4.2.3) は

$$\boldsymbol{N} = \dot{\boldsymbol{L}} \tag{4.2.6}$$

となり，運動量 $\boldsymbol{p}$ に対する運動方程式 $\boldsymbol{f} = \dot{\boldsymbol{p}}$ と同じ形になっていることがわかる．この方程式は今後も登場するので本書では**回転運動方程式**と呼ぶことにしよう．

ここで，$\boldsymbol{N}$ を**トルク** (torque)，$\boldsymbol{L}$ を**角運動量** (angular momentum) と呼ぶ．方程式が同じなので，トルクに対する角運動量の変化は，力に対する運動量の変化と同じ振る舞いをすることが予想できる．例えば，$\boldsymbol{N} = 0$ ならば角運動量は保存するということである．

式 (4.2.4) を見ると，$\boldsymbol{x}$ と $\boldsymbol{f}$ とが平行であれば，$\boldsymbol{f} \neq 0$ でも $\boldsymbol{N} = 0$ となることがわかる．このように，$\boldsymbol{x}$ と $\boldsymbol{f}$ とが平行である力を**中心力** (central force) と呼ぶ．つまり，質点に働く力が中心力のみならば角運動量は保存するのである．

4.2.3 回転軸の選び方

一定の位置 $\boldsymbol{x}_0$ 周りの回転では結果はどのように変わるのだろうか．運動方程式 (4.2.1) から次の式が得られる．

$$(\boldsymbol{x} - \boldsymbol{x}_0) \times \boldsymbol{f} = m \{(\boldsymbol{x} - \boldsymbol{x}_0) \times \dot{\boldsymbol{v}}\} = m \frac{d}{dt} \{(\boldsymbol{x} - \boldsymbol{x}_0) \times \boldsymbol{v}\} \tag{4.2.7}$$

$\boldsymbol{x}_0$ は動かないとしたので，$\boldsymbol{v} = \frac{d\boldsymbol{x}}{dt} = \frac{d}{dt}(\boldsymbol{x} - \boldsymbol{x}_0)$ であることを用いた．

そこで，角運動量とトルクを以下のように定義する．

$$\boldsymbol{N} = (\boldsymbol{x} - \boldsymbol{x}_0) \times \boldsymbol{f} \tag{4.2.8}$$

$$\boldsymbol{L} = m(\boldsymbol{x} - \boldsymbol{x}_0) \times \boldsymbol{v} \tag{4.2.9}$$

すると，やはり回転運動方程式 (4.2.6) が成り立つことがわかる．

つまり，トルクと角運動量を両方とも的確に定義していれば，回転運動方程式 (4.2.6) 自体は回転軸の位置によって変える必要はなく，より幅広い場合に利用できることがわかる．この方程式はベクトルの方程式なので，具体的に計算したい場合には計算が楽になるように自由に座標軸を選んで（すなわち，座標軸の原点と向きはこちらの都合だけで自由に選んで)，その成分を計算すればよいということである．

なお，$\boldsymbol{x}_0$ が時間変化する場合には，式 (4.2.1) の $\dot{\boldsymbol{v}}$ を $\dot{\boldsymbol{v}} + \ddot{\boldsymbol{x}}_0$ で置き換える必要がある．それは，移項して $\boldsymbol{f}$ を $\boldsymbol{f} - m\ddot{\boldsymbol{x}}_0$ で置き換えるのと等価であるが，ここではこれ以上，追求しないことにしよう．

4.3 加速度運動系から見た運動

4.3.1 ガリレイ変換

● 乗り物の中での物理現象 現代社会では乗り物に乗った経験がない人はほぼ皆無であろう．そこで経験するのは，安定して走っている際には地上で停止している場合と車内の様子が変わらないということである．時速 320 km で疾走する新幹線はやぶさの車内でも時速 900 km で飛行するジェット機の中でも，自宅の部屋にいるのと変わらずに弁当が食べられるし，歩き回ることもできる．ガリレオ ガリレイ (Galileo Galilei) は 17 世紀に，この事実に気付いていたようで，自ら著した書に「窓がない船室で書き物に熱中していると船が出帆していても気付かない」ことや，「一定速度で滑らかに帆走する船では，帆柱の頂部から落とした物体は帆柱の基部に落ちる」ことを誰でも経験できる事実として記載している．

これは，「互いに一定速度で移動する 2 つの立場から物理現象を記述する場合，その基礎方程式は同一である」ことを示唆する．本当にそうなのか確かめてみよう．

● 一定速度で移動する系での位置ベクトルの変換 今，ニュートンの運動の法則が成り立つ系を "**静止系**"，それに対して移動している系を "**移動系**" と呼ぶことにする．抽象的な言葉だとイメージしにくいのであれば，移動する列車の車体や飛行機の機体とともに移動する立場が移動系，それに対して地上に静止している立場を静止系と考えればよいだろう．

まずは，移動系が静止系に対して一定速度 $\boldsymbol{V}$ で移動している場合を想定し，静止系での運動が移動系ではどう表されるはずか考えてみよう．

静止系に対して固定している各点の位置ベクトルを $\boldsymbol{X}$，移動系に対して固定している各点の位置ベクトルを $\boldsymbol{X}'$ とし，他の位置ベクトルの組も大文字の変数に対する「$'$」の有無で系の違いを表すとする．

これに対して，注目している質点の位置ベクトルを静止系では $\boldsymbol{x}$，移動系では $\boldsymbol{x}'$ などと小文字の変数に対する「$'$」の有無で表すことにしよう．そして，同じ文字（変数）を用いている場合には，基準となる座標系が異なるだけで物理学的には同じ質点の位置を表すことにする．つまり，小文字で表記した位置や速度などは，時間の経過に応じた実際の質点の運動を表すのに対して，大文字で表記した位置や速度などは 2 つの座標系の相互運動だけで関係が定まる．

移動系が実際には止まっていて，移動系での原点が静止系では $\boldsymbol{X}_0$ となる場合，

$$\boldsymbol{X} = \boldsymbol{X}' + \boldsymbol{X}_0 \tag{4.3.1}$$

と書ける．もし，移動系が一定速度 $\boldsymbol{V}$ で動いていれば，この差が時刻 t では $\boldsymbol{V}$ ずつ増えていくので，時刻 t_0 での移動系の原点が静止系で $\boldsymbol{X}_0$ である場合，時刻 t での2つの位置ベクトルの関係は

$$\boldsymbol{X} = \boldsymbol{X}' + \boldsymbol{X}_0 + \boldsymbol{V}(t - t_0) \tag{4.3.2}$$

となる．両者の原点が一致する時刻を $t = 0$ とすれば，より簡単になり

$$\boldsymbol{X} = \boldsymbol{X}' + \boldsymbol{V}\,t \tag{4.3.3}$$

と書ける．これは座標系の運動に伴う座標変換であり，冒頭で引用したガリレオ ガリレイにちなんで**ガリレイ変換** (Galilean transformation) という．

なお，ここでは静止系と移動系とで時間の進みは同じだとし，両方の系での時刻 t は一致すると仮定した．本来，これは実験で確かめるべきだが，日常経験では両者の時間の進みは同一なので，ここではそれを "実験事実" として受け入れることにしよう．この仮定を疑うことで上手く説明できなかった実験事実の説明に成功したのが**特殊相対性理論** (special relativity) であるが，それは本書では扱わない．

● **一定速度で移動する系での運動方程式** 静止系でニュートンの運動の法則が成り立つとすると運動方程式は

$$\boldsymbol{f} = m\ddot{\boldsymbol{x}} \tag{4.3.4}$$

となる．ここで，$\boldsymbol{x}$ は観測対象となる質点の位置ベクトルであるが，これも位置ベクトルなので，同一時点の質点の2つの系での位置ベクトルの関係式は式 (4.3.3) と同様になる．したがって，これを静止系での運動方程式に代入しよう．今の場合，$\boldsymbol{V}$ は時間によらず一定であることを考慮すると以下の式が得られる．

$$\boldsymbol{f} = m\frac{d^2}{dt^2}(\boldsymbol{x}' + \boldsymbol{V}\,t) = m(\ddot{\boldsymbol{x}}' + \dot{\boldsymbol{V}}) = m\ddot{\boldsymbol{x}}' \tag{4.3.5}$$

つまり，静止系でも移動系でも全く形の同じ運動方程式になることがわかる．

しかも，移動系での質点の質量 m' もそれに加わる力 $\boldsymbol{f}'$ も，静止系での質量 m と力 $\boldsymbol{f}$ と等しいとすれば，移動系での物理量の関係式として

$$\boldsymbol{f}' = m'\ddot{\boldsymbol{x}}' \tag{4.3.6}$$

が得られる．つまり，「互いに一定速度で移動する 2 つの立場から物理現象を記述する場合，その基礎方程式は同一である」ということが示されたわけで，「2 つの立場で観察される物理現象は同一である」ことの理論的裏付けとなる．

なお，本当に $m' = m$ かつ $\boldsymbol{f}' = \boldsymbol{f}$ であるかは，実験で確かめるべきであるが，日常経験では両者とも成り立つので，ここではそれも“実験事実”として疑わないことにしよう．

4.3.2　慣　性　力

● 等加速度で移動する系での位置ベクトルの変換　では，移動系が静止系に対して加速度を持って移動している場合はどうなるのだろうか．まずは加速度 $\dot{\boldsymbol{V}} = \boldsymbol{A}$ が一定である場合から考えよう．

$t = t_0$ での 2 つの系での同一点の位置ベクトルは $\boldsymbol{X}' = \boldsymbol{X}_0$ であり，かつ，この時点での 2 つの系の相対速度を $\boldsymbol{V}_0$ とすれば，時刻 t での 2 つの系での位置ベクトルの関係は

$$\boldsymbol{X} = \boldsymbol{X}' + \boldsymbol{X}_0 + \boldsymbol{V}_0(t - t_0) + \frac{1}{2}\boldsymbol{A}(t - t_0)^2 \tag{4.3.7}$$

となる．時刻と座標の原点を適切にとれば $t_0 = 0$, $\boldsymbol{X}_0 = 0$ とできるので，その場合は

$$\boldsymbol{X} = \boldsymbol{X}' + \boldsymbol{V}_0\, t + \frac{1}{2}\boldsymbol{A}t^2 \tag{4.3.8}$$

と書ける．

● 等加速度で移動する系での運動方程式　上述の関係式 (4.3.8) を静止系での運動方程式に代入すると，

$$\boldsymbol{f} = m\ddot{\boldsymbol{x}} = m\frac{d^2}{dt^2}\left(\boldsymbol{x}' + \boldsymbol{V}_0\, t + \frac{1}{2}\boldsymbol{A}\, t^2\right) = m\ddot{\boldsymbol{x}}' + m\boldsymbol{A} \tag{4.3.9}$$

が得られる．ここで，移動系の移動速度 $\boldsymbol{V}_0$ と移動加速度 $\boldsymbol{A}$ は時間によらず一定であることを用いた．

そこで，

$$\boldsymbol{f}'_{\mathrm{i}} = -m\boldsymbol{A} \tag{4.3.10}$$

と定義すると，式 (4.3.9) は

$$\boldsymbol{f} + \boldsymbol{f}_{\mathrm{i}}' = m\ddot{\boldsymbol{x}}' \tag{4.3.11}$$

となり，先ほどと同じく，$m' = m$ かつ $\boldsymbol{f}' = \boldsymbol{f}$ を仮定すると，これは

$$\boldsymbol{f}' + \boldsymbol{f}_{\mathrm{i}}' = m'\ddot{\boldsymbol{x}}' \tag{4.3.12}$$

となる．つまり，移動系では新たな力 $\boldsymbol{f}_{\mathrm{i}}'$ が加わったものが全ての力だと解釈すれば，移動系での運動方程式が成り立つということがわかる．この力 $\boldsymbol{f}_{\mathrm{i}}'$ を**慣性力** (inertia force) という．

● 平行移動する系の場合 加速度 $\boldsymbol{A}$ の向きは一定だが大きさが一定ではない場合，どうなるのだろうか．静止系と移動系との位置ベクトルの関係が

$$\boldsymbol{X} = \boldsymbol{X}' + \boldsymbol{\xi}(t) \tag{4.3.13}$$

と書けるとしよう．$t = 0$ で2つの系の原点が一致するようにすれば，$\boldsymbol{\xi}(0) = 0$ である．ここで，$\boldsymbol{\xi}(t)$ は時刻だけの関数であるとする．

この場合，2つの系での質点の位置 $\boldsymbol{x}$ と $\boldsymbol{x}'$ は

$$\boldsymbol{x} = \boldsymbol{x}' + \boldsymbol{\xi}(t) \tag{4.3.14}$$

となるので，これを静止系での運動方程式に代入すれば，

$$\boldsymbol{f} = m\ddot{\boldsymbol{x}} = m\frac{d^2}{dt^2}\left(\boldsymbol{x}' + \boldsymbol{\xi}(t)\right) = m\ddot{\boldsymbol{x}}' + m\frac{d^2\boldsymbol{\xi}(t)}{dt^2} \tag{4.3.15}$$

となる．したがって，

$$\boldsymbol{f}_{\mathrm{i}} = -m\frac{d^2\boldsymbol{\xi}(t)}{dt^2} \tag{4.3.16}$$

とすれば，

$$\boldsymbol{f} + \boldsymbol{f}_{\mathrm{i}} = m\ddot{\boldsymbol{x}}' \tag{4.3.17}$$

が得られる．

つまり，移動系での質点の運動を考える場合，静止系で加わっていた力 $\boldsymbol{f}$ に加えて，式 (4.3.16) で与えられる慣性力 $\boldsymbol{f}_{\mathrm{i}}$ が加わると考えればよいことがわかる．また，式 (4.3.16) の右辺から明らかなように，慣性力は2つの系で表した位置ベクトルの相対関係の時間2階微分だけで決まる．

なお，改めて記すが，$\ddot{\boldsymbol{\xi}}(t)$ は「2つの系の相対運動」を表すのであって，観測対

象としている「質点の運動」とは無関係である．しばしば，観測対象の質点が静止するような観測系を設定するので，両者の加速度が同一であると思い込むことがあるが，異なる物理量を表しているのである．これに気付かないと慣性力が働く場合の質点の運動を考える際に混乱するおそれがある．

乗り物に乗っている場合，それが急加速したり急ブレーキをかけた場合，乗っている人から見ると，自分の身体も含めた全ての物体に力が加わるように感じる．乗り物の車体を基準とした座標系で考えた慣性力が働くことの表れである．

慣性力は観測者の系が加速度運動をしていることが原因で発生しているので，それに気付かなければ，他の力とは異なる力が働く理由が理解できない．一方，静止系から観測すれば，当然，この力は現れない．もしも静止系が真の物理学を表すのに適切な系だとすれば，その意味で慣性力は見かけの力なのである．

4.3.3 遠心力とコリオリ力

● 微小角回転のベクトル表記 相対的に移動する系には平行移動の他に回転がある．この場合，静止系と移動系と呼ぶのは言語的に違和感があるので，回転していない座標系を“**静止系**”，回転する座標系を“**回転系**”と呼ぶことにする．回転系で生じる慣性力を求めてみよう．これは，例えば，急カーブする乗り物の中で起こる現象を検討することに相当する．

静止系に対する回転系の回転角 ϕ が変化すると位置ベクトルの向きが場所によって異なる変化を示すので先ほど考えていた平行移動の場合より 2 つの座標系の間の位置ベクトルの換算は，かなり厄介なことになる．そこで，回転系と静止系との関係を調べる前に，ベクトルの回転をベクトル演算で表記する方法を考えよう．回転角が微小変化する場合に限れば，これは以下のようにすればよい．

回転軸を向いた単位ベクトルを $\boldsymbol{k}$ とし，回転の右回り・左回りを区別するために $\boldsymbol{k}$ を“上”，すなわち $\boldsymbol{k}$ がこちらを向いている方向から見た場合に，反時計回りの回転角 ϕ を正と定義しよう．同じ回転角で時計回りする場合には，$\boldsymbol{k}$ の向きを逆向きにすれば回転方向も逆になるので，ϕ の符号を $\boldsymbol{k}$ の符号に移したのと同じことになり好都合である．

ベクトル量 $\boldsymbol{A}$ を考える．ベクトルは平行移動してもベクトル量として同一なので，$\boldsymbol{A}$ の始点を回転軸上の同一点として，その終点位置の変化を調べよう．回転軸周りの回転角の効果を考えるために，微小角回転前のベクトルを $\boldsymbol{A}_\phi$，微小角回転後のベクトルを $\boldsymbol{A}_{\phi+d\phi}$ と書くことにする．回転に伴って $\boldsymbol{A}$ の大きさが変

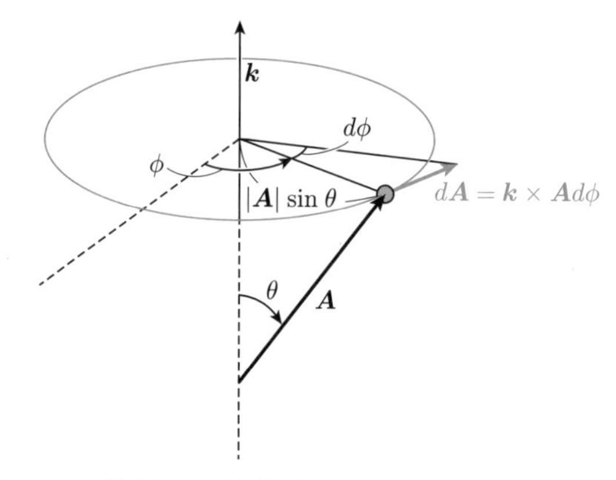

図 4.3.1　微小角 $d\phi$ だけ回転した場合のベクトル $\boldsymbol{A}$ の変化

化しないならば，$\boldsymbol{A}_\phi$ と $\boldsymbol{A}_{\phi+d\phi}$ の終点に対応する点は $\boldsymbol{k}$ と直交する平面上で半径 $|\boldsymbol{A}|\sin\theta$ の円上にある（図 4.3.1）．ここで，θ は $\boldsymbol{A}$ と $\boldsymbol{k}$ のなす角である．回転の向きも考えると，$d\phi$ が十分に小さければ，外積の幾何学的定義を用いて，

$$\boldsymbol{A}_{\phi+d\phi} = \boldsymbol{A}_\phi + d\boldsymbol{A} = \boldsymbol{A}_\phi + \boldsymbol{k}\times\boldsymbol{A}\ d\phi = \boldsymbol{A}_\phi + \boldsymbol{k}\times\boldsymbol{A}_\phi\ d\phi \tag{4.3.18}$$

と書ける．最後の等式は微小角回転前のベクトルは $\boldsymbol{A}$ と一致しているので $\boldsymbol{A} = \boldsymbol{A}_\phi$ であることを用いた．

ここで，時刻 t と回転角 ϕ とはまだ関連がないことに注意したい．

● 位置ベクトルの対応　以下の「位置ベクトルの対応」と「速度ベクトルの対応」の検討は多少ややこしいので，先を急ぐ人は結論である式 (4.3.28) と式 (4.3.34) だけを見て「回転系における慣性力」まで進んでもよい．しかしながら，ここの説明がきちんとなされている書籍やネット記事は非常に少ないので，得られる結論を納得して使いたい場合には一度は目を通して欲しい．

まずは，回転系と静止系での位置ベクトルの対応関係を調べよう．回転系の回転角が ϕ のときに，静止系での位置ベクトル $\boldsymbol{x}(t)$ と回転系での位置ベクトル $\boldsymbol{x}'_\phi(t)$ が一致しているとする．すなわち，

$$\boldsymbol{x}(t) = \boldsymbol{x}'_\phi(t) \tag{4.3.19}$$

である．回転系の回転角が $\phi + d\phi$ のときにも，位置ベクトル $\boldsymbol{x}(t+dt)$ について同

様な関係式が成り立ち，

$$\boldsymbol{x}(t+dt) = \boldsymbol{x}'_{\phi+d\phi}(t+dt) \tag{4.3.20}$$

となる．両式の差を取ると，

$$\boldsymbol{x}(t+dt) - \boldsymbol{x}(t) = \boldsymbol{x}'_{\phi+d\phi}(t+dt) - \boldsymbol{x}'_{\phi+d\phi}(t) + \boldsymbol{x}'_{\phi+d\phi}(t) - \boldsymbol{x}'_{\phi}(t) \tag{4.3.21}$$

となる．ここで第 2 項と第 3 項は後の都合で加えた合計が 0 となる 2 項である．

dt が十分に小さければ，t による微係数を用いて，左辺は

$$\boldsymbol{x}(t+dt) - \boldsymbol{x}(t) = \dot{\boldsymbol{x}}(t)\ dt \tag{4.3.22}$$

であり，右辺第 1 項と第 2 項は，

$$\boldsymbol{x}'_{\phi+d\phi}(t+dt) - \boldsymbol{x}'_{\phi+d\phi}(t) = \dot{\boldsymbol{x}}'_{\phi+d\phi}(t)\ dt \tag{4.3.23}$$

と書ける．右辺第 3 項と第 4 項は，同一のベクトル $\boldsymbol{x}'(t)$ を $d\phi$ だけ回転したものなので，式 (4.3.18) を $\boldsymbol{x}'$ について適用した

$$\boldsymbol{x}'_{\phi+d\phi}(t) - \boldsymbol{x}'_{\phi}(t) = \boldsymbol{k} \times \boldsymbol{x}'_{\phi}(t)\ d\phi \tag{4.3.24}$$

が成り立つ．

以上から，式 (4.3.21) は，次のようになる．

$$\dot{\boldsymbol{x}}(t)\ dt = \dot{\boldsymbol{x}}'_{\phi+d\phi}(t)\ dt + \boldsymbol{k} \times \boldsymbol{x}'_{\phi}(t)\ d\phi \tag{4.3.25}$$

もし，$dt \to 0$ で $d\phi \to 0$ ならば，

$$\dot{\boldsymbol{x}}(t) = \dot{\boldsymbol{x}}'_{\phi}(t) + \boldsymbol{\omega} \times \boldsymbol{x}'_{\phi}(t) \tag{4.3.26}$$

となる．ここで，**角速度** (angular velocity)

$$\boldsymbol{\omega} = \frac{d\phi}{dt}\boldsymbol{k} \tag{4.3.27}$$

を定義し，用いた．

位置ベクトルの時間微分は速度ベクトルなので，

$$\boldsymbol{v} = \boldsymbol{v}' + \boldsymbol{\omega} \times \boldsymbol{x}' \tag{4.3.28}$$

が得られる．ここで，回転系の回転角は ϕ であり時刻 t の場合で両辺が統一されているので，これらの変数の表記を略した．

● 速度ベクトルの対応　同様にして速度ベクトルの関係を調べよう．式 (4.3.28) は位置ベクトルのときの式 (4.3.19) とは異なり，第2項があるために，$\boldsymbol{v} \neq \boldsymbol{v}'_\phi$ であることに注意しよう．この式の両辺を時間微分したいところだが，時間変化が回転角変化と連動しているので，間違った式変形をやりかねない．それを避けるために，ここは地道に，先ほどと同じように計算してみる．

ここでは，簡単のため，$\boldsymbol{\omega}$ が時間変化しない場合を考えよう．

回転系の回転角が $\phi+d\phi$ のときにも，速度ベクトル $\boldsymbol{x}(t+dt)$ について式 (4.3.28) と同様な関係式が成り立つ．すなわち，

$$\boldsymbol{v}(t) = \boldsymbol{v}'_\phi(t) + \boldsymbol{\omega} \times \boldsymbol{x}'_\phi(t) \tag{4.3.29a}$$

$$\boldsymbol{v}(t+dt) = \boldsymbol{v}'_{\phi+d\phi}(t+dt) + \boldsymbol{\omega} \times \boldsymbol{x}'_{\phi+d\phi}(t+dt) \tag{4.3.29b}$$

である．両式の差を取ると，

$$\boldsymbol{v}(t+dt) - \boldsymbol{v}(t) = \boldsymbol{v}'_{\phi+d\phi}(t+dt) - \boldsymbol{v}'_\phi(t) + \boldsymbol{\omega} \times (\boldsymbol{x}'_{\phi+d\phi}(t+dt) - \boldsymbol{x}'_\phi(t)) \tag{4.3.30}$$

が得られる．

dt が十分に小さければ，t による微係数を用いて，左辺は

$$\boldsymbol{v}(t+dt) - \boldsymbol{v}(t) = \dot{\boldsymbol{v}}(t)\ dt \tag{4.3.31}$$

となる．

右辺の第1項と第2項は

$$\begin{aligned}\boldsymbol{v}'_{\phi+d\phi}(t+dt) - \boldsymbol{v}'_\phi(t) &= \boldsymbol{v}'_{\phi+d\phi}(t+dt) - \boldsymbol{v}'_\phi(t+dt) + \boldsymbol{v}'_\phi(t+dt) - \boldsymbol{v}'_\phi(t) \\ &= \boldsymbol{k} \times \boldsymbol{v}'_\phi(t+dt)\ d\phi + \dot{\boldsymbol{v}}'_\phi(t)\ dt\end{aligned}$$

である．時刻 $t+dt$ が固定されていれば $\boldsymbol{v}'_\phi(t+dt)$ は定数ベクトルとなっていることを考慮して式 (4.3.18) を用いた．ここで dt が十分に小さいことを考慮し2次の微小量を無視すれば，この項は

$$(\boldsymbol{\omega} \times \boldsymbol{v}'_\phi(t) + \dot{\boldsymbol{v}}'_\phi(t))\ dt \tag{4.3.32}$$

となる．

第3項の “$\boldsymbol{\omega}\times$” に続く括弧内は

$$\begin{aligned}\boldsymbol{x}'_{\phi+d\phi}(t+dt) - \boldsymbol{x}'_\phi(t) &= \boldsymbol{x}'_{\phi+d\phi}(t+dt) - \boldsymbol{x}'_\phi(t+dt) + \boldsymbol{x}'_\phi(t+dt) - \boldsymbol{x}'_\phi(t) \\ &= \boldsymbol{k} \times \boldsymbol{x}'_\phi(t+dt)\ d\phi + \dot{\boldsymbol{x}}'_\phi(t)\ dt\end{aligned}$$

となる．最後の等号では，時刻 $t+dt$ が固定されていれば $\boldsymbol{x}'_\phi(t+dt)$ が定数ベクトルとなっていることを考慮して式 (4.3.18) を用いた．ここで dt が十分に小さいことを考慮し 2 次の微小量を無視すれば，第 3 項は

$$\boldsymbol{\omega}\times(\boldsymbol{\omega}\times\boldsymbol{x}'_\phi(t)+\dot{\boldsymbol{x}}'_\phi(t))\,dt \tag{4.3.33}$$

となる．

以上から，

$$\begin{aligned}\dot{\boldsymbol{v}} &= \dot{\boldsymbol{v}}'+\boldsymbol{\omega}\times\boldsymbol{v}'+\boldsymbol{\omega}\times(\boldsymbol{v}'+\boldsymbol{\omega}\times\boldsymbol{x}')\\ &= \dot{\boldsymbol{v}}'+2\boldsymbol{\omega}\times\boldsymbol{v}'+\boldsymbol{\omega}\times(\boldsymbol{\omega}\times\boldsymbol{x}')\end{aligned} \tag{4.3.34}$$

が得られる．ここで，回転系の回転角は ϕ であり時刻 t で両辺が統一されていることから，これらの変数の表記を略した．

● 回転系における慣性力 静止系で質点について運動方程式

$$\boldsymbol{f}=m\ddot{\boldsymbol{x}}=m\dot{\boldsymbol{v}}$$

が成り立ち，静止系と回転系で力 $\boldsymbol{f}$ と質量 m が変わらないと仮定すると，式 (4.3.34) を用いて

$$m\ddot{\boldsymbol{x}}'=\boldsymbol{f}-2m\boldsymbol{\omega}\times\boldsymbol{v}'-m\boldsymbol{\omega}\times(\boldsymbol{\omega}\times\boldsymbol{x}') \tag{4.3.35}$$

となる．付加的な 2 つの項が回転系であるがゆえに生じる慣性力である．

この付加項のうちの第 2 項

$$\boldsymbol{f}_{\mathrm{cent}}=-m\boldsymbol{\omega}\times(\boldsymbol{\omega}\times\boldsymbol{x}') \tag{4.3.36}$$

は質点の位置 $\boldsymbol{x}'$ によって変わる力であり，**遠心力** (centrifugal force) と呼ばれる．外積が 2 つあって面倒だが，回転中心が原点であることを思い出すと，これは回転軸からの距離 $|\boldsymbol{k}\times\boldsymbol{x}|$ に比例し，回転角速度の大きさの 2 乗 ω^2 に比例する軸から離れる向きの力であることがわかる．“場所の関数” ということを重視すれば，遠心力に対応するポテンシャルと考えることも可能である．

一方，付加項のうち第 1 項は

$$\boldsymbol{f}_{\mathrm{Cori}}=-2m\boldsymbol{\omega}\times\boldsymbol{v}' \tag{4.3.37}$$

となり，質点の位置にはよらないが，質点の軸周りの運動速度 $\boldsymbol{v}'$ によって変わる

力であり，**コリオリ力** (Coriolis force) と呼ばれる．こちらは場所の関数ではないので対応するポテンシャルを考えることはできない．

遠心力の方が巷では有名だが，以上からわかるように，これは回転に伴う慣性力の一部にすぎない．実際にコリオリ力を忘れて回転系での力学の計算を行った結果では実験で得られる運動を再現できない．これがわかる最も顕著な例として，静止系に対して静止している質点を回転系から見た場合を考えるとよい．この質点は回転系から見ると円運動をしている．これは，回転系では何らかの向心力が働いていることを意味する．その向心力はコリオリ力が遠心力と逆向きに2倍の大きさで働いているためであることが計算によって確かめられる．

あるいは，同じ場所で異なる速度を持つ物体の運動を測定すれば，そこで測定される力がコリオリ力の性質を持っているかどうかで自分の測定系が回転運動しているかを調べることができる．これに対して，遠心力は，場所だけで変化するので，ポテンシャルで表現できる他の力が働いている場合には，遠心力だけを取り出し，その存在を主張するのは難しい．

例えば，遠心力によって地球の自転を示そうとしても，実際には地球重力の変動と分離するのは困難で，局所的な実験で示すのは難しい．そこで，コリオリ力の存在を示すことで地球が自転していることを局所的な実験で示したのがフーコー (Foucault) である．彼は，運動を続ける振り子の振動面が回転することを力学実験で示し，その原因は，地面が回転系であるため，すなわち，地球が自転しているためであるとしてパリ市民に示したのである．**フーコーの振り子**の実験は現在でも地球の自転の証拠として各地の科学館の展示の定番となっている（図 4.3.2）．

なお，$\boldsymbol{\omega}$ は「慣性系から見た回転系の角速度」であることに注意したい．

4.3.4 慣性系と非慣性系

4.3.1 項で，静止系に対して等速直線運動している系では力学の違いが現れないことがわかった．つまり，互いに等速直線運動している系は互いに同等に扱うべきなのである．そこで，静止系に対して等速直線運動している系であることを，系が**慣性系** (inertial frame) であるという．これに対して，静止系に対して加速度運動している系を**非慣性系** (non-inertial frame) という．

ところで，これは静止系が実在していて，それを我々が認識できることを前提としている．静止系では慣性力が働かないから，その有無によって自分が基準としている系が慣性系かどうかが原理的には区別できそうである．

図 4.3.2 フーコーの振り子．フーコーが 1851 年に継続的に行った公開実験にちなんで，実験が行われたパリのパンテオンに設置されている実験装置．振り子が長時間減衰せずに振れ続ける必要があるため，10 m 程度以上の長さの鉄製ワイヤーに 10 kg 以上の重りをつけて作ったものが多い．振動する振り子の振動面が長い時間のうちに次第に回転していく様子が 1 時間程度にわたって見ていると観察できる．
［出典：Wikimedia Commons］

しかしながら，話はそれほど簡単ではない．慣性力と真の力との区別が付けばよいが，それを実験で知る方法があるのだろうか？ 例えば，慣性力の特徴の1つに質点の質量 m に比例した大きさの力を持つということがある．けれども，地上での重力もまた同じ特徴を持つ[1]．ということは，重力のように質量に比例した強さの力が実在するならば，それと慣性力とを区別するのは極めて難しいということである．自然界に実在する全ての力が判明しているならば，それとの違いで慣性力を識別できるかも知れないが，現実にはそうなっていない．

実際，我々が実験室で実験を行う場合，地球の運動を考えれば非慣性系であることはほぼ明らかである．しかしながら，地表での地球の重力をある程度の範囲にわたって極めて精密に測定しなければ，地球の自転および公転運動による慣性力は重力との違いを見出しにくく，慣性力の存在を実験で示すのは困難である．逆に，ほとんどの場合，地上の実験室は慣性系であるとして扱っても問題は生じない（演習4.4を参照）．

4.4 ケプラーの法則と重力

現代物理学での力学の始まりは，16世紀に発見された天体の動きに関する法則やニュートンが発見した重力[2]の法則と密接に関係している．そこで，本節では，これらについて触れておくことにしよう．

4.4.1 ケプラーの法則

力学はティコ (Tycho) およびケプラー (Kepler) が行った天文学の観測結果とニュートン (Newton) の実験結果から導き出された理論を原点としている．そこで，この節では力学の祖となるケプラーの発見と，そこからもたらされたニュートンの重力の法則について述べることにしたい．

[1] 地球の大きさが問題となるような広い範囲で比べれば，重力は場所によって向きと強さが変わるので，空間的な一様性を厳密に調べることで区別することは可能である．

[2] 高校物理では，この力を“**万有引力**”と呼び“重力”と区別すると教えることが多いが，物理学ではその理解は誤りである．物理学で「万有引力」という単語を用いることはまれで，「重力」が用いられる場合が非常に多い．英語でも通常は gravity のみを用いる．一方で，地球表面での数十 m 規模の広がり（実験室スケール）では「地球が生じる万有引力と地球の自転による遠心力の合力」を“重力”と呼ぶ場合も多い．これは，地球の自転による遠心力は存在せずに地球との万有引力の強さが緯度によって異なっていると考えた場合と区別がつかないからで，強いて，重力が万有引力と異なると意識して2つの単語を使い分けているわけではない．詳しくは，4.3節を参照．

ドイツに生まれたケプラーは太陽系の構造と惑星運動の法則に興味を持ち，当時，新説として提唱されていたコペルニクス (Kopernik) の**太陽中心説**（heliocentric theory．いわゆる**地動説**）への支持を表明していた天文学者である．彼は 1599 年に観測天文学者のティコに招かれプラハで仕事を始め，ティコの遺志を継いで，その詳細な観測記録の整理を始めた．その結果，惑星運動に関する統一的な法則を発見し，以下の 3 つの内容にまとめて発表した．

- **第 1 法則**　惑星は太陽を 1 つの焦点とし，惑星によりそれぞれ決まった形と大きさの楕円軌道上を公転する．
- **第 2 法則**　太陽と惑星を結ぶ線分は，等しい時間には惑星ごとにそれぞれ等しい面積をおおいながら公転する．
- **第 3 法則**　惑星の太陽からの平均距離の 3 乗と公転周期の 2 乗との比は，惑星によらず一定である．

これらをまとめて**ケプラーの法則** (Kepler's laws) という．ここで「**軌道** (orbit)」とは惑星が太陽の周りを回る際に描く軌跡のことである．また，「平均距離」とは「太陽からの最大距離と最小距離の算術平均」のことで，天文学では「軌道長半径」と呼ぶ．

ケプラーの法則を “惑星運動に関する法則” と呼ぶ場合があるが，これは「同一天体の周りを巡る，それよりも桁違いに質量が小さな天体が，最初に挙げた天体からの重力の影響だけを受けて運動する場合」には全て成り立ち，対象が惑星と定義されているかどうかには関係しない．すなわち，太陽系の場合に限っても，冥王星はもちろん，ほぼ全ての小惑星や（他の力が働いていない）太陽に接近していないときの彗星に対しても成り立つ法則である．

なお，第 1 法則では明示されていないが，厳密に言えば「1 つの惑星の軌道は太陽を含む単一平面上にある」ことも重要な性質である．この特徴は天動説でも暗黙の了解とされていたので，特に法則として挙げなかったのであろう．天動説では惑星の軌道は真円の組で表現できるものであり，その運動は等速円運動の組み合わせで表現できることを前提としていたので，第 1 法則も第 2 法則もこれらを積極的に否定する法則となっているのである．

地動説と天動説の対立は歴史上有名であるが，実際はカトリックとプロテスタントの間で起きた宗教戦争の影響が大きいとされる．ローマカトリック教会の公式見解であったプトレマイオスの天動説が否定されることで，プロテスタント側が勢いを増すことがないようにローマカトリック教会が科学界に強く介入したことが背景にあったと考えられている．これを踏まえると地動説を表明して迫害されたガリレオがイタリア在住，ケプラーが活躍したのがプロテスタントを容認していた神聖ローマ帝国であったことも偶然とは言えないだろう．

物理の目 地球からの観測で惑星軌道を求める

ティコの観測は望遠鏡発明以前になされており，各時点で地球から見た各惑星の方向に関するデータしかない．ケプラーはここからどのようにして惑星軌道を描くことができたのだろうか．

地球上から見た惑星の方向が太陽と正反対になる時点を衝，同一になる時点を合という．永年にわたって観測を継続すれば衝から衝，合から合までの時間間隔を測定することができる．一方，地球から見た季節ごとの星座の動きから地球の公転周期が1年であることがわかる．これらのデータを組み合わせれば，ちょうど時計の長針と短針が重なる時間間隔と両者が1周する時間との関係と同じ関係式を用いて，各惑星の公転周期を推定することができる．

次に，各惑星に対して公転周期ごとに，その惑星が見える方向を星座を基準に調べてみる．幸いにして，全ての惑星の公転周期は年では割り切れないので，惑星の公転周期ごとに地球がいる位置はずれてくる．そこで，対応する位置に地球を置いて，そこから見える方向に直線を引くとその交点が惑星の位置となる．これを惑星が軌道上の異なる位置にいる時点について繰り返せば，惑星の位置を順次決めることができ，全体として惑星の軌道を描くことができる．この場合，地球の公転軌道を仮定する必要がある．ケプラー以前には全ての惑星が円軌道を描くと考えられていたので，彼も地球の公転軌道は円であると仮定したと考えられる．幸いにして，この仮定はほぼ正しい．その結果，比較的円運動から外れている火星の軌道が楕円軌道であることを見出し，それを前提にして他の惑星の軌道を求めることで，3つの法則を見出したのであろう．

ただし，この方法は，コペルニクスの地動説を前提としており，惑星は同一曲線上を，一定の周期で繰り返し回転していることを仮定している．

ケプラーの第1法則を説明するために，まず楕円の形状と焦点について説明する．**楕円** (ellipse) とは円を一定方向に一定倍率で縮小した図形である．元の円の中心位置を，この楕円の**中心** (center) と呼び，縮小した方向を楕円の**短軸** (minor axis)，それと直交する方向を**長軸** (major axis) と呼ぶ．楕円がその長軸となす交点の一方と中心との距離を**長半径** (semimajor axis) と呼び，短軸との交点の一方と中心との距離を**短半径** (semiminor axis) という．楕円の長半径を a，短半径を b とすると，長軸上で中心から $\sqrt{a^2 - b^2}$ だけ離れた2点を**焦点** (focus) と呼ぶ．こ

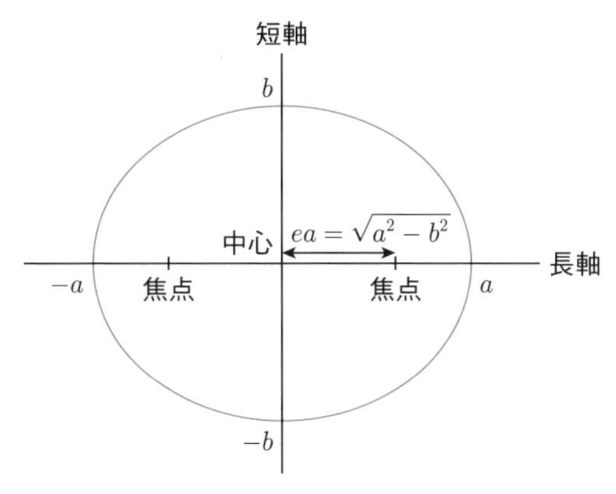

図 **4.4.1**　楕円の形状と各部の名称．この楕円は長半径が a，短半径が b であり，中心と一方の焦点との距離と長半径の比が離心率 e である．

のとき，$e = \frac{\sqrt{a^2-b^2}}{a}$ を**離心率** (eccentricity) という．$\left(\frac{b}{a}\right)^2 = 1 - e^2$ なので，軸比 $\frac{b}{a}$ と同じく，離心率 e も楕円の形状を決めるパラメータ値である．これらを図にまとめたものを図 **4.4.1** に示す．

実は，楕円上の点は 2 つの焦点からの距離の和が一定である．以下で，これを示そう．楕円の中心を座標原点とし，長軸の方向を x 軸とすると，楕円は半径 1 の円を x 軸方向に a 倍，y 軸方向に b 倍に拡大したものになるので，楕円上の点 (x, y) は，

$$\left(\frac{x}{a}\right)^2 + \left(\frac{y}{b}\right)^2 = 1 \tag{4.4.1}$$

を満たす．これを離心率 e で表せば，$b^2 = a^2(1 - e^2)$ なので，次のようになる．

$$x^2 + \frac{y^2}{1 - e^2} = a^2 \tag{4.4.2}$$

一方，この点と各焦点 $(\mp\sqrt{a^2 - b^2}, 0) = (\mp ea, 0)$ との距離 $d_\mp$ は，

$$d_\mp = \sqrt{(x \pm ea)^2 + y^2} \tag{4.4.3}$$

なので，式 (4.4.2) を用いると，

$$\begin{aligned}
d_\mp^2 &= (x \pm ea)^2 + (1 - e^2)(a^2 - x^2) \\
&= x^2 + (ea)^2 \pm 2eax + \left\{a^2 - x^2 - (ea)^2 + (ex)^2\right\} \\
&= \pm 2eax + a^2 + (ex)^2 = (a \pm ex)^2
\end{aligned}$$

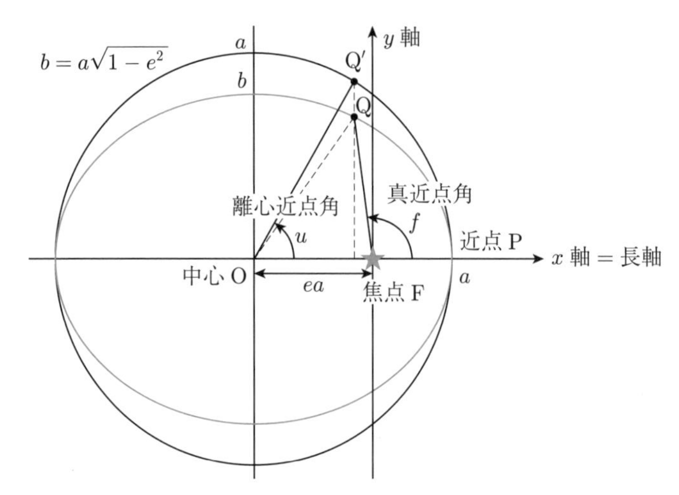

図 4.4.2 ケプラーの第2法則を式で表すための種々の量．楕円の中心をO，2つの焦点のうち重い天体が位置する方をFとする．楕円とその長軸の交点でFに近い方Pが楕円上でFに最も近づく点で，これを近点という．Fに位置する天体を巡る，質量が十分に小さな天体の位置をQとし，中心が一致する楕円の外接円が長軸と直交しQを通る直線と交わる点をQ′とする．∠PFQを真近点角 f といい，∠POQ′を離心近点角 u という．なお，本文中に示したように $b = a\sqrt{1-e^2}$ である．

となり，$|x| \le a,\ 0 \le e < 1$ なので，

$$d_+ + d_- = 2a \tag{4.4.4}$$

が得られる．つまり，楕円上の点 (x, y) は x によらず，2つの焦点からの距離の和は一定値 $2a$ となる．

第1法則は，惑星の軌道が楕円であり，その焦点のうちの一方に太陽が位置することを意味する．

ケプラーの第2法則を数式で示すのは少し厄介である．この法則は，図 4.4.2 で，3点F,P,Qを頂点とする，楕円と直線で囲まれた扇形に似た図形（ここでは擬扇形FPQと呼ぶ）の面積の時間変化が一定であるという法則である．楕円は，その外接円を $\frac{b}{a}$ だけ短軸方向に縮めた図形なので，擬扇形FPQの面積は扇形の一部である3点F,P,Q′で囲まれた図形の面積の $\frac{b}{a}$ 倍である．後者は扇形OPQ′から△OFQ′を削除した図形なので，その面積 A' は

$$A' = \frac{1}{2}a^2 u - \frac{1}{2}ea^2 \sin u \tag{4.4.5}$$

である．擬扇形 FPQ の面積を A とすると，$A = \frac{b}{a}A'$ だったので，

$$\frac{2}{ab}A = \frac{2}{a^2}A' = u - e\sin u \tag{4.4.6}$$

が得られる．したがって，$u = 0$ のときの時刻を $t = 0$ とすると，時間に対する A の増え方が一定ということだったので，n を定数として，

$$u - e\sin u = nt \tag{4.4.7}$$

がケプラーの第 2 法則を表す数式である．これを**ケプラー方程式** (Kepler's equation) と呼ぶ．これは見かけよりずっと厄介な方程式で，これを解いて u を t の簡単な関数として書き下すことができない．その代わりに，$e \ll 1$ などの条件をつけて級数展開するなどの方法や，コンピュータを用いて"力ずくで"具体的な数値ごとに毎回計算するなどの方法で，実際には近似的な答を得ることがなされている．

これに比べると，ケプラーの第 3 法則は単純な数式で表すことができる．ある惑星の軌道長半径を a，公転周期を T と置くと，全ての惑星について

$$\frac{a^3}{T^2} = \text{一定} \tag{4.4.8}$$

と書くことができるという法則である．

4.4.2 ニュートンの重力の法則

ケプラーの法則が 3 つとも発見されてから 70 年ほど後，ニュートン (Newton) は，これと自ら発見した運動の法則とを組み合わせることで，天体間に働く力として重力の性質を示した．実は，重力は天体間だけでなく，全ての物体の間で働くこともわかっており，地球上で物体の重さを生じる力と同一である．

ニュートンが得た重力の性質をベクトル式で書くと，物体 2 に物体 1 が及ぼす重力は

$$\boldsymbol{f} = -G\frac{m_1 m_2}{\boldsymbol{x}^2}\frac{\boldsymbol{x}}{|\boldsymbol{x}|} = -G\frac{m_1 m_2}{\boldsymbol{x}^2}\boldsymbol{e}_r \tag{4.4.9}$$

で表される．ここで，m_1 と m_2 は物体 1 と 2 の質量，$\boldsymbol{x}$ は物体 1 から物体 2 に達するベクトル，G は物体によらず決まっている正の定数で，**万有引力定数**や**ニュートンの重力定数** (gravitational constant) と呼ばれ，実験によって $G = 6.67 \times$

10^{-11} N m^2 kg^{-2} であることが知られている．

$\boldsymbol{e}_r$ は物体1からみた物体2の向きの単位ベクトルであり，力の向きがこれと平行であることから重力は中心力であることがわかる．もちろん，$\boldsymbol{e}_r$ は物体1の位置を原点とした極座標では r 成分の基本ベクトルである．すなわち，この座標系では式 (4.4.9) の r 成分は，

$$f_r = -G\frac{m_1 m_2}{r^2} \tag{4.4.10}$$

となる．この表式は既にどこかで目にしたこともあるだろう（引力であることを別に表現して符号「−」を略して示すことも多い）．

この法則を**ニュートンの重力の法則** (Newton's law of gravity)，あるいは**万有引力の法則**と呼ぶ．

4.4.3 ケプラーの法則の導出

● **惑星の運動方程式**　ニュートンの重力の法則は，歴史的にはケプラーの法則から導かれたものだが，物理学の法則のほとんどがそうであるように，より基本的な法則を必然的な条件だけで導くのは非常に難しい．そこで，逆に，重力の法則と運動方程式からケプラーの法則を導いてみよう．

太陽と惑星をそれぞれ質量 M と m の質点でモデル化し，太陽に対する惑星の位置ベクトルを $\boldsymbol{r}$ としよう．太陽系では太陽が他の天体より圧倒的に重いので，$M \gg m$ である．この場合，太陽はほとんど動かないと予想できるので，静止していると近似しよう．この近似が妥当なことは，後述する5.1節で確認できる．

太陽からの重力は常に太陽の方向なので中心力である．したがって，4.2節での議論に従って，惑星の角運動量は保存する．つまり，惑星の位置 $\boldsymbol{r}$ は常に同一平面上にある．また，角運動量は式 (4.2.5)，あるいは，$\boldsymbol{L} = m\boldsymbol{x} \times \dot{\boldsymbol{x}}$ で定義されるので，$\boldsymbol{x} \perp \boldsymbol{L}$ であることもわかる．つまり，太陽は惑星が運動する平面上にある．

先にも述べたように，この方程式は太陽を原点とした極座標表示をした方が簡単になる．また，惑星の運動が単一平面に限られることから，それに垂直な面を z 軸とした座標系ならより簡単な表式になろう．この場合，惑星の運動は円柱座標では $z = 0$，極座標では $\theta = 0$ に限定される．したがって，どちらの座標系でも事実上同じになるので，以下では極座標の変数で表記することにする．

太陽を物体1，惑星を物体2とし，$m_1 = M$, $m_2 = m$ と書くと，惑星の運動方程式は式 (4.4.9) より，

$$m\ddot{\boldsymbol{r}} = -G\frac{Mm}{r^2}\boldsymbol{e}_r \tag{4.4.11}$$

となる．この式の両辺を m で割ると，惑星の運動はその質量 m によらないことが直ちにわかる．つまり，どの惑星に対しても同じ運動方程式となる．

極座標での運動方程式は式 (4.1.21) なので，以下となる．

$$\begin{aligned} -G\frac{Mm}{r^2} &= m(\ddot{r} - r\dot{\phi}^2\cos^2\theta - r\dot{\theta}^2) \\ 0 &= m\{(2\dot{r}\dot{\phi} + r\ddot{\phi})\cos\theta - 2r\dot{\phi}\dot{\theta}\sin\theta\} \\ 0 &= m(r\dot{\phi}^2\sin\theta\cos\theta + 2\dot{r}\dot{\theta} + r\ddot{\theta}) \end{aligned} \tag{4.4.12}$$

先に述べたように，常に $\theta = 0$ であり，その場合，第 3 式は常に成立する．また，他の 2 式は以下のようになる．

$$\begin{aligned} -G\frac{Mm}{r^2} &= m(\ddot{r} - r\dot{\phi}^2) \\ 0 &= m(2\dot{r}\dot{\phi} + r\ddot{\phi})\cos\theta \end{aligned} \tag{4.4.13}$$

ちなみに，前述のように，これは常に $z = 0$ としたときの円柱座標の R 成分および φ 成分とも一致している．

● ϕ 成分の方程式を解く　第 2 式すなわち ϕ 成分は，円柱座標での運動方程式 (4.1.18) の最右辺の表記で書けば

$$\frac{1}{r}\frac{d}{dt}(r^2\dot{\phi}) = 0 \tag{4.4.14}$$

と同値であり，$r^2\dot{\phi}$ が一定であることを意味する．これはケプラーの第 2 法則そのものであり，m を乗じて考えれば角運動量保存則である．これを用いて，

$$r^2\dot{\phi} = \frac{L}{m} = h \tag{4.4.15}$$

と置こう．この h は惑星の質量当たりの角運動量で定数である．この式を

$$\dot{\phi} = \frac{h}{r^2} \tag{4.4.16}$$

と表せば，$\dot{\phi}$ が r の関数であることがわかる．

● r 成分の方程式を解く　第 1 式すなわち r 成分の微分方程式の解の導出は少し厄介だ．このような式が容易に解ける形になるような変数変換が必然的に見つか

ることはまれで，数学的なひらめきが必要である．私にはその才能が乏しいが，読者も同様ならば，先人の発見の努力に感謝しつつ，その成果を受け入れよう．困ったことに，それでも，この運動方程式を解いて r や ϕ を時刻 t の関数として記述することができないことがわかっている．しかし，ここで我々が知りたいのは軌道の形状だけなので，r と ϕ の関係が得られれば十分である．というわけで，$\dot{r}$ と $\ddot{r}$ を $\frac{dr}{d\phi}$ と $\frac{d^2}{d\phi^2}$ で表すことにする．

まず，

$$\dot{r} = \frac{dr}{dt} = \frac{dr}{d\phi}\frac{d\phi}{dt} = \frac{dr}{d\phi}\dot{\phi} \tag{4.4.17}$$

なので，ここに式 (4.4.16) を代入すると，

$$\dot{r} = \frac{dr}{d\phi}\frac{h}{r^2} \tag{4.4.18}$$

が得られる．ここで，r から $u = \frac{1}{r}$ への変数変換を行う．

$$\frac{dr}{d\phi} = \frac{d}{d\phi}\frac{1}{u} = -\frac{1}{u^2}\frac{du}{d\phi} = -r^2\frac{du}{d\phi} \tag{4.4.19}$$

となるので，これを代入すれば，以下の式となる．

$$\dot{r} = -h\frac{du}{d\phi} \tag{4.4.20}$$

これをもう一回，時間微分すると

$$\ddot{r} = -h\frac{d}{dt}\frac{du}{d\phi} = -h\dot{\phi}\frac{d^2u}{d\phi^2} = -\frac{h^2}{r^2}\frac{d^2u}{d\phi^2} \tag{4.4.21}$$

が得られる．これらを運動方程式 (4.4.13) に代入すると，

$$-m\frac{h^2}{r^2}\frac{d^2u}{d\phi^2} - mr\left(\frac{h}{r^2}\right)^2 = -\frac{GMm}{r^2} \tag{4.4.22}$$

すなわち，

$$\frac{d^2u}{d\phi^2} = -u + \frac{GM}{h^2} \tag{4.4.23}$$

が得られるが，この微分方程式の一般解はよく知られているように

$$u = A\cos(\phi - \phi_0) + \frac{GM}{h^2} \tag{4.4.24}$$

で与えられる．ここで，A と ϕ_0 は初期条件で決まる定数である．

$e = \frac{Ah^2}{GM}$ および $l = \frac{h^2}{GM}$ と置き，$r = \frac{1}{u}$ を用いると，惑星の軌道形状を示す曲線

は

$$r = \frac{l}{1 + e\cos(\phi - \phi_0)}, \quad \text{あるいは} \quad r + re\cos(\phi - \phi_0) = l \tag{4.4.25}$$

で与えられる．また，式 (4.4.16) より，ϕ は r が有限の範囲において単調に増加または減少する．したがって，惑星は式 (4.4.25) で示される軌道上を，r が有限となる ϕ の範囲で一方向に移動することもわかる．

● 惑星軌道の形状　実は，式 (4.4.25) で示される曲線は離心率 e の値によって，原点を焦点とする楕円または放物線または双曲線になる．これを確かめてみよう．

極座標系で $\phi = \phi_0$ の向きに x 軸，それと垂直に y 軸をとると，

$$r\cos(\phi - \phi_0) = x, \quad r^2 = x^2 + y^2 \tag{4.4.26}$$

である．これを式 (4.4.25) に代入することで，

$$x^2 + y^2 = (l - ex)^2 \tag{4.4.27}$$

すなわち，

$$(1 - e^2)x^2 + 2elx + y^2 = l^2 \tag{4.4.28}$$

が得られる．

(1)　$e < 1$ の場合　$1 - e^2 > 0$ なので，式 (4.4.28) の左辺の x の項の完全平方式を作ることができて，

$$(1 - e^2)\left(x + \frac{el}{1 - e^2}\right)^2 + y^2 = \frac{l^2}{1 - e^2} \tag{4.4.29}$$

となる．これは軸比 $\sqrt{1 - e^2}$，中心 $(x, y) = (-\frac{e}{1-e^2}l, 0)$，$x$ 軸沿いが長軸である長半径 $\frac{l}{\sqrt{1-e^2}}$ の楕円である．この場合，座標原点は中心から長半径の e 倍だけ離れているので，この楕円の焦点であることもわかる．つまり，ケプラーの第 1 法則が導けたことになる．

(2)　$e = 1$ の場合　式 (4.4.28) は

$$2lx + y^2 = l^2 \tag{4.4.30}$$

となる．これは x 軸を軸とし，頂点が $(x, y) = (\frac{l}{2}, 0)$ に位置する**放物線** (parabola) である．この場合，原点の位置を放物線の**焦点** (focus) と呼ぶ．

ちなみに，$e = 1$ の場合，式 (4.4.25) から

$$r + x = l \tag{4.4.31}$$

が得られる．これは，放物線とは，「y 軸からの距離と焦点からの距離の和が一定 (l) である曲線」であることを意味する．

(3) $e > 1$ の場合　$e^2 - 1 > 0$ なので，式 (4.4.28) は

$$(e^2 - 1)x^2 - 2elx - y^2 = -l^2 \tag{4.4.32}$$

となるから，左辺の x の項の完全平方式を作ることができて，

$$(e^2 - 1)\left(x - \frac{el}{e^2 - 1}\right)^2 - y^2 = \frac{l^2}{e^2 - 1} \tag{4.4.33}$$

となる．

これは，$x' = x - x_0, x_0 = \frac{el}{e^2-1}$ と置き，$a = \frac{l}{e^2-1}$ と置くと，

$$x'^2 - \frac{y^2}{e^2 - 1} = a^2 \tag{4.4.34}$$

と書くことができ，y の係数が負である以外は楕円を表す式 (4.4.2) と同じ形の式となる（今回は，$e > 1$ であることに注意）．この曲線を**双曲線** (hyperbola) と呼ぶ．

式 (4.4.34) の符号対称性から双曲線は $x' = 0$ および $y = 0$ の軸に関して対称であることがすぐにわかる．また，式 (4.4.34) を $y = 0$ で解くと双曲線の頂点位置は

$$x' = \pm a \tag{4.4.35}$$

であり，さらに，$y^2 \geq 0$ であることを考えると，x' の実数解が得られる範囲，すなわち，双曲線が描かれる範囲は $x' \leq -a$ または $x' \geq a$ であるとわかる．

楕円の場合と同様に，双曲線の**中心** (center) $(x', y) = (0, 0)$ に対して，2つの点 $(x', y) = (\pm ea, 0) = (\pm x_0, 0)$ を双曲線の**焦点** (focus) と呼ぶ．つまり，惑星運動の場合，双曲線軌道でも太陽は焦点に位置する．

楕円の場合，曲線上の点は2つの焦点からの距離の和が一定となった．双曲線の場合は，2つの焦点からの距離の差が一定となる．以下でそれを示そう．焦点位置は $(x', y) = (\pm ea, 0)$ なので，それと双曲線上の点 (x', y) との距離は

$$d_\pm = \sqrt{(x' \mp ea)^2 + y^2} \tag{4.4.36}$$

である．双曲線上の点なら式 (4.4.34) を満たすので，これを代入すると，

$$\begin{aligned} d_\pm^2 &= x'^2 \mp 2eax' + e^2a^2 + (e^2-1)(x'^2 - a^2) \\ &= e^2x'^2 \mp 2eax' + a^2 = (ex' \mp a)^2 \end{aligned} \tag{4.4.37}$$

であるが，$e > 1$ なので，先に示した $|x'| \geq a$ の存在範囲に応じて，

$$\begin{aligned} d_\pm &= -ex' \pm a \quad (x' \leq -a \text{ の場合}) \\ d_\pm &= ex' \pm a \qquad (x' \geq a \text{ の場合}) \end{aligned} \tag{4.4.38}$$

となる．いずれの場合でも $d_\pm$ の差は $2a$ であり，双曲線上の位置（x 座標）によらず一定である．

4.4.4　大きさを持つ物体が生じる重力

太陽系の天体は，ほとんどの場合，その距離に比べて大きさが小さいので，質点で近似しても誤差は小さい．しかしながら，1 つの天体の近くでの小天体の運動を考える場合には，その限りではない．例えば，地球の周囲を巡る人工衛星は高度が数百 km で周回しているので，半径 6400 km の地球の大きさを考える必要がある．とはいえ，天体が完全に球対称ならば，その扱いは非常に簡単になる．そこで，質量分布が球対称の天体が及ぼす重力について考えてみよう．

● 質点による重力　3.3 節で論じたように保存力の場合，対応するポテンシャルを求めておく方が計算が楽になる場合が多い．重力も保存力であり，対応するポテンシャルを定義することができる．

質量 m_1 の質点が質量 m_2 の質点に及ぼす重力は，式 (4.4.9) で与えられるが，前項で述べたように質量 m_2 の質点の運動方程式は，m_2 が運動方程式の両辺に現れるので，両辺をこれで割ると m_2 にはよらない形となる．このため，重力ポテンシャルは m_2 で割った形で表現することがよく行われる．ここでも，それにならうことにし，m_1 を M と書くことにしよう．一方，重力はそれが働く質点の質量 m_2 を m で書くことにする．

質量 M の質点の位置を座標原点とすると，位置 (x, y, z) あるいは質点からの距離が r での重力ポテンシャルは

$$V = -G\frac{M}{\sqrt{x^2+y^2+z^2}} = -G\frac{M}{r} \tag{4.4.39}$$

で与えられる．なお，3.3節で述べたようにポテンシャルには定数の不定性があるが，ここでは $r \to \infty$ で $V=0$ とした．これは多くの人が用いる決め方でもある．式 (4.4.39) で明らかなように，極座標 (r, ϕ, θ) を使うとポテンシャルは方向によらず距離 r だけの関数である．つまり，質点1個による重力ポテンシャルは球対称である．

このポテンシャルが質量 m の質点に及ぼす重力を求めるためには $-m\boldsymbol{\nabla}V$ を求めればよく，以下となる．

$$\boldsymbol{f} = -G\frac{Mm}{\sqrt{x^2+y^2+z^2}}\frac{\boldsymbol{x}}{|\boldsymbol{x}|} = -G\frac{Mm}{\boldsymbol{x}^2}\frac{\boldsymbol{x}}{|\boldsymbol{x}|} \tag{4.4.40}$$

これはニュートンが発見した重力の式 (4.4.9) と一致する．

● **十分に細い円環の軸上の重力** 2つの同心円に挟まれた領域を**円環** (annulus) という．密度 ρ で十分に細い半径 r' の円環上に質量が一様に分布している場合を考え，これが円環の軸上に与える重力ポテンシャルを求めてみよう．円環の中心を座標原点，円環の軸を z 軸として，半径方向の幅 $\Delta r'$ で中心軸からの見込み角 $d\phi$，z 軸に沿った厚さ dz' の微小体積 $\Delta r'\, r'\, d\phi\, dz'$ に含まれる質量が位置 $(0,0,z)$ に与えるポテンシャルを考える（図 **4.4.3**）．これを以下のように $d\phi$ で積分することで円環全体が生じるポテンシャルが求められる．

$$V = -\int_0^{2\pi} G\frac{\rho\,\Delta r'\, r'\, dz'}{\sqrt{r'^2+z^2}}\, d\phi = -2\pi G\rho\frac{r'}{\sqrt{r'^2+z^2}}\,\Delta r'\, dz' \tag{4.4.41}$$

円環全体の質量は $2\pi r'\rho\,\Delta r'\, dz$ と書けるので，これを M として表現すると

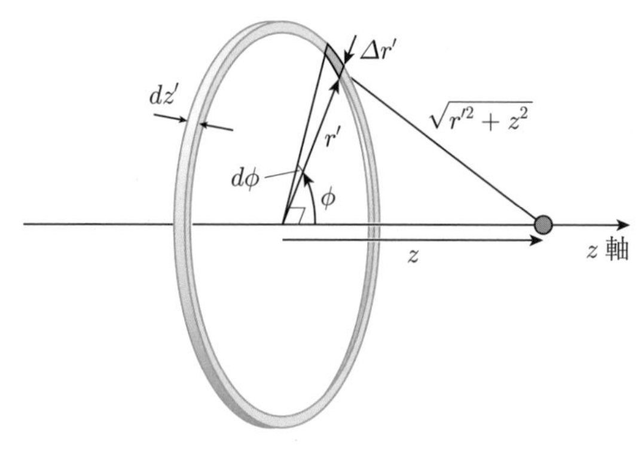

図 **4.4.3** 細い円環の断片が及ぼす重力

$$V = -G\frac{M}{\sqrt{r'^2 + z^2}} \tag{4.4.42}$$

となる．半径に比べて十分に遠い位置，すなわち，$z \gg r'$ で1次近似すると，質点によるポテンシャルを表す式 (4.4.39) と一致することが確かめられる．これは，直観的な予想とも一致する．

● **十分に薄い球殻による重力**　同じ点を中心とする半径が異なる球に挟まれた空間を**球殻** (spherical shell) という．ウミガメの卵の殻を想像するとわかりやすいだろう．ここまでの結果を用いて，密度が一様で十分に薄い球殻が作るポテンシャルを求めてみよう．

球殻の中心を座標原点とし，ポテンシャルを求める点の向きに z 軸をとり，位置を $(0, 0, z)$ とする（図 4.4.4）．球殻は球対称なので，これだけを求めておけば他の方向でも物理的には同じ結果を与えるはずである．また，z 軸の決め方から $z \geq 0$ としても問題はない．

球殻の半径を r，球殻の厚さを Δr とし，密度を ρ とする．球殻を位置 z' で z 軸に垂直な平面で厚さ dz' で十分に薄く輪切りにすると，その形状は半径 $r' = \sqrt{r^2 - z'^2}$，厚さ $\Delta r'$，幅 dz' の円環で近似できる．$z' < 0$ でも同じ式となることに注意しよう．このとき，位置 $(0, 0, z)$ は円環の中心から $z - z'$ 離れたところに位置する．$z = 0$ 以外では球殻の半径方向 r に対して輪切りにした円環の半径方向 r' が斜めになっていることを考慮する，あるいは，$r' = \sqrt{r^2 - z'^2}$ から

$$\frac{dr'}{dr} = \frac{r}{\sqrt{r^2 - z'^2}} = \frac{r}{r'} \tag{4.4.43}$$

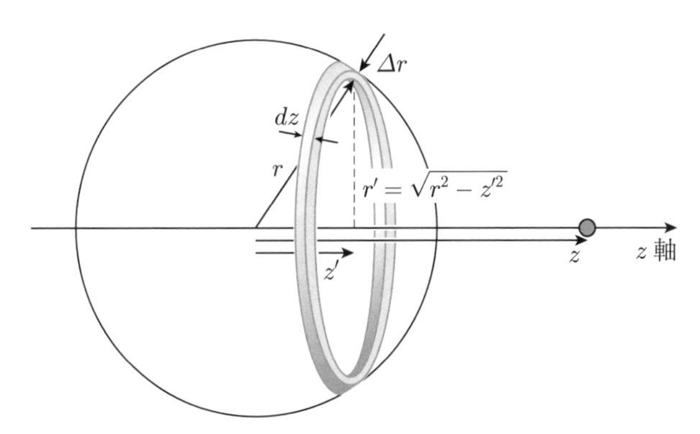

図 4.4.4　球殻を薄切りにした細い円環が及ぼす重力

となることを用いれば,

$$\Delta r' = \frac{r}{\sqrt{r^2 - z'^2}}\Delta r = \frac{r}{r'}\Delta r \tag{4.4.44}$$

となる.

これらを式 (4.4.41) に代入すると,

$$\begin{aligned} V &= -2\pi G\rho \frac{r\,\Delta r}{\sqrt{r^2 - z'^2 + (z - z')^2}}\,dz' \\ &= -2\pi G\rho \frac{r\,\Delta r}{\sqrt{r^2 + z^2 - 2zz'}}\,dz' \end{aligned} \tag{4.4.45}$$

となる. これを z' で積分しよう. ここで, r も Δr も z' の変化に対して定数であることに注意すると, 球殻が与えるポテンシャルが以下のように得られる.

$$\begin{aligned} V &= -2\pi G\rho r\,\Delta r \int_{z'=-r}^{z'=+r} \left(r^2 + z^2 - 2zz'\right)^{-\frac{1}{2}}\,dz' \\ &= 2\pi G\rho \frac{r}{z}\,\Delta r \left[\left(r^2 + z^2 - 2zz'\right)^{\frac{1}{2}}\right]_{z'=-r}^{z'=+r} \\ &= 2\pi G\rho \frac{r}{z}\,\Delta r \left(\sqrt{r^2 + z^2 - 2rz} - \sqrt{r^2 + z^2 + 2rz}\right) \\ &= 2\pi G\rho \frac{r}{z}\,\Delta r\,(|r - z| - |r + z|) \\ &= \begin{cases} -4\pi G\rho \dfrac{r^2}{z}\,\Delta r & (z \geq r) \\ -4\pi G\rho r\,\Delta r & (0 \leq z < r) \end{cases} \end{aligned} \tag{4.4.46}$$

$z = r$ で式が切り替わるが, どちらの式でも $z = r$ でのポテンシャル V の値は同じであることに注目しよう.

力はどのような式で表されるのだろうか. ポテンシャルから力を得るには, ポテンシャルの勾配 grad を求めればよい. すなわち,

$$\begin{aligned} \boldsymbol{f} &= -m\boldsymbol{\nabla} V \\ &= -m\left(\frac{\partial V}{\partial x}\boldsymbol{i} + \frac{\partial V}{\partial y}\boldsymbol{j} + \frac{\partial V}{\partial z}\boldsymbol{k}\right) \\ &= \begin{cases} -4\pi G m\rho \Delta r \dfrac{r^2}{z^2}\boldsymbol{k} & (z \geq r) \\ 0 & (0 \leq z < r) \end{cases} \end{aligned} \tag{4.4.47}$$

となる.

球殻の全質量は

$$M = 4\pi r^2 \rho \Delta r$$

なので，これで表現すると，

$$V = \begin{cases} -G\dfrac{M}{z} & (z \geq r) \\ -G\dfrac{M}{r} & (0 \leq z < r) \end{cases} \tag{4.4.48}$$

となり，重力は

$$\boldsymbol{f} = \begin{cases} -G\dfrac{Mm}{z^2}\boldsymbol{k} & (z \geq r) \\ 0 & (0 \leq z < r) \end{cases} \tag{4.4.49}$$

となる．つまり，球殻の内側（$0 \leq z < r$）では z によらずポテンシャルが一定で，球殻からの重力は事実上，働かない．また，球殻外（$z \geq r$）では，球殻の中心に全質量と等しい質量の質点がある場合と同じになる．

なお，ポテンシャルは $z = r$ で一致しているが，対応する重力は $z = r$ で不連続になる．これは，無限に薄い球殻が質量を持つモデルとなっているため，

$$\rho(r) = \infty$$

でなければ成り立たないことが原因である．このようにモデルや近似は適用限界があり，それを超えた場合を考えると，このようにちょっと不思議な答を与えることがある．モデル化や近似は物理学の強力な考え方ではあるが限界もあることを示す例である．モデル化の限界については，今後も注意を払う必要がある．

● **球対称な物体が及ぼす重力**　無限に薄い球殻が及ぼす重力の性質は重大な意味を持つ．厚さが有限の球殻でも密度分布が**球対称** (spherical symmetric) なら，球殻の外では全質量の質点が中心に位置する場合の重力と同じになり，球殻の内では重力が働かないことを意味するからである．これは，厚さ有限の球殻を無限に薄い球殻の集合と考えれば，直観的にわかることではあるが，確認のために式 (4.4.46) を有限の厚さで積分してみよう．この場合は，$\rho(r) = \infty$ でなくてもモデルが成立するので，より現実的といえる．

球殻の内側の半径を r_1，外側の半径を r_2 とすると，この球殻によるポテンシャルは球殻より内側，球殻の中，球殻の外側に対応する z の範囲によって 3 通りとなり，それぞれ以下のようになる．

$$V = -4\pi G \int_{r=r_1}^{r=r_2} \rho(r)\frac{r^2}{z}\,dr = -G\frac{M}{z} \qquad (z \geq r_2 \text{ の場合})$$

$$\begin{aligned} V &= -\frac{4\pi G}{z}\int_{r=r_1}^{r=z} \rho(r) r^2\,dr - 4\pi G \int_{r=z}^{r=r_2} \rho(r) r\,dr \\ &= -G\frac{M(z)}{z} - G\left(\lambda(r_2) - \lambda(z)\right) \qquad (r_1 \leq z \leq r_2 \text{ の場合}) \end{aligned} \tag{4.4.50}$$

$$V = -4\pi G \int_{r=r_1}^{r=r_2} \rho(r) r\,dr = -G\,\lambda(r_2) \qquad (0 \leq z \leq r_1 \text{ の場合})$$

ここで，$M(z) = 4\pi\int_{r_1}^{z}\rho(r)r^2\,dr$ は半径 z より内側の球殻の質量で $M(r_1) = 0$，$M = M(r_2)$ は球殻全体の質量，$\lambda(z) = 4\pi\int_{r_1}^{z}\rho(r)r\,dr$ で $\lambda(r_1) = 0$ である．これらの値は2つの境界 $z = r_1$ および $z = r_2$ で隣接する2つの表式のどちらでも同じ値となり，表式は異なってもポテンシャルは全空間で連続である．

対応する重力を求めてみよう．ポテンシャル V は x 座標や y 座標によらないので z 成分のみとなり，

$$\boldsymbol{f} = -m\boldsymbol{\nabla}V = -m\frac{\partial V}{\partial z}\boldsymbol{k} = \begin{cases} -G\dfrac{Mm}{z^2}\boldsymbol{k} & (z \geq r_2) \\ -G\dfrac{M(z)m}{z^2}\boldsymbol{k} & (r_1 \leq z \leq r_2) \\ 0 & (0 \leq z \leq r_1) \end{cases} \tag{4.4.51}$$

となる．今度は境界の前後で重力も連続していることがわかる．

この式の導出に関して詳述すると以下のようになる．

$$\frac{\partial M(z)}{\partial z} = 4\pi\frac{\partial}{\partial z}\int_{r_1}^{z}\rho(z)r^2\,dr = 4\pi\rho(z)z^2$$

および

$$\frac{\partial \lambda(z)}{\partial z} = 4\pi\frac{\partial}{\partial z}\int_{r_1}^{z}\rho(r)r\,dr = 4\pi\rho(z)z$$

である．なので，$r_1 \leq z \leq r_2$ の場合には

$$\begin{aligned} -\frac{\partial V(z)}{\partial z} &= G\frac{\partial}{\partial z}\frac{M(z)}{z} - G\frac{\partial}{\partial z}\lambda(z) \\ &= -G\frac{M(z)}{z^2} + G\frac{\partial M(z)}{\partial z}\frac{1}{z} - G\frac{\partial \lambda(z)}{\partial z} \\ &= -G\frac{M(z)}{z^2} \end{aligned}$$

となる．

なお，ニュートンはこの問題を解くに当たって，このような積分計算は行わず，幾何学的な考察から直観的に同じ結論を導いている．物理学ではしばしば見られることだが，優れた直観に基づいて計算を略した解き方でも地道な計算を行うことでも同じ答を得ることができる．各自で自分にあった考え方をするのがよいだろう．

中心まで物質が詰まった場合，つまり，密度分布が球対称の半径 R の球体の場合の答は上記から簡単に導き出せる．この物体を多数の球殻に分割して考えれば，球体全体が外部に及ぼす重力は，球の中心に全質量と等しい質量の質点がある場合と同じになることが予想できる．$0 \le z < R$ の場合でも，球体を半径 z を境に球と球殻に分割すると，有限厚さの球殻の際に考えたように，$z \ge r$ の球殻からの重力は働かず，その内側からの重力はその質量が原点に集中した場合と同じになると予想できる．

念のために，球の表面の半径を R，密度分布を球中心からの距離 r の関数として $\rho(r)$ とし，式 (4.4.46) を r で積分，あるいは式 (4.4.50) で $r_1 = 0$ および $r_2 = R$ としてみよう．いずれにせよ，球の内外でのポテンシャルは以下のようになる．

$$V = \begin{cases} -G\dfrac{M}{z} & (z \ge R \text{ の場合}) \\ -G\dfrac{M(z)}{z} - G\left(\lambda(R) - \lambda(z)\right) & (0 \le z < R \text{ の場合}) \end{cases} \tag{4.4.52}$$

ここで，$M(z)$ は半径 z より内側だけの球の質量

$$M(z) = 4\pi \int_0^z \rho(r) r^2 \, dr$$

である．

ここから求められる力は予想通り以下の式で与えられる．

$$\boldsymbol{f} = -m\boldsymbol{\nabla} V = -m\frac{\partial V}{\partial z}\boldsymbol{k} = \begin{cases} -G\dfrac{Mm}{z^2}\boldsymbol{k} & (z \ge R \text{ の場合}) \\ -G\dfrac{M(z)m}{z^2}\boldsymbol{k} & (0 \le z < R \text{ の場合}) \end{cases} \tag{4.4.53}$$

演　習　問　題

演習 4.1　(1) 同一点に対する直交座標 (x, y, z) と円柱座標 (R, φ, z) の関係を示す式 (4.1.1) を時間で1階微分することにより，速度ベクトル $\boldsymbol{v} = \dot{\boldsymbol{x}}$ の直交座標成分を R, φ, z で表せ．

(2) 直交座標成分の基本ベクトル $\boldsymbol{i}, \boldsymbol{j}, \boldsymbol{k}$ と円柱座標の基本ベクトル $\boldsymbol{e}_R, \boldsymbol{e}_\varphi, \boldsymbol{e}_z = \boldsymbol{k}$ との関係式 (4.1.11) を用いて，(1) の結果から $\boldsymbol{v}$ の円柱座標成分を求めよ．

(3) 式 (4.1.1) の時間2階微分を求め，加速度ベクトル $\boldsymbol{a} = \ddot{\boldsymbol{x}}$ の直交座標成分を求めよ．

(4) 式 (4.1.11) を用いて，(3) の結果から加速度 $\boldsymbol{a}$ の円柱座標成分を求めよ．

演習 4.2　(1) 同一点に対する直交座標 (x, y, z) と極座標 (r, ϕ, θ) の関係を示す式 (4.1.2) を時間で1階微分することにより，速度ベクトル $\boldsymbol{v} = \dot{\boldsymbol{x}}$ の直交座標成分を r, ϕ, θ で表せ．

(2) 直交座標成分の基本ベクトル $\boldsymbol{i}, \boldsymbol{j}, \boldsymbol{k}$ と極座標の基本ベクトル $\boldsymbol{e}_r, \boldsymbol{e}_\phi, \boldsymbol{e}_\theta$ との関係式 (4.1.13) を用いて，(1) の結果から $\boldsymbol{v}$ の極座標成分を求めよ．

(3) 式 (4.1.2) の時間2階微分を求め，加速度ベクトル $\boldsymbol{a} = \ddot{\boldsymbol{x}}$ の直交座標成分を求めよ．

(4) 式 (4.1.13) を用いて，(3) の結果から加速度 $\boldsymbol{a}$ の極座標成分を求めよ．

演習 4.3　慣性系 K に対して，加速度 $\boldsymbol{a}$ で運動している系 K' を考える．K から観測した質量 m の質点 P の運動が，K での位置 $\boldsymbol{x}$ に対して次の式で表される場合を考える．

$$\boldsymbol{f} = m\ddot{\boldsymbol{x}}$$

(1) 同じ現象を K' で観測した場合の質点 P の位置 $\boldsymbol{x}'$ で表現した運動を表す式を示せ．

(2) K' に対して加速度 $\boldsymbol{a}'$ で運動している系 K'' を考える．この場合，同じ現象を K'' で観測した場合の質点 P の位置 $\boldsymbol{x}''$ で表現した運動を表す式を求めよ．

(3) この結果を踏まえて，K' 系と K'' 系とでの運動方程式の比較から，これらの系が K 系に対して加速度運動しているかを力学実験で判定することが可能かについて述べよ．

演習 4.4　(1) 地球は太陽の周りを1年に相当する一定時間 T で1周している．これが完全に円運動であり，地球と太陽との距離 r が一定であるとした場合，地球が受ける加速度の大きさ a を求めよ．また，得られた式に実際の距離 $r = 1.5 \times 10^8$ km と $T =$ 365.25 日を代入してその値を求めよ．

(2) 太陽の質量を M，地球の質量を m とし，地球に加わる太陽の重力の大きさを求めよ．また，得られた式に実際の値 $M = 2.0 \times 10^{30}$ kg, $m = 5.97 \times 10^{24}$ kg を代入してその値を求めよ．なお，重力定数は $G = 6.67 \times 10^{-11}\ \mathrm{N\ kg^{-2}\ m^2}$ である．また，この力によって生じる地球の加速度の大きさ a を求め，(1) の結果と比較せよ．

(3) 地球はこれだけの加速度運動をしているにも拘わらず，実験室での測定は慣性系として扱っても正しい答となる．その理由について考察せよ．また，地球の運動が完全な等速円運動でない場合についても，実験室を慣性系として扱ってよいか考察せよ．

演習 4.5 地球が自転しているために地表での運動にはコリオリ力が働く.

(1) コリオリ力の表式 (4.3.37) を参考に，南極点や北極点および赤道上で運動している物体に働くコリオリ力の特徴を述べよ.

(2) 上記の答を参考にして，緯度 β（北緯を正とする）で働くコリオリ力の特徴を述べよ.

(3) 実際に働くコリオリ力の大きさは非常に小さい．大砲から真北に打ち出された砲弾の水平方向の速さを 1000 km s^{-1}（音速の 3 倍程度）とした場合，これに加わるコリオリ力による加速度を求めよ．ただし，砲弾の速さは一定であると近似してよい．また，この加速度は地表での重力加速度の何倍に相当するかも求めよ.

演習 4.6 ポテンシャルが

$$V = -G\frac{m}{r} = -G\frac{m}{\sqrt{x^2 + y^2 + z^2}} \tag{1}$$

で表される場合，

$$-\nabla V = -G\frac{m}{\boldsymbol{x}^2}\frac{\boldsymbol{x}}{|\boldsymbol{x}|} = -G\frac{m_1 m_2}{\boldsymbol{x}^2}\boldsymbol{e}_r \tag{2}$$

となることを示せ.

これは，式 (4.4.39) が式 (4.4.9) で表される重力のポテンシャルであることを示す.

演習 4.7 重力に関する以下の問に答えよ．解答に必要な変数ではわざと与えていないものがあるので，適宜，自分で定義して補って解答してよい.

(1) 4.4.4 項で述べた，一様密度で十分に細い半径 r の円環がその軸上で円環の中心から z だけ離れた点に位置する質量 m の質点に及ぼす重力を求めよ.

(2) 4.4.4 項で述べた，一様密度で十分に薄い半径 r の球殻がその中心から z だけ離れた点に位置する質量 m の質点に及ぼす重力（重力加速度）を求めよ.

(3) 4.4.4 項で述べた，一様密度で内側の半径 r_1，外側の半径 r_2 の有限で一様な厚さの球殻がその中心から z だけ離れた点に位置する質量 m の質点に及ぼす重力を求め，この球殻の内側では重力が働かず，球殻の外側では球殻の全質量と同じ質量の質点が球殻の中心に位置する場合と同じ重力が生じることを示せ.

(4) 4.4.4 項で述べた，半径 R で密度分布が球対称の天体が，その中心から z だけ離れた点に位置する質量 m の質点に及ぼす重力を求めよ.

演習 4.8 (1) 一様密度の球形の惑星があったとする．ここに惑星表面から惑星中心を通るまっすぐな穴を掘ることができたとしよう．ただし，惑星全体の質量分布に影響しないほど細い穴であるとする．ここに惑星質量に比べると無視できるほど小さな質量の物体を地表から静かに投下すると，この物体はどのような運動をするかを考えよ．周期的な運動をする場合には，その周期 T を求めよ．ここで，考えるのに必要な惑星および小質量物体に関する変数や普遍物理定数は適宜，定義してよい．なお，摩擦や空気抵抗など，惑星からの重力以外の力は無視してよい.

(2) 地球の場合，半径 $r = 6.37 \times 10^3$ km，質量 $M = 5.97 \times 10^{24}$ kg として上記の穴に落とした物体は地球の反対側に達することができるか，できる場合にはそれに要する時間を求めよ．ただし，地球は一様密度の球で近似してよい．

(3) 火星は，半径 $r = 3.39 \times 10^3$ km，質量 $m = 6.39 \times 10^{23}$ kg である．この場合，(2) と同じ質問に答えよ．

演習 4.9　映画「スターウォーズ エピソード4/新たなる希望」に登場するデススターは銀河帝国が誇る大量破壊兵器である．その直径は 120 km といわれ，表面に多数設置された砲塔などによる防御も鉄壁で難攻不落で知られる．内部は中心部まで多数の部屋や装置類がある．反乱軍である我々は，これを攻略するために以下の値を知っておく必要がある．デススターの平均密度を $0.5\,\mathrm{g\ cm^{-3}}$ として，各自，計算せよ．

(1) デススター表面に降り立ったときの表面重力加速度はいくつか？　それは惑星地球の表面の何倍か？　それぞれ計算せよ．

(2) 反乱軍の協力者から送りこまれたロボット R2D2 がもたらした図面を解析した結果，デススターを破壊するためには表面から中心に達する廃熱穴にプロトン魚雷を投下する必要があることがわかった．表面ギリギリの位置から速度 0 で投下したプロトン魚雷が中心に達するまでに十分な距離だけ離れていないと自分が爆発に巻き込まれてしまう．その時間的余裕を求めよ．

第5章

2つ以上の質点の組の運動

 2 体 問 題

5.1.1 内 力 と 外 力

これまでは主に外部のどこかから力が及ぶ場合に質点1つがどのような運動をするかを検討してきた．しかし，現実世界では力を及ぼす相手も物体であり，複数の物体の間で互いに力を及ぼし合ってそれぞれの物体の運動が決まる場合の方が多い．そのような場合，どう考えればよいのだろうか．

例えば，飛行機や自動車は多くの部品が組み合わさって1つの物体を構成している．1個の小石であっても，これが原子や分子の集団であることを考えると同じ状況であることがわかる．この場合，1つの物体の全体としての動きを検討する際に，各構成要素の動きを考えてからでないと答は出せないのだろうか．日常経験に照らせば，そのような必要はないように感じられる．運動方程式に基づいて，これを確かめてみよう．

まずは物体が2つしかなく，それぞれが質点として扱える場合を考えることにしよう．このような場合に2つの質点がそれぞれどのような運動をするかを扱うことを**2体問題** (two-body problem) という．

検討の上で区別するために2つの質点を「1」と「2」と呼ぶことにし，それぞれの持つ物理量を，対応する番号を添え字とする変数で表現しよう．それぞれに働く力は $\boldsymbol{f}_1$, $\boldsymbol{f}_2$ となるが，これらを，この2つの質点間だけで働く力とそれ以外の力に分けて考えよう．このように，考えている全ての質点の間だけで働く力を**内力** (internal force) と呼ぶ．これに対して，考慮している質点群同士での力以外の力を**外力** (external force) と呼ぶ．

1から2に及ぶ内力を $\boldsymbol{f}_{21}$，2から1に及ぶ内力を $\boldsymbol{f}_{12}$，1に働く外力を $\boldsymbol{F}_1$，2に働く外力を $\boldsymbol{F}_2$ と書くことにする．内力の添え字の順が日本語の説明の語順と逆になっているが，これは「指定した質点に及ぶ力のうち，この質点から働くもの」と

いう意識から,「力が及ぶ質点の番号を $\boldsymbol{f}$ に近いところに書く」との考えに基づく表記である．すると,

$$\boldsymbol{f}_1 = \boldsymbol{f}_{12} + \boldsymbol{F}_1, \quad \boldsymbol{f}_2 = \boldsymbol{f}_{21} + \boldsymbol{F}_2 \tag{5.1.1}$$

と書ける．

2つの質点それぞれについて運動方程式を立てると

$$\boldsymbol{f}_1 = m_1\ddot{\boldsymbol{x}}_1, \quad \boldsymbol{f}_2 = m_2\ddot{\boldsymbol{x}}_2 \tag{5.1.2}$$

となる．力を内力と外力に分ければ，すなわち式 (5.1.2) に式 (5.1.1) を代入すると次のようになる．

$$\boldsymbol{f}_{12} + \boldsymbol{F}_1 = m_1\ddot{\boldsymbol{x}}_1, \quad \boldsymbol{f}_{21} + \boldsymbol{F}_2 = m_2\ddot{\boldsymbol{x}}_2 \tag{5.1.3}$$

2つの内力については，ニュートンの運動の第3法則である“作用反作用の法則”が成り立つ．これを式で表すと

$$\boldsymbol{f}_{21} = -\boldsymbol{f}_{12} \tag{5.1.4}$$

となる．

これを式 (5.1.3) の2式の和に適用すると

$$m_1\ddot{\boldsymbol{x}}_1 + m_2\ddot{\boldsymbol{x}}_2 = \boldsymbol{F}_1 + \boldsymbol{F}_2 \tag{5.1.5}$$

が得られる．

5.1.2 重心とその運動

式 (5.1.5) が物理現象としてどんなことを示しているのかを考えてみよう．物理学では，このように，数式を単なる計算手順を表す以上のものとして考えることがよくある．こうした考察を「**式の物理学的意味**」を考えるといい，物理学を理解する上で計算結果を求めること以上に重要な考え方である．

さて，2つの質点の合計質量はもちろん

$$M = m_1 + m_2 \tag{5.1.6}$$

である．これを**全質量** (total mass) という．また，2つの質点に加わる力の和を考えると,

$$\boldsymbol{F} = \boldsymbol{f}_1 + \boldsymbol{f}_2 = \boldsymbol{f}_{12} + \boldsymbol{f}_{21} + \boldsymbol{F}_1 + \boldsymbol{F}_2 = \boldsymbol{F}_1 + \boldsymbol{F}_2 \tag{5.1.7}$$

となる．ここで，式 (5.1.4) を用いた．

これらを使うと，式 (5.1.5) は，

$$M\left(\frac{m_1\ddot{\boldsymbol{x}}_1}{M} + \frac{m_2\ddot{\boldsymbol{x}}_2}{M}\right) = \boldsymbol{F} \tag{5.1.8}$$

と書ける．ここで，質量で重みを付けた 2 つの質点の平均位置

$$\boldsymbol{x}_{\mathrm{G}} = \frac{m_1\boldsymbol{x}_1 + m_2\boldsymbol{x}_2}{m_1 + m_2} = \frac{m_1\boldsymbol{x}_1 + m_2\boldsymbol{x}_2}{M} \tag{5.1.9}$$

を定義しよう．この $\boldsymbol{x}_{\mathrm{G}}$ を**質量中心** (center of mass) あるいは**重心** (center of gravity) という．全質量と重心とを使うと，式 (5.1.8) は

$$M\ddot{\boldsymbol{x}}_{\mathrm{G}} = \boldsymbol{F} \tag{5.1.10}$$

となる．ここから，2 つの質点の重心は，全質量 M の質点が力 $\boldsymbol{F}$ を受けた場合に示すのと同じ運動をすることがわかる．つまり，本章冒頭の予想はニュートン力学では裏付けがあることになり，少なくとも 2 つの質点の組は，その重心を代表点と考えるならば，1 つの質点の運動と置き換えることができ，内力は重心の運動には影響しないということである．

これは複雑な自然を理解する上で非常に重要な結果である．力学現象は小さいところから順に考えて重層的に考えれば理解できるだけでなく，重心の運動ならばそれを構成する内部については知らなくても，その振る舞いが予想できることを意味しているからである．

5.1.3 相対運動と換算質量

では，2 つの質点の相対位置はどのような運動を示すのだろうか．例えば，地球に対する月の運動を考える際には他の天体の影響を全て考える必要があるのだろうか．あるいは，地球上での 2 つの物体の相対的な運動を考える際には地球外の物体からの影響も考える必要があるのだろうか．日常経験に照らせば，これらの影響を考慮する必要はないように感じられる．こちらも，運動方程式に基づいて確かめてみよう．

今回も物体が 2 つしかなく，それぞれが質点として扱える場合を考えることにしよう．2 つの質点の相対位置を調べたいので，以下のように相対位置ベクトル

$\boldsymbol{x}_\mathrm{r}$ を考えるのが自然である.

$$\boldsymbol{x}_\mathrm{r} = \boldsymbol{x}_2 - \boldsymbol{x}_1 \tag{5.1.11}$$

ここで，添え字 r は，相対的を意味する relative の頭文字である.

両辺を時間で 2 階微分すると

$$\ddot{\boldsymbol{x}}_\mathrm{r} = \ddot{\boldsymbol{x}}_2 - \ddot{\boldsymbol{x}}_1 \tag{5.1.12}$$

となる．右辺に式 (5.1.3) を代入すると，以下の式を得る.

$$\ddot{\boldsymbol{x}}_\mathrm{r} = \frac{1}{m_2}\boldsymbol{f}_2 - \frac{1}{m_1}\boldsymbol{f}_1 = \frac{1}{m_2}\boldsymbol{f}_{21} - \frac{1}{m_1}\boldsymbol{f}_{12} + \frac{1}{m_2}\boldsymbol{F}_2 - \frac{1}{m_1}\boldsymbol{F}_1 \tag{5.1.13}$$

さらに式 (5.1.4) を代入すると，

$$\ddot{\boldsymbol{x}}_\mathrm{r} = \frac{m_1 + m_2}{m_1 m_2}\boldsymbol{f}_{21} + \frac{1}{m_2}\boldsymbol{F}_2 - \frac{1}{m_1}\boldsymbol{F}_1 \tag{5.1.14}$$

となる．ここで，

$$\mu = \frac{m_1 m_2}{m_1 + m_2} \tag{5.1.15}$$

と置こう．これは質量の物理次元を持ち，**換算質量** (reduced mass) と呼ばれる.

換算質量を用いると 2 つの質点の相対位置ベクトル $\boldsymbol{x}_\mathrm{r}$ に対応する加速度は

$$\mu\ddot{\boldsymbol{x}}_\mathrm{r} = \boldsymbol{f}_{21} + \mu\left(\frac{1}{m_2}\boldsymbol{F}_2 - \frac{1}{m_1}\boldsymbol{F}_1\right) = \boldsymbol{f}_{21} + \left(\frac{m_1}{M}\boldsymbol{F}_2 - \frac{m_2}{M}\boldsymbol{F}_1\right) \tag{5.1.16}$$

となる．ここで，右辺第 1 項に比べて第 2 項が十分に小さく，これを無視できる場合には，

$$\mu\ddot{\boldsymbol{x}}_\mathrm{r} = \boldsymbol{f}_{21} \tag{5.1.17}$$

となる．これは位置 $\boldsymbol{x}_\mathrm{r}$ に位置する質量 μ の質点が力 $\boldsymbol{f}_{21}$ を受ける場合の運動方程式と同一となる．つまり，第 2 項が第 1 項に比べて十分に小さい場合には，2 つの質点の相対位置ベクトルの変化は対応する 1 つの質点の運動に置き換えることができる.

第 2 項は外力が 0 の場合はもちろん，一様な重力あるいは慣性力だけが働いている場合にも 0 になる．重力が完全に一様でなくとも，2 つの質点の位置が十分に近い場合には，それぞれの場所での重力の差は小さいので，この場合も第 2 項を無視しても結果はほとんど変わらない.

このように，多くの状況で第 2 項が無視できるので，相対運動には外力の影響

は現れず，換算質量を用いれば内力によって動きが決まる場合が多いことがわかる．これは日常経験から感じることと一致する．

ただし，外力の影響も完全にないわけではないことには注意が必要である．外力が電磁気的な力である場合や，重力の非一様性など，外力が影響を与える現象もある．そのように

$$|\boldsymbol{f}_{21}| \gg \left| \frac{m_1}{M}\boldsymbol{F}_2 - \frac{m_2}{M}\boldsymbol{F}_1 \right| \tag{5.1.18}$$

が成り立たない場合や高い精度での結果が必要な場合には個々の質点に働く外力の違いで相対運動に影響が出る．例えば，天体からの重力は距離の 2 乗に反比例して減少するので厳密には一様ではない．月による重力が一様でないために地球上の異なる地点では異なる外力となる．これが潮の満ち干の原因である**潮汐力** (tidal force) として観測されるのであるが,「地球上の物体の相対運動を考える際には外力は影響しない」という思い込みが強いと見落としてしまうのである．

5.1.4　力学的保存量の重心および相対運動での表現

2 つの質点の重心の運動は，そこに位置する全質量を持つ 1 つの質点の運動として扱われることがわかった．そこで，運動方程式と密接に関連していた 3 つの物理量である運動量，運動エネルギー，角運動量も 1 つの質点に対する定義と同等になるのかを調べてみよう．

まずは計算の見通しをつけるために，式 (5.1.9) と式 (5.1.11) を連立させて $\boldsymbol{x}_1$ と $\boldsymbol{x}_2$ を重心 $\boldsymbol{x}_{\mathrm{G}}$ と相対位置 $\boldsymbol{x}_{\mathrm{r}}$ で表しておこう．

$$M\boldsymbol{x}_{\mathrm{G}} = m_1\boldsymbol{x}_1 + m_2\boldsymbol{x}_2$$

$$\boldsymbol{x}_{\mathrm{r}} = \boldsymbol{x}_2 - \boldsymbol{x}_1$$

より

$$M\boldsymbol{x}_{\mathrm{G}} = m_1\boldsymbol{x}_1 + m_2\boldsymbol{x}_2$$

$$m_1\boldsymbol{x}_{\mathrm{r}} = -m_1\boldsymbol{x}_1 + m_1\boldsymbol{x}_2$$

$$m_2\boldsymbol{x}_{\mathrm{r}} = -m_2\boldsymbol{x}_1 + m_2\boldsymbol{x}_2$$

なので，

$$M\boldsymbol{x}_{\mathrm{G}} - m_2\boldsymbol{x}_{\mathrm{r}} = (m_1 + m_2)\boldsymbol{x}_1, \quad M\boldsymbol{x}_{\mathrm{G}} + m_1\boldsymbol{x}_{\mathrm{r}} = (m_2 + m_1)\boldsymbol{x}_2$$

となり，

$$\boldsymbol{x}_1 = \boldsymbol{x}_{\mathrm{G}} - \frac{m_2}{M}\boldsymbol{x}_{\mathrm{r}}, \quad \boldsymbol{x}_2 = \boldsymbol{x}_{\mathrm{G}} + \frac{m_1}{M}\boldsymbol{x}_{\mathrm{r}} \tag{5.1.19}$$

が得られる．

● **運動量の再分割** 2つの質点の運動量は

$$\boldsymbol{p}_1 = m_1\dot{\boldsymbol{x}}_1, \quad \boldsymbol{p}_2 = m_2\dot{\boldsymbol{x}}_2 \tag{5.1.20}$$

なので，両者の和は

$$\boldsymbol{p}_1 + \boldsymbol{p}_2 = M\frac{m_1\dot{\boldsymbol{x}}_1 + m_2\dot{\boldsymbol{x}}_2}{M} = M\dot{\boldsymbol{x}}_{\mathrm{G}} \tag{5.1.21}$$

となる．ここで全質量 M の定義式 (5.1.6) と重心ベクトル $\boldsymbol{x}_{\mathrm{G}}$ の定義式 (5.1.9) を用いた．この式によって，**全運動量** (total momentum) $\boldsymbol{p} = \boldsymbol{p}_1 + \boldsymbol{p}_2$ を定義すると，全質量 M を持つ質点が重心位置ベクトル $\boldsymbol{x}_{\mathrm{G}}$ に位置して運動しているとした場合の運動量と一致し，相対運動にはよらないことがわかる．

● **運動エネルギーの再分割** 2つの質点についての運動エネルギーは

$$K_1 = \frac{1}{2}m_1\dot{\boldsymbol{x}}_1^2, \quad K_2 = \frac{1}{2}m_2\dot{\boldsymbol{x}}_2^2 \tag{5.1.22}$$

なので，両者の和は

$$K_1 + K_2 = \frac{1}{2}m_1\dot{\boldsymbol{x}}_1^2 + \frac{1}{2}m_2\dot{\boldsymbol{x}}_2^2 \tag{5.1.23}$$

となる．

これに，式 (5.1.19) を代入すると，

$$\begin{aligned}
K_1 + K_2 &= \frac{m_1}{2}\left(\dot{\boldsymbol{x}}_{\mathrm{G}} - \frac{m_2}{M}\dot{\boldsymbol{x}}_{\mathrm{r}}\right)^2 + \frac{m_2}{2}\left(\dot{\boldsymbol{x}}_{\mathrm{G}} + \frac{m_1}{M}\dot{\boldsymbol{x}}_{\mathrm{r}}\right)^2 \\
&= \frac{1}{2}(m_1 + m_2)\dot{\boldsymbol{x}}_{\mathrm{G}}^2 + m_1 m_2\frac{m_2 + m_1}{2M^2}\dot{\boldsymbol{x}}_{\mathrm{r}}^2 + \frac{-m_1 m_2 + m_2 m_1}{M}\dot{\boldsymbol{x}}_{\mathrm{G}}\cdot\dot{\boldsymbol{x}}_{\mathrm{r}} \\
&= \frac{1}{2}M\dot{\boldsymbol{x}}_{\mathrm{G}}^2 + \frac{1}{2}\mu\dot{\boldsymbol{x}}_{\mathrm{r}}^2 \\
&= K_{\mathrm{G}} + K_{\mathrm{r}}
\end{aligned}$$

となる．つまり，全体の運動エネルギーは「全質量を持つ重心の運動に対応する運動エネルギー K_{G} と換算質量を持つ相対運動に対応する運動エネルギー K_{r} の和」となることがわかる．

角運動量の再分割 2つの質点についての座標原点周りの角運動量は

$$\boldsymbol{L}_1 = \boldsymbol{x}_1 \times m_1 \dot{\boldsymbol{x}}_1, \quad \boldsymbol{L}_2 = \boldsymbol{x}_2 \times m_2 \dot{\boldsymbol{x}}_2 \tag{5.1.24}$$

なので，両者の和は

$$\boldsymbol{L}_1 + \boldsymbol{L}_2 = \boldsymbol{x}_1 \times m_1 \dot{\boldsymbol{x}}_1 + \boldsymbol{x}_2 \times m_2 \dot{\boldsymbol{x}}_2 \tag{5.1.25}$$

となる．ここで，座標原点 $\boldsymbol{x} = 0$ は2つの質点の現在の位置とは無関係に選べることに注意しよう．

これに式(5.1.19)を代入すると，

$$\begin{aligned}
\boldsymbol{L}_1 + \boldsymbol{L}_2 &= m_1 \left(\boldsymbol{x}_\mathrm{G} - \frac{m_2}{M}\boldsymbol{x}_\mathrm{r}\right) \times \left(\dot{\boldsymbol{x}}_\mathrm{G} - \frac{m_2}{M}\dot{\boldsymbol{x}}_\mathrm{r}\right) \\
&\quad + m_2 \left(\boldsymbol{x}_\mathrm{G} + \frac{m_1}{M}\boldsymbol{x}_\mathrm{r}\right) \times \left(\dot{\boldsymbol{x}}_\mathrm{G} + \frac{m_1}{M}\dot{\boldsymbol{x}}_\mathrm{r}\right) \\
&= (m_1 + m_2)\boldsymbol{x}_\mathrm{G} \times \dot{\boldsymbol{x}}_\mathrm{G} + \frac{m_1 m_2^2 + m_2 m_1^2}{M^2}\boldsymbol{x}_\mathrm{r} \times \dot{\boldsymbol{x}}_\mathrm{r} \\
&= M\boldsymbol{x}_\mathrm{G} \times \dot{\boldsymbol{x}}_\mathrm{G} + \mu \boldsymbol{x}_\mathrm{r} \times \dot{\boldsymbol{x}}_\mathrm{r} \\
&= \boldsymbol{L}_\mathrm{G} + \boldsymbol{L}_\mathrm{r}
\end{aligned}$$

となる．つまり，全体の角運動量は「全質量を持つ重心の運動に対応する角運動量 $\boldsymbol{L}_\mathrm{G}$ と換算質量を持つ相対運動に対応する角運動量 $\boldsymbol{L}_\mathrm{r}$ の和」となることがわかる．

以上の考察から，2つの質点を組とした系の運動は，全質量を持つ重心の運動と換算質量を持つ相対運動として捉え直すことができ，それぞれを1つの質点の運動として扱うことができるとわかった．つまり，本質的には1つの質点の運動を解くのと同じ難しさでしかないのである．

5.1.5 圧倒的な質量の違いがある場合

この節の最後に，$m_1 \gg m_2$ の場合について考えてみよう．この場合，式(5.1.6)および式(5.1.15)より全質量と換算質量は

$$M = m_1, \quad \mu = m_2 \tag{5.1.26}$$

で近似できる．また，式(5.1.9)より重心位置は

$$\boldsymbol{x}_\mathrm{G} = \boldsymbol{x}_1 \tag{5.1.27}$$

となる．つまり，質量 m_1 の質点の位置は外力が加わらなければ等速直線運動する．

そこで，これが静止しているとすると，式 (5.1.11) より，両者の相対位置ベクトルは $\boldsymbol{x}_{\mathrm{r}} = \boldsymbol{x}_2$ で近似でき，式 (5.1.17) より，その運動は

$$m_2 \ddot{\boldsymbol{x}}_2 = \boldsymbol{F} \tag{5.1.28}$$

に従うことがわかる．

以上から，質量が圧倒的に異なる場合，重い方の質点は静止しており，軽い方の質点がその周囲を内力に応じて運動しているものとして近似できることがわかった．これは非常に有益な結論であり，4.4 節でケプラーの法則を導く際に用いた近似が正しいことを示す．

5.2 3 体 問 題

5.2.1 3体問題とカオス

質点をもう1つ増やして3つの質点について考えても2体問題と同じようにうまく解くことができるのだろうか？ その期待に基づき，古来，多くの物理学者や数学者が挑戦を続けてきたが，なかなかうまくいかない．宇宙での天体の運動は摩擦の影響がなく，互いに及ぼす重力だけを考慮すればよいことや，精密な観測結果が得られていたことから，この問題から着手することになった．つまり，互いに重力を及ぼして運動する3個の天体の運動について研究がなされた．これを**3体問題** (three-body problem) という．

ところが，その場合でも答を数式として導くことは不可能であることが証明されてしまうのである．そればかりか，たまたまわかった答があった場合でも，そこから少しでも異なる初期条件に対する答は，時間が経つにつれて基準とした答とは大きく異なってしまう場合があることまで証明されてしまったのである．つまり，近似計算が成り立たないのである．

このような特徴から大学で用いられる力学の教科書の多くは3体問題に触れていない．しかし，力学の話題としては非常に興味深いため，本書では1節を充てることにした．3体問題は「初期条件が少しでも異なると結果が大きく異なる物理系」であり，その存在は物理学者の興味を惹き，ここから，“**カオス** (chaos)” 理論が発展する．それによって，非線形現象として，生物に関連する現象や社会現象の

いくつかを扱うことができるようになり，この分野だけでも広がりを見せていることも指摘しておこう．

5.2.2 制限3体問題

3個の天体の運動の場合でも，何らかの条件を付ければ，3つの質点の組の運動について答が得られるかも知れない．そのように期待した検討結果を**制限3体問題** (restricted three-body problem) という．多くの先人たちの検討の結果，いくつかの場合については答が得られることがわかった．ここでは，特に有名な場合について簡単に紹介しよう．

互いに重力を及ぼしているがそれ以外の力は受けない3つの質点A, B, Cを考えよう．その質量を$m_\mathrm{A}, m_\mathrm{B}, m_\mathrm{C}$とし，Cだけが極端に軽い場合，すなわち，$m_\mathrm{C} \ll m_\mathrm{A}, m_\mathrm{C} \ll m_\mathrm{B}$の場合のみを考えよう．なお，この後，$m_\mathrm{A} + m_\mathrm{B}$が頻出するので，記述の省略のために$M = m_\mathrm{A} + m_\mathrm{B}$で書くことにする．また，AとBとの距離を$r$とする．

この場合，AとBの運動はCの存在を無視してもよいだろう．そこで，AとBとは距離rを保ったまま，共通重心Gの周りを角速度ωで円運動している場合を考えることにする．このとき，AとGとの距離は$r_\mathrm{A} = r\frac{m_\mathrm{B}}{m_\mathrm{A}+m_\mathrm{B}} = r\frac{m_\mathrm{B}}{M}$なので，Aについての運動方程式は，$G$をニュートンの重力定数として，

$$G\frac{m_\mathrm{A} m_\mathrm{B}}{r^2} = m_\mathrm{A} r_\mathrm{A} \omega^2 \tag{5.2.1}$$

となり，

$$\omega^2 = G\frac{m_\mathrm{B}}{r^2 r_\mathrm{A}} = G\frac{m_\mathrm{A} + m_\mathrm{B}}{r^3} = G\frac{M}{r^3} \tag{5.2.2}$$

となる．これでも，まだ複雑過ぎるのでCも円運動しており，AやBに対する相対位置が変化しない場合だけを考えることにする．これら全ての条件を課した3体問題を特に**円制限3体問題** (circular restricted three-body problem) と呼ぶ．先人達が見つけたその答を見てみることにしよう．

● **直線解**　A, B, Cの全てが常に直線上に位置するという条件を付けて答を求めてみよう．これを**直線解** (collinear solution) といい，オイラー (Euler) によって導かれた．

A, B, Cの相対位置関係が変わらないので，AやBの公転と同期して，Gの周り

を角速度ωで回る回転系を考える．こうすると，A, B, Cは全て観測系に対して静止している．この場合，Cに加わる力はAとBからの重力の他に，観測系が非慣性系であるために生じる見かけの力を考える必要がある．Cは観測系に対して“静止している”ので，考慮すべき慣性力は遠心力だけでよい．もし，観測系に対して運動していればコリオリ力も考える必要があることには注意したい．

Gを原点としてAからBに向かって正となるようにx軸をとると，Gの定義からAとBの位置はそれぞれ，

$$x_{\mathrm{A}} = -r_{\mathrm{A}} = -\frac{m_{\mathrm{B}}}{m_{\mathrm{A}} + m_{\mathrm{B}}} r = -\frac{m_{\mathrm{B}}}{M} r, \quad x_{\mathrm{B}} = r_{\mathrm{B}} = \frac{m_{\mathrm{A}}}{m_{\mathrm{A}} + m_{\mathrm{B}}} r = \frac{m_{\mathrm{A}}}{M} r \tag{5.2.3}$$

である．Cの位置をxとすると，Cに加わる向きも考えたAからの重力f_{A}は，$x > -r_{\mathrm{A}}$では

$$f_{\mathrm{A}} = -G\frac{m_{\mathrm{A}} m_{\mathrm{C}}}{(x + r_{\mathrm{A}})^2} = -G m_{\mathrm{A}} m_{\mathrm{C}} \left(\frac{M}{Mx + m_{\mathrm{B}} r} \right)^2 \tag{5.2.4}$$

であり，$x < -r_{\mathrm{A}}$では，これと符号だけが逆の次のようになる．

$$f_{\mathrm{A}} = G m_{\mathrm{A}} m_{\mathrm{C}} \left(\frac{M}{Mx + m_{\mathrm{B}} r} \right)^2 \tag{5.2.5}$$

同様にして，Cに加わるBからの重力f_{B}は，$x > r_{\mathrm{B}} = r - r_{\mathrm{A}} = \frac{m_{\mathrm{A}}}{M} r$では，

$$f_{\mathrm{B}} = -G m_{\mathrm{B}} m_{\mathrm{C}} \left(\frac{M}{Mx - m_{\mathrm{A}} r} \right)^2 \tag{5.2.6}$$

$x < r_{\mathrm{B}} = r - r_{\mathrm{A}}$では符号だけ逆の次のようになる．

$$f_{\mathrm{B}} = G m_{\mathrm{B}} m_{\mathrm{C}} \left(\frac{M}{Mx - m_{\mathrm{A}} r} \right)^2 \tag{5.2.7}$$

Cに加わる遠心力f_{cent}は，回転中心からの距離が$|x|$なので，符号も考えて，

$$f_{\mathrm{cent}} = m_{\mathrm{C}} x \omega^2 = G\frac{M m_{\mathrm{C}}}{r^3} x \tag{5.2.8}$$

となる．ここで，式(5.2.2)を用いた．

Cが観測系に対して移動しないとしたから，コリオリ力は働かず，これらの力の合力が0であることが釣合の条件である．すなわち，

$$f_A + f_B + f_{cent} = 0 \tag{5.2.9}$$

が成り立つ x を求めればよい．

ところが，これを解くのはそれほど簡単ではない．x の範囲ごとに分けた後，f_A と f_B を通分することを考えれば，式 (5.2.9) は，x の 5 次式を解くことに対応する．一般には n 次方程式の解は n 個あることが数学的に証明されているが，x が実数となる解なのか，さらに，該当する x の範囲に収まっているのかを確かめる必要がある．

また，5 次方程式には 2 次方程式のような解の公式がない．式が難しいのではなく，2 次方程式の解のような式では記述できないことが数学的に証明されているのだ．したがって，2 次方程式の解の判別式のような便利な式もない．そこで，式 (5.2.9) を代数的に解く代わりに，その左辺を $f(x)$ として，そのグラフが x 軸とどこで交わるかで考えてみよう．

$f(x)$ の各要素である 3 つの力は具体的な表式をみると，いずれも単調増加であることがわかる．特徴的な x での値を調べると，$x \to \pm\infty$ では $f_A \to 0$, $f_B \to 0$, $f_{cent} \to \pm\infty$ であるから，その合計である $f(x)$ は $f(x) \to \pm\infty$ である（複号同順）．また，$x \to x_A \mp 0$ では $f_A \to \pm\infty$，f_B と f_{cent} は有限なので，$f(x) \to \pm\infty$ であり（複号同順），$x \to x_B \mp 0$ では $f_B \to \pm\infty$，f_A と f_{cent} は有限なので，$f(x) \to \pm\infty$ である（複号同順）．つまり，$f(x)$ は，$-\infty < x < x_A$ と $x_A < x <$

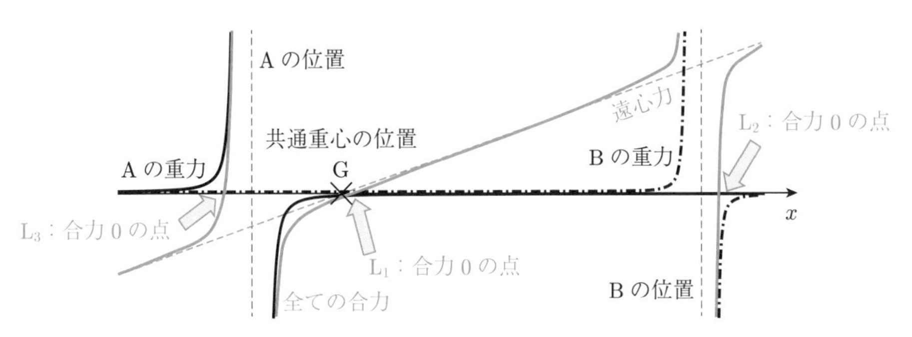

図 5.2.1　円制限 3 体問題の直線解に対応する位置 x に対する力の変化．A, B に対して十分軽い質点 C に働く重力と遠心力の 3 つの力はいずれも x に関して単調増加なので，青い太線で示した，その合計も x に関して単調増加である．したがって，x 軸との交点は図から，A と B の位置を境にした 3 つの領域に 1 箇所ずつ生じることがわかる．

x_B と $x_B < x < \infty$ との各1箇所で0となることがわかる（図 **5.2.1**）.

ここから，直線解は3つ存在し，AとBの間，Aの向こう側，Bの向こう側の各1箇所となる.

5.2.3 正三角形解

CがAとBとを結ぶ直線上にない場合には全ての力が釣り合う位置はないのだろうか？ これを求めるのは極めて難しいが，ラグランジュ (Lagrange) が発見している．それは，A, B, C の3天体が正三角形の頂点に位置する点（線分ABに関して線対称な2点）である．これを**正三角形解** (equilateral triangle solution) という（図 **5.2.2**）．ここで全ての力が釣り合うことは，以下のように比較的簡単に確かめられる.

AとBの運動に影響を与えないほど，Cの質量が小さい場合なので，AとBの位置は2体問題として解くことができる．しかも，全ての質点が円運動をしている場合に限っているので，AとBとは両者の共通重心の周りを円運動しているこ

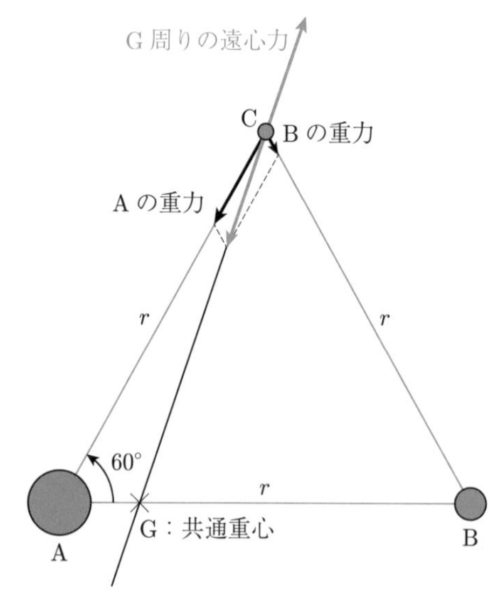

図 **5.2.2** ラグランジュの正三角形解．A, Bに対して十分軽い質点Cに働く重力と遠心力．求めてみると，Cに加わる重力の合計はCから共通重心Gへの向きになり，その大きさは遠心力と等しい.

とはすぐにわかるだろう．この場合，共通重心の位置を座標原点とし，A から B に向かう向きを x 軸の正方向とすれば，A と B の位置はそれぞれ

$$x_{\mathrm{A}} = -\frac{m_{\mathrm{B}}}{M} r, \quad x_{\mathrm{B}} = +\frac{m_{\mathrm{A}}}{M} r \tag{5.2.10}$$

となる．ここで，$M = m_{\mathrm{A}} + m_{\mathrm{B}}$ とした．

C は A と B とで正三角形の各頂点に位置するのだから，その座標は

$$x_{\mathrm{C}} = \frac{x_{\mathrm{A}} + x_{\mathrm{B}}}{2} = \frac{m_{\mathrm{A}} - m_{\mathrm{B}}}{2M} r, \quad y_{\mathrm{C}} = r \sin 60^\circ = \frac{\sqrt{3}}{2} r \tag{5.2.11}$$

となる．また，C と A，C と B との距離は A と B との距離 r と等しい．また，どちらの辺も線分 AB と 60° をなしている．したがって，C に加わる A および B からの重力はそれぞれ

$$\boldsymbol{f}_{\mathrm{A}} = G \frac{m_{\mathrm{A}} m_{\mathrm{C}}}{r^2} \left(-\boldsymbol{i} \cos 60^\circ - \boldsymbol{j} \sin 60^\circ \right)$$
$$\boldsymbol{f}_{\mathrm{B}} = G \frac{m_{\mathrm{B}} m_{\mathrm{C}}}{r^2} \left(\boldsymbol{i} \cos 60^\circ - \boldsymbol{j} \sin 60^\circ \right)$$

で与えられる．ここで，A から B に向かう単位ベクトルを $\boldsymbol{i}$，それと直交する方向の単位ベクトルを $\boldsymbol{j}$ とした．したがって，その合力は

$$\begin{aligned} \boldsymbol{f}_{\mathrm{A}} + \boldsymbol{f}_{\mathrm{B}} &= G \frac{m_{\mathrm{C}}}{2r^2} \left\{ (-m_{\mathrm{A}} + m_{\mathrm{B}}) \boldsymbol{i} - \sqrt{3} (m_{\mathrm{A}} + m_{\mathrm{B}}) \boldsymbol{j} \right\} \\ &= -G \frac{m_{\mathrm{C}}}{2r^2} \left\{ (m_{\mathrm{A}} - m_{\mathrm{B}}) \boldsymbol{i} + \sqrt{3} M \boldsymbol{j} \right\} \end{aligned} \tag{5.2.12}$$

となる．よって，この力を表すベクトルと $-\boldsymbol{i}$ の向きとがなす角を ϕ とすれば，

$$\tan \phi = \frac{\sqrt{3} M}{m_{\mathrm{A}} - m_{\mathrm{B}}} \tag{5.2.13}$$

となる．ところで，C から共通重心 G に向かうベクトルが x 軸となす角を ϕ' とすれば，G は座標原点なので，式 (5.2.11) を用いて，次のようになる．

$$\tan \phi' = \frac{-y_{\mathrm{C}}}{-x_{\mathrm{C}}} = \frac{\sqrt{3} M}{m_{\mathrm{A}} - m_{\mathrm{B}}} = \tan \phi \tag{5.2.14}$$

つまり，C に働く A と B からの重力の合力は C から G への向きと一致する．

一方，式 (5.2.12) より，A と B からの重力の合力の大きさは

$$\begin{aligned} |\boldsymbol{f}_{\mathrm{A}} + \boldsymbol{f}_{\mathrm{B}}| &= \frac{G m_{\mathrm{C}}}{2r^2} \sqrt{(m_{\mathrm{A}} - m_{\mathrm{B}})^2 + 3(m_{\mathrm{A}} + m_{\mathrm{B}})^2} \\ &= \frac{2G m_{\mathrm{C}}}{r^2} (m_{\mathrm{A}}^2 + m_{\mathrm{B}}^2 + m_{\mathrm{A}} m_{\mathrm{B}})^{\frac{1}{2}} \end{aligned} \tag{5.2.15}$$

となる．対して，C に加わる慣性力は，C が観測系に対して移動しないとしたか

ら遠心力のみである．線分 GC の長さは

$$
\begin{aligned}
r_{\mathrm{C}} = \sqrt{x_{\mathrm{C}}^2 + y_{\mathrm{C}}^2} &= \left\{ \left(\frac{m_{\mathrm{A}} - m_{\mathrm{B}}}{2M} r \right)^2 + \left(\frac{\sqrt{3}}{2} r \right)^2 \right\}^{\frac{1}{2}} \\
&= \frac{r}{2M} \left\{ (m_{\mathrm{A}} - m_{\mathrm{B}})^2 + \left(\sqrt{3}\, M \right)^2 \right\}^{\frac{1}{2}} \\
&= \frac{2}{M} \left(m_{\mathrm{A}}^2 + m_{\mathrm{B}}^2 + m_{\mathrm{A}} m_{\mathrm{B}} \right)^{\frac{1}{2}} r
\end{aligned}
\tag{5.2.16}
$$

であり，回転系の角速度は式 (5.2.2) で与えられる ω なので，

$$
|\boldsymbol{f}_{\mathrm{cent}}| = m_{\mathrm{C}} r_{\mathrm{C}} \omega^2 = G \frac{2m_{\mathrm{C}}}{r^2} \left(m_{\mathrm{A}}^2 + m_{\mathrm{B}}^2 + m_{\mathrm{A}} m_{\mathrm{B}} \right)^{\frac{1}{2}} \tag{5.2.17}
$$

となる．つまり，$|\boldsymbol{f}_{\mathrm{A}} + \boldsymbol{f}_{\mathrm{B}}| = |\boldsymbol{f}_{\mathrm{cent}}|$ である．

これらから，C に働く重力と遠心力は釣り合うことがわかる．つまり，A と B と C とが正三角形をなす位置は，円運動を条件とした制限 3 体問題の答であることがわかる．

5.2.4　円制限 3 体問題と現実

直線解と正三角形解の合計 5 つの位置をまとめて**ラグランジュ点** (Lagrangian point) と呼ぶことも多い．直線解のうち，A と B との中間に位置する点を L_1 点，B の向こう側の点を L_2 点，A の向こう側の点を L_3 点と呼び，正三角形解のうち，慣性系から見て，B に先行して公転する点を L_4 点，後方に位置する点を L_5 点という．L_4 と L_5 はそこから少しずれていても戻る向きに力が加わるとされている．このような点を**安定平衡点** (stable equilibrium point) という．一方，少しでも外れるとさらに外れる向きに力が加わるような点を**不安定平衡点** (unstable equilibrium point) という．

ところで，これら 5 つの点は単なる理論的な解なのだろうか．オイラーやラグランジュが解を求めたときにはそう思われていたようである．しかし，これらは仮想的な解ではなく，実際の宇宙でも意味があることが後にわかったのである．

A が太陽，B が木星に当たる L_4 および L_5 点には，いくつかの小惑星が存在する．これらは古代ギリシアのトロイア戦争の登場人物の名前がついており，まとめてトロヤ群と呼ばれている．

一方，L_1～L_3 点は不安定なので，これらの点には実用的な意味は無いと思われていた．ところが，その周囲を動き回っていても，それらの点から容易には離れな

いことがわかってきた．そこで，宇宙開発が進んだ現在ではこれらの点が積極的に利用されるようになっている．例えば，A が太陽，B が地球に当たる L_1 点と L_2 点には天文観測衛星が投入されている．L_1 点周囲からは太陽と地球との向きが変わらないため，太陽観測衛星には適した地点となる．また，L_2 点周囲からは太陽と地球が同じ向きになるため，これらが観測の邪魔になる赤外線観測には適した地点である．実際，L_2 にはジェームズ ウェッブ宇宙望遠鏡が投入されている．

また，A が地球，B が月に当たるラグランジュ点は宇宙開発が進んだ時代には重要な場所になると考えられている．これを踏まえた設定が採用されているのがTV アニメ「機動戦士ガンダム」である．そこでは，ジオン公国が L_2 に，ルナツーが L_3 に，サイド 6 が L_4 に設置されているとされていた．よく考えられているSF やアニメなどには，天文学や物理学の正しい知識が反映されていることも多いので，調べてみると面白いだろう．

物理学や天文学では，理論的には可能であるが現実には存在していないと考えられていても，観測や実験が進むと，その多くが実在しているとわかったという例が相当数ある．自然界にはそのような人間の常識を超えた存在があることも多く，それが自然科学研究の面白いところでもあるのだ．

5.3 N 体 問 題

5.3.1 全質量と外力

先に述べたように，質点の数が 3 個になると厳密な答は簡単には得られない．しかし，それでもある程度のことは予想が付くかも知れない．そこで，質点の数が n 個の場合について考えてみることにしよう．このように有限個の質点を集団として扱う場合，これを**質点系** (system of particles) あるいは **N 体** (N-body) と呼ぶ．

2 体問題の場合と同様に，i 番目の質点の質量を m_i とし，その位置を $\boldsymbol{x}_i$ とする．また，i 番目の質点に加わる力を $\boldsymbol{f}_i$ とし，このうち，j 番目の質点からの内力を $\boldsymbol{f}_{ij}$，外力を $\boldsymbol{F}_i$ とする．

この場合，質点 i に対する運動方程式は以下のように書ける．

$$m_i \ddot{\boldsymbol{x}}_i = \boldsymbol{f}_i = \sum_{j=1, j\neq i}^{n} \boldsymbol{f}_{ij} + \boldsymbol{F}_i, \quad (i = 1, 2, \ldots, n) \tag{5.3.1}$$

次の計算を見やすくするために，$\sum$ をバラして，i ごとの式を全部書くと，

$$
\begin{aligned}
m_1\ddot{\boldsymbol{x}}_1 &= \qquad\quad \boldsymbol{f}_{1,2} + \boldsymbol{f}_{1,3} + \cdots + \boldsymbol{f}_{1,n-1} + \boldsymbol{f}_{1,n} + \boldsymbol{F}_1 \\
m_2\ddot{\boldsymbol{x}}_2 &= \boldsymbol{f}_{2,1} \qquad\quad + \boldsymbol{f}_{2,3} + \cdots + \boldsymbol{f}_{2,n-1} + \boldsymbol{f}_{2,n} + \boldsymbol{F}_2 \\
m_3\ddot{\boldsymbol{x}}_3 &= \boldsymbol{f}_{3,1} + \boldsymbol{f}_{3,2} \qquad\quad + \cdots + \boldsymbol{f}_{3,n-1} + \boldsymbol{f}_{3,n} + \boldsymbol{F}_3 \\
&\vdots \\
m_n\ddot{\boldsymbol{x}}_n &= \boldsymbol{f}_{n,1} + \boldsymbol{f}_{n,2} + \boldsymbol{f}_{n,3} + \cdots + \boldsymbol{f}_{n,n-1} \qquad\quad + \boldsymbol{F}_n
\end{aligned}
$$

となる．ここで，作用反作用の法則

$$
\boldsymbol{f}_{ij} = -\boldsymbol{f}_{ji}, \quad (\text{ただし，} i \neq j) \tag{5.3.2}
$$

に気をつけて，左辺と右辺ごとの合計を作ると，内力の合計は0となり，

$$
\sum_{i=1}^{n}(m_i\ddot{\boldsymbol{x}}_i) = \sum_{i=1}^{n}\boldsymbol{F}_i \tag{5.3.3}
$$

が得られる．

勘が良ければ，ここで2体問題で重心を定義したときと同じ考え方が使えることに気付くだろう．すなわち，n 個の質点全体について重心あるいは質量中心を

$$
\boldsymbol{x}_{\mathrm{G}} = \frac{\sum_{i=1}^{n} m_i\boldsymbol{x}_i}{\sum_{i=1}^{n} m_i} = \frac{\sum_{i=1}^{n} m_i\boldsymbol{x}_i}{M} \tag{5.3.4}
$$

で定義する．$M = \sum_{i=1}^{n} m_i$ は質点の全質量である．これは，2体問題の場合と同じく，n 個の質点に関して各質点の相対質量 $\frac{m_i}{M}$ を重みとした平均位置となっている．

重心 $\boldsymbol{x}_{\mathrm{G}}$ を用いると，

$$
\ddot{\boldsymbol{x}}_{\mathrm{G}} = \frac{\sum_{i=1}^{n} m_i\ddot{\boldsymbol{x}}_i}{\sum_{i=1}^{n} m_i} = \frac{\sum_{i=1}^{n} m_i\ddot{\boldsymbol{x}}_i}{M} \tag{5.3.5}
$$

となるので，式 (5.3.3) は，

$$
M\ddot{\boldsymbol{x}}_{\mathrm{G}} = \sum_{i=1}^{n}\boldsymbol{F}_i = \boldsymbol{F} \tag{5.3.6}
$$

となることがわかる．ここで，全外力を $\boldsymbol{F} = \sum_{i=1}^{n}\boldsymbol{F}_i$ と表記した．この式は，「n 個の質点からなる系について，その重心 $\boldsymbol{x}_{\mathrm{G}}$ の運動は，全ての質点に加わった外力の合計にのみ従い，内力には影響されない」ことを意味している．

なお，全運動量を

$$\boldsymbol{P} = \sum_{i=1}^{n} \boldsymbol{p}_i = \sum_{i=1}^{n} m_i \dot{\boldsymbol{x}}_i \tag{5.3.7}$$

で定義すれば，式 (5.3.4) の時間微分から得られる $M\dot{\boldsymbol{x}}_{\mathrm{G}} = \sum_{i=1}^{n} m_i \dot{\boldsymbol{x}}_i$ も用いて，

$$\boldsymbol{P} = M\dot{\boldsymbol{x}}_{\mathrm{G}} \tag{5.3.8}$$

となるので，式 (5.3.6) は

$$\dot{\boldsymbol{P}} = \boldsymbol{F} \tag{5.3.9}$$

と書くこともできる．

5.3.2 重心に対する相対運動と内力

重心に対する相対位置の運動はどうなっているのだろうか．2 体問題では一方の質点の位置を基準としたが，ここでは“公平に”重心を基準としよう．物理学では，このように特定の質点のみを特別扱いしない計算式をたてると対称性がよく，計算しやすい（多くの項が自動的に 0 になる）場合が多い．このことは知っておいても損はないだろう．その方針に従って，質点 i の重心に対する相対位置ベクトルを

$$\boldsymbol{y}_i = \boldsymbol{x}_i - \boldsymbol{x}_{\mathrm{G}} \tag{5.3.10}$$

と書くことにする．これを時間で 2 階微分して，式 (5.3.1) と式 (5.3.6) を用いると，

$$\ddot{\boldsymbol{y}}_i = \frac{1}{m_i} \sum_{j=1, j\neq i}^{n} \boldsymbol{f}_{ij} + \frac{1}{m_i}\boldsymbol{F}_i - \frac{1}{M}\boldsymbol{F} \tag{5.3.11}$$

が得られる．

外力が一様重力か慣性力しかない場合には，加速度の次元を持つ定数 $\boldsymbol{g}$ を用いて，

$$\boldsymbol{F}_i = m_i \boldsymbol{g}, \quad \boldsymbol{F} = M\boldsymbol{g} \tag{5.3.12}$$

となるので，式 (5.3.11) の 2 項目と 3 項目の和は 0 となる．したがって，この場合，質点 i に関する運動方程式は

$$m_i \ddot{\boldsymbol{y}}_i = \sum_{j=1, j \neq i}^{n} \boldsymbol{f}_{ij} \tag{5.3.13}$$

となる．これは，「n 個の質点からなる系について，全体の重心に対する各質点の相対運動は，外力が一様重力か慣性力しかない場合には，その質点に及ぶ内力だけで決まり，外力の影響を受けない」ことを意味する．

この結果は慣性系について検討した4.3節に対して重要な意味を持つ．すなわち，内力が及んでいる範囲内にある n 個の質点について，それが重心に対してどのような運動をするかを詳細に調べても，一様な加速度で運動することで生じる慣性力の有無は（一様重力と区別が付かないので）判定できないということである．ここから，実験室内で行われる実験では，実験室が運動していても結果にはほとんど影響を与えず，これらを慣性系として扱ってもほとんど違いが生じないのである．

逆に，回転運動による慣性力や質点が周囲に及ぼす重力など一様ではない外力が働く場合や，十分に広い範囲や長い時間にわたって効果が蓄積する現象を扱う場合には，各質点に及ぶ外力の違いが表れ，運動の結果に影響する．台風の渦や**海流**，**潮汐**などがその例にあたる．

5.3.3 重心に対する相対運動の性質

式(5.3.4)は $\boldsymbol{x}_\mathrm{G}$ の定義式なので，どの時刻でも常に成り立つ．したがって，それと数学的に等価な式である以下の式も任意の時刻で成り立つ．

$$\sum_{i=1}^{n} m_i \boldsymbol{x}_i - M \boldsymbol{x}_\mathrm{G} = 0 \tag{5.3.14}$$

任意の時刻で成り立つのだから両辺とも時間で何階微分しても成り立つはずである．2階微分までを具体的に書けば

$$\begin{aligned} \frac{d}{dt}\left(\sum_{i=1}^{n} m_i \boldsymbol{x}_i\right) - M \dot{\boldsymbol{x}}_\mathrm{G} = 0 \\ \frac{d^2}{dt^2}\left(\sum_{i=1}^{n} m_i \boldsymbol{x}_i\right) - M \ddot{\boldsymbol{x}}_\mathrm{G} = 0 \end{aligned} \tag{5.3.15}$$

である．したがって，全質量 M の定義と，それが時間変化しないことを用いれば，

$$\frac{d}{dt}\left\{\sum_{i=1}^{n} m_i(\boldsymbol{x}_i - \boldsymbol{x}_{\mathrm{G}})\right\} = 0$$
$$\frac{d^2}{dt^2}\left\{\sum_{i=1}^{n} m_i(\boldsymbol{x}_i - \boldsymbol{x}_{\mathrm{G}})\right\} = 0 \tag{5.3.16}$$

が得られる．

ここで，式 (5.3.10) より，括弧の中はいずれも重心に対する相対位置ベクトル $\boldsymbol{y}_i$ であることに気付けば，式 (5.3.14) も含めて，$\boldsymbol{y}_i$ に対して，

$$\sum_{i=1}^{n} m_i \boldsymbol{y}_i = 0$$
$$\frac{d}{dt}\left(\sum_{i=1}^{n} m_i \boldsymbol{y}_i\right) = 0 \tag{5.3.17}$$
$$\frac{d^2}{dt^2}\left(\sum_{i=1}^{n} m_i \boldsymbol{y}_i\right) = 0$$

となることがわかる．つまり，重心に対する各質点の相対位置をその質量で重み付けした平均は常に 0 であり，その時間微分も 0 となるのである．

5.3.4 N 体の回転運動

次に，座標原点周りの回転を考えてみよう．2 体問題と同様に考えれば，N 体の全角運動量は

$$\boldsymbol{L} = \sum_{i=1}^{n} \boldsymbol{x}_i \times m_i \dot{\boldsymbol{x}}_i \tag{5.3.18}$$

とするのが妥当だろう．

この式を時間微分すると

$$\begin{aligned}\dot{\boldsymbol{L}} &= \frac{d}{dt}\left(\sum_{i=1}^{n} \boldsymbol{x}_i \times m_i \dot{\boldsymbol{x}}_i\right) = \sum_{i=1}^{n} \dot{\boldsymbol{x}}_i \times m_i \dot{\boldsymbol{x}}_i + \sum_{i=1}^{n} \boldsymbol{x}_i \times m_i \ddot{\boldsymbol{x}}_i \\ &= \sum_{i=1}^{n} \boldsymbol{x}_i \times m_i \ddot{\boldsymbol{x}}_i \end{aligned} \tag{5.3.19}$$

となる．最後の等号では $\dot{\boldsymbol{x}} \times \dot{\boldsymbol{x}} = 0$ を用いた．

これに運動方程式 (5.3.1) を代入すると以下の式を得る．

$$\dot{\boldsymbol{L}} = \sum_{i=1}^{n} \boldsymbol{x}_i \times \left(\sum_{j=1, j\neq i}^{n} \boldsymbol{f}_{ij} + \boldsymbol{F}_i \right)$$
$$= \sum_{i=1}^{n} \boldsymbol{x}_i \times \sum_{j=1}^{n} \boldsymbol{f}_{ij} + \sum_{i=1}^{n} \boldsymbol{x}_i \times \boldsymbol{F}_i$$
$$= \sum_{i=1}^{n} \sum_{j=1}^{n} \boldsymbol{x}_i \times \boldsymbol{f}_{ij} + \sum_{i=1}^{n} \boldsymbol{x}_i \times \boldsymbol{F}_i \tag{5.3.20}$$

ここで，自分自身には力が及ばないとして $\boldsymbol{f}_{ii} = 0$ としたことに注意.

この第1項はほとんどの場合，0になる．そのことを以下に示そう．i と j の変数を交換し，内力に関する作用反作用の法則から $\boldsymbol{f}_{ji} = -\boldsymbol{f}_{ij}$ であることを用い，和を求める順番を入れ替えると，

$$\sum_{i=1}^{n} \sum_{j=1}^{n} \boldsymbol{x}_i \times \boldsymbol{f}_{ij} = \sum_{j=1}^{n} \sum_{i=1}^{n} \boldsymbol{x}_j \times \boldsymbol{f}_{ji} = -\sum_{i=1}^{n} \sum_{j=1}^{n} \boldsymbol{x}_j \times \boldsymbol{f}_{ij} \tag{5.3.21}$$

となる．この両辺に $\sum_{i=1}^{n} \sum_{j=1}^{n} \boldsymbol{x}_i \times \boldsymbol{f}_{ij}$ を加えると，

$$2\sum_{i=1}^{n} \sum_{j=1}^{n} \boldsymbol{x}_i \times \boldsymbol{f}_{ij} = \sum_{i=1}^{n} \sum_{j=1}^{n} (\boldsymbol{x}_i - \boldsymbol{x}_j) \times \boldsymbol{f}_{ij} \tag{5.3.22}$$

が得られる．ここで，内力 $\boldsymbol{f}_{ij}$ が2つの質点を結ぶ直線と平行ならば，上記は0になる．

逆に，内力の項が0でないならば，式(5.3.20)から外力が0の場合でも $\dot{\boldsymbol{L}} \neq 0$ となる．つまり，外部から力を加えないにも拘わらず，その N 体の角運動量が時間変化することになる．これは，回転していない物体に外力を加えなくても回転を始めることを意味しており，経験的に決して起きない現象である．ここからも，内力による角運動量変化は起きないはずだと推定できる.

結局，この場合には

$$\dot{\boldsymbol{L}} = \sum_{i=1}^{n} \boldsymbol{x}_i \times \boldsymbol{F}_i \tag{5.3.23}$$

であることがわかる．この右辺は i 番目の質点に加わる外力によるトルク

$$\boldsymbol{N}_i = \boldsymbol{x}_i \times \boldsymbol{F}_i$$

の総和なので，

$$\dot{\boldsymbol{L}} = \sum_{i=1}^{n} \boldsymbol{N}_i = \boldsymbol{N} \tag{5.3.24}$$

であることが導ける．ここで，$\boldsymbol{N}$ は外力による**全トルク** (total torque) である．

5.3.5　任意の点周りの回転運動

ここまでの検討は「座標原点周り」としたが，取り扱った式は全てベクトル間の関係式を用いて記述していた．ベクトルの本質から，ベクトル間の関係式は座標原点をどこに定めても成り立つ式である．したがって，物体の位置とは独立して座標原点を設定することができる．つまり，回転中心の位置ベクトルが $\boldsymbol{x}_0$ の場合だと，$\boldsymbol{x}$ を $\boldsymbol{x} - \boldsymbol{x}_0$ で置き換えれば，ここまでで得られた N 体の回転運動に関する関係式は「任意の点の周り」について成り立つ関係だと考えてよい．物理学の関係式を，座標値間の関係式ではなく，ベクトルの間の関係式だけで議論することの利点が良く表れている例といえる．原点周りの場合と同様にやれば数式でも簡単に確かめることができる．章末問題に挙げているので，確認して欲しい．

5.3.6　重心周りの回転運動

● 角運動量の分解　ここまでは座標原点 $\boldsymbol{x} = 0$ 周りの回転を考えてきた．これを重心 $\boldsymbol{x}_\mathrm{G}$ 周りの回転とすると，以下に示すように，より整理された式が得られる．

N 体の全角運動量の定義式 (5.3.18) に，重心に対する相対位置の定義式 (5.3.10) を代入すると，

$$\begin{aligned}
\boldsymbol{L} &= \sum_{i=1}^{n} (\boldsymbol{x}_\mathrm{G} + \boldsymbol{y}_i) \times m_i (\dot{\boldsymbol{x}}_\mathrm{G} + \dot{\boldsymbol{y}}_i) \\
&= \boldsymbol{x}_\mathrm{G} \times \dot{\boldsymbol{x}}_\mathrm{G} M + \boldsymbol{x}_\mathrm{G} \times \sum_{i=1}^{n} m_i \dot{\boldsymbol{y}}_i + \left(\sum_{i=1}^{n} m_i \boldsymbol{y}_i \right) \times \dot{\boldsymbol{x}}_\mathrm{G} + \sum_{i=1}^{n} \boldsymbol{y}_i \times m_i \dot{\boldsymbol{y}}_i \\
&= \boldsymbol{x}_\mathrm{G} \times \boldsymbol{P} + \sum_{i=1}^{n} \boldsymbol{y}_i \times m_i \dot{\boldsymbol{y}}_i
\end{aligned} \tag{5.3.25}$$

ここで，3 つ目の等号では重心相対位置の性質を示す式 (5.3.17) と全運動量の定義式 (5.3.8) を用いた．

この第 1 項は全質量と重心位置のみで表されているのに対して，第 2 項は内部での質点の分布のみで表されている．つまり，重心運動と重心周りの運動とに分離

できるということである．そこで，第1項を $\boldsymbol{L}_{\mathrm{G}}$，第2項を $\boldsymbol{L}_{\mathrm{r}}$ と書くことにする（添え字 r は，相対位置 (relative position) の頭文字の意味）．すなわち

$$\boldsymbol{L}_{\mathrm{G}} = \boldsymbol{x}_{\mathrm{G}} \times \boldsymbol{P}, \quad \boldsymbol{L}_{\mathrm{r}} = \sum_{i=1}^{n} \boldsymbol{y}_i \times m_i \dot{\boldsymbol{y}}_i \tag{5.3.26}$$

とする．これを使えば，全角運動量は両者の和として

$$\boldsymbol{L} = \boldsymbol{L}_{\mathrm{G}} + \boldsymbol{L}_{\mathrm{r}} \tag{5.3.27}$$

と書ける．それらの時間微分を作ると

$$\dot{\boldsymbol{L}}_{\mathrm{G}} = \boldsymbol{x}_{\mathrm{G}} \times \dot{\boldsymbol{P}} + \dot{\boldsymbol{x}}_{\mathrm{G}} \times \boldsymbol{P} = \boldsymbol{x}_{\mathrm{G}} \times \dot{\boldsymbol{P}} \tag{5.3.28}$$

$$\dot{\boldsymbol{L}}_{\mathrm{r}} = \sum_{i=1}^{n} \boldsymbol{y}_i \times m_i \ddot{\boldsymbol{y}}_i + \sum_{i=1}^{n} \dot{\boldsymbol{y}}_i \times m_i \dot{\boldsymbol{y}}_i = \sum_{i=1}^{n} \boldsymbol{y}_i \times m_i \ddot{\boldsymbol{y}}_i \tag{5.3.29}$$

となる．ここで，式 (5.3.28) の最後の等号は，式 (5.3.8) より $\boldsymbol{P}$ と $\dot{\boldsymbol{x}}_{\mathrm{G}}$ が平行なので第2項が0になることを用いた．

● トルクの分解　トルクも同じように分けられるのだろうか？　この疑問に答えるために，実際に計算してみよう．

式 (4.2.8) にならって，全トルクは式 (5.3.24) でも用いたように

$$\boldsymbol{N} = \sum_{i=1}^{n} \boldsymbol{x}_i \times \boldsymbol{f}_i \tag{5.3.30}$$

と定義するのが妥当だろう．これに，重心に対する相対位置の定義式 (5.3.10) を代入すると，

$$\begin{aligned} \boldsymbol{N} &= \sum_{i=1}^{n} (\boldsymbol{x}_{\mathrm{G}} + \boldsymbol{y}_i) \times \boldsymbol{f}_i = \sum_{i=1}^{n} (\boldsymbol{x}_{\mathrm{G}} + \boldsymbol{y}_i) \times \left(\sum_{j=1, j\neq i}^{n} \boldsymbol{f}_{ij} + \boldsymbol{F}_i \right) \\ &= \boldsymbol{x}_{\mathrm{G}} \times \left(\sum_{i=1}^{n} \sum_{j=1, j\neq i}^{n} \boldsymbol{f}_{ij} \right) + \boldsymbol{x}_{\mathrm{G}} \times \sum_{i=1}^{n} \boldsymbol{F}_i \\ &\quad + \sum_{i=1}^{n} \boldsymbol{y}_i \times \left(\sum_{j=1, j\neq i}^{n} \boldsymbol{f}_{ij} \right) + \sum_{i=1}^{n} \boldsymbol{y}_i \times \boldsymbol{F}_i \end{aligned} \tag{5.3.31}$$

となる．ここで，5.3.4 項のときと同じく $\boldsymbol{f}_{ij}$ と $\boldsymbol{f}_{ji}$ とを組にして考え，内力に関する作用反作用の法則 $\boldsymbol{f}_{ji} = -\boldsymbol{f}_{ij}$ を用いると第1項は0となり，第3項も全角運

動量を考えた場合と同じく 0 になる．したがって，

$$\boldsymbol{N} = \boldsymbol{x}_{\mathrm{G}} \times \boldsymbol{F} + \sum_{i=1}^{n} \boldsymbol{y}_i \times \boldsymbol{F}_i \tag{5.3.32}$$

となる．ここで，$\boldsymbol{F} = \sum_{i=1}^{n} \boldsymbol{F}_i$ は系に加わる全外力である．第 1 項は重心位置と加わる力の総計のみで記述されており，第 2 項は各質点の重心相対位置とそこに加わる外力のみで記述されているので，前者を $\boldsymbol{N}_{\mathrm{G}}$，後者を $\boldsymbol{N}_{\mathrm{r}}$ と書くのが妥当だろう．すなわち，

$$\boldsymbol{N} = \boldsymbol{N}_{\mathrm{G}} + \boldsymbol{N}_{\mathrm{r}} \tag{5.3.33}$$

である．

● 回転運動方程式の分解　角運動量とトルクは重心自体の運動によるものと重心周りの回転によるものに分解できた．それぞれが対応するかを確かめてみよう．

式 (5.3.28) の右辺に重心に関する運動方程式 (5.3.9) を代入すると，

$$\dot{\boldsymbol{L}}_{\mathrm{G}} = \boldsymbol{x}_{\mathrm{G}} \times \dot{\boldsymbol{P}} = \boldsymbol{x}_{\mathrm{G}} \times \boldsymbol{F} = \boldsymbol{N}_{\mathrm{G}} \tag{5.3.34}$$

が得られる．つまり，期待した通りに，重心に関する角運動量とトルクの関係式が得られた．これは質点に関する回転運動方程式と同じ形であり，並進運動の場合と同じく，全質量が重心に対応する点に集中しているとして質点と同様に扱えることを意味する．

重心周りの回転については，上の式と式 (5.3.24) および (5.3.27) を組み合わせれば以下のように簡単に導くことができる．

$$\dot{\boldsymbol{L}}_{\mathrm{r}} = \dot{\boldsymbol{L}} - \dot{\boldsymbol{L}}_{\mathrm{G}} = \boldsymbol{N} - \boldsymbol{N}_{\mathrm{G}} = \boldsymbol{N}_{\mathrm{r}} \tag{5.3.35}$$

つまり，重心周りの N 体の回転は原点周りの N 体の回転と同様に扱ってよいということである．

以上から，N 体の回転は，重心の回転運動と重心周りの回転運動に分離して考えてよいということがわかる．

5.4 連続体と剛体

5.4.1 連 続 体

ここまでは物体を質点でモデル化して，その運動について考えてきた．その結果を踏まえて，5.3節では，n個の質点からなる系について考えた．この考えを発展させて，大きさを持つ物体の運動についての力学を扱う方法を考えてみよう．

大きさを持つ物体を細かく刻んで小さな塊の集合と考えてみよう．塊1個の体積をΔV，質量をΔmとする．もしも，刻みを無限に細かくすれば，ΔVもΔmも無限に小さくなるだろう．しかし，その比は一定値に近づくことが期待できる．そこで，**密度** (density) を以下のように定義する．

$$\rho(\boldsymbol{x}) = \lim_{\Delta V \to 0} \frac{\Delta m}{\Delta V} = \frac{dm}{dV} \tag{5.4.1}$$

密度の値は，どの位置の周囲で考えるかで変わるだろう．したがって，ρは場の量であり，その意味を明示するために$\rho(\boldsymbol{x})$と書いた．無限に小さいという意味を込めてΔVやΔmをdVやdmと書くことを認めるならば，上式は

$$dm = \rho(\boldsymbol{x})\, dV \tag{5.4.2}$$

と書いてもよいだろう．もちろん，$\frac{dm}{dV}$は分数ではないので，この記述方法は厳密には正しくない．しかし，これで最終的には正しい計算結果が得られることも多いため，物理学では微分記号を分数であるかのように扱う上記の記法もよく使われる．

さて，実在の物体をどこまで細かく分割してもよいのかは不明確だが，考え方としては積分と同じく，無限に細かく分割して考えた後に，全体を1つの集団として捉えてもうまく行くことが期待できる．実際，実在の物体は分子や原子で構成されているので，その意味でもこうした考えは見当はずれではないだろう．以下では原子や分子の大きさが問題になるほど細かくは見ないが，分割した1つの部分は十分に小さく，力学を考える上では大きさを考慮する必要がないという状況で議論を進めることにする．このように考えた物体を**連続体** (continuum または continuous body) と呼ぶ．連続体では，分割した1つの部分のそれぞれを質点として扱う．位置$\boldsymbol{x}$にあり，その質量がdmの質点が無限に集まったものと考えるのである．

積分の考え方を使えば，微小部分を積分したのが全体になるのだから，物体全体

の質量 M や運動量 $\boldsymbol{p}$ は以下の式になることは容易に理解できるだろう．

$$M = \int dm = \int \rho(\boldsymbol{x})\, dV \tag{5.4.3}$$

$$\boldsymbol{p} = \int \dot{\boldsymbol{x}}\, dm = \int \dot{\boldsymbol{x}}\rho(\boldsymbol{x})\, dV \tag{5.4.4}$$

ここで，積分範囲は考えている物体全体である．数式で表現しにくい場合もあるが，概念としては理解できるだろう．このように積分範囲が数式では表現困難でも概念として容易に理解できる場合には，その概念を表す“メモ”を積分記号に付すことが物理学ではよくある．例えば，今回の場合だと

$$M = \int_{\text{物体全体}} \rho(\boldsymbol{x})\, dV, \quad \boldsymbol{p} = \int_{\text{物体全体}} \dot{\boldsymbol{x}}\rho(\boldsymbol{x})\, dV \tag{5.4.5}$$

とメモしておけばよい．実際に計算する際には，最終的には数式や数値で範囲を表現する必要もでてくるが，物理学を理解する上では数値が得られることよりも概念が理解できることの方がずっと重要である．

座標を表す変数が複数登場する式では，単に dV と書くとどの座標変数に対応する積分なのかの区別がつかない．そこで，このような場合，座標に対応する位置ベクトルを転用して，$d\boldsymbol{x}$ のように表記することも多い．例えば，

$$M = \int_{\text{物体全体}} \rho(\boldsymbol{x})\, d\boldsymbol{x}, \quad \boldsymbol{p} = \int_{\text{物体全体}} \dot{\boldsymbol{x}}\rho(\boldsymbol{x})\, d\boldsymbol{x} \tag{5.4.6}$$

という表記になる．“ベクトルでの積分”であるかのような表記なので，実際の計算をどうするのかと戸惑ってしまうかも知れないが，恐れることはない．微小体積の合計として積分するのだから，対応する座標変数で 3 重積分するだけのことである．慣れてしまえば自然に思えてくるだろう．

連続体の重心位置も N 体の場合と同様にすればよい．すなわち

$$\boldsymbol{x}_{\mathrm{G}} = \frac{\int \boldsymbol{x}\rho(\boldsymbol{x})\, d\boldsymbol{x}}{\int \rho(\boldsymbol{x})\, d\boldsymbol{x}} = \frac{1}{M}\int \boldsymbol{x}\rho(\boldsymbol{x})\, d\boldsymbol{x} \tag{5.4.7}$$

である．積分範囲は容易にわかるとして省略したが，もちろん，物体全体である．

また，連続体の全質量 M は連続体がどのように運動し変形しようとも，それに合わせて空間的な積分範囲が変わるだけで，その値は当然のことながら一定である．他の物理量もどのように表せるかは容易に想像できるだろう．運動エネルギーなどがどのように表記できるかを考えてみて欲しい．

5.4.2 連続体の重心の運動

N 体の質量分布を連続量にしたものが連続体なので，N 体の場合と同じく，重心の運動は質点と同等に扱えることが期待できる．これを確かめてみよう．

N 体に対する運動方程式 (5.3.1) に対応する連続体の微小体積 $d\boldsymbol{x}$ に対する運動方程式が以下の式になることは容易にわかるだろう．

$$\rho(\boldsymbol{x})\ddot{\boldsymbol{x}}\,d\boldsymbol{x} = \boldsymbol{f}(\boldsymbol{x})\,d\boldsymbol{x} = \int \boldsymbol{f}(\boldsymbol{x},\boldsymbol{x}')\,d\boldsymbol{x}\,d\boldsymbol{x}' + \boldsymbol{F}(\boldsymbol{x})\,d\boldsymbol{x} \tag{5.4.8}$$

ここで，$\boldsymbol{f}(\boldsymbol{x})$ は $\boldsymbol{x}$ に位置する微小体積 $d\boldsymbol{x}$ にある質量へ加わる全ての力．また，$\boldsymbol{f}(\boldsymbol{x},\boldsymbol{x}')\,d\boldsymbol{x}\,d\boldsymbol{x}'$ はそのうち $\boldsymbol{x}'$ に位置する微小体積 $d\boldsymbol{x}'$ の質量から $\boldsymbol{x}$ に位置する微小体積 $d\boldsymbol{x}$ にある質量へ加わる内力であり，$\boldsymbol{F}(\boldsymbol{x})\,d\boldsymbol{x}$ は $\boldsymbol{x}$ に位置する微小体積 $d\boldsymbol{x}$ にある質量へ加わる外力．なお，自分自身には力は及ばないので形式的に $\boldsymbol{f}(\boldsymbol{x},\boldsymbol{x})$ $= 0$ と定義しておく．

この式 (5.4.8) を $\boldsymbol{x}$ に対応する $d\boldsymbol{x}$ で物体全体にわたって積分しよう．すると，

$$\int \rho(\boldsymbol{x})\ddot{\boldsymbol{x}}\,d\boldsymbol{x} = \iint \boldsymbol{f}(\boldsymbol{x},\boldsymbol{x}')\,d\boldsymbol{x}\,d\boldsymbol{x}' + \int \boldsymbol{F}(\boldsymbol{x})\,d\boldsymbol{x} \tag{5.4.9}$$

となる．

ところで，式 (5.4.9) の内力の項は実は 0 であることが以下の考察でわかる．内力に関する作用反作用の法則から

$$\boldsymbol{f}(\boldsymbol{x}',\boldsymbol{x})\,d\boldsymbol{x}\,d\boldsymbol{x}' = -\boldsymbol{f}(\boldsymbol{x},\boldsymbol{x}')\,d\boldsymbol{x}\,d\boldsymbol{x}'$$

であることを用い，さらに変数記号 $\boldsymbol{x}$ と $\boldsymbol{x}'$ を入れ替えて，

$$\iint \boldsymbol{f}(\boldsymbol{x},\boldsymbol{x}')\,d\boldsymbol{x}\,d\boldsymbol{x}' = -\iint \boldsymbol{f}(\boldsymbol{x}',\boldsymbol{x})\,d\boldsymbol{x}'\,d\boldsymbol{x} = -\iint \boldsymbol{f}(\boldsymbol{x},\boldsymbol{x}')\,d\boldsymbol{x}\,d\boldsymbol{x}'$$

が得られる．等式の両端を見比べると同じ積分結果が異なる符号で等しいということなので，その値は 0 であることがわかる．したがって，

$$\rho(\boldsymbol{x})\ddot{\boldsymbol{x}}\,d\boldsymbol{x} = \boldsymbol{F}(\boldsymbol{x})\,d\boldsymbol{x} \tag{5.4.10}$$

$$\iint \boldsymbol{f}(\boldsymbol{x},\boldsymbol{x}')\,d\boldsymbol{x}\,d\boldsymbol{x}' = 0 \tag{5.4.11}$$

である．そこで，全外力を

$$\boldsymbol{F}_{\mathrm{G}} = \int \boldsymbol{F}(\boldsymbol{x})\,d\boldsymbol{x} \tag{5.4.12}$$

と定義する．これは物体全体に加わる外力といえ，これが式 (5.4.9) の右辺となる．

一方，重心位置の定義式 (5.4.7) の両辺を時間で 2 階微分すると，

$$\ddot{\boldsymbol{x}}_{\mathrm{G}} = \frac{1}{M}\int \ddot{\boldsymbol{x}}\rho(\boldsymbol{x})\,d\boldsymbol{x} \tag{5.4.13}$$

となる．したがって，式 (5.4.9) は

$$M\ddot{\boldsymbol{x}}_{\mathrm{G}} = \boldsymbol{F}_{\mathrm{G}} \tag{5.4.14}$$

となる．つまり，連続体の場合でも，重心 $\boldsymbol{x}_{\mathrm{G}}$ は，そこに全質量 M が集中した質点に物体全体に加わる全外力 $\boldsymbol{F}_{\mathrm{G}}$ が加わった場合と同じ運動を示すことがわかる．

5.4.3　連続体の重心に対する相対運動

重心に対する相対運動も N 体の場合と同様の性質を持つ．

式 (5.4.7) は定義式なので，時刻によらず常に成り立ち，その時間微分も常に 0 である．すなわち，

$$\frac{d}{dt}\left(\int \rho(\boldsymbol{x})\boldsymbol{x}\,d\boldsymbol{x}\right) - M\dot{\boldsymbol{x}}_{\mathrm{G}} = 0 \tag{5.4.15}$$

である．全質量 M は時間変化しないので，式 (5.4.3) を代入すると

$$\frac{d}{dt}\left(\int \rho(\boldsymbol{x})(\boldsymbol{x} - \boldsymbol{x}_{\mathrm{G}})\,d\boldsymbol{x}\right) = 0 \tag{5.4.16}$$

が得られる．そこで，重心に対する相対位置を

$$\boldsymbol{y} = \boldsymbol{x} - \boldsymbol{x}_{\mathrm{G}} \tag{5.4.17}$$

と書けば，式 (5.4.7) も含めて，

$$\int \rho'(\boldsymbol{y})\boldsymbol{y}\,d\boldsymbol{y} = 0, \quad \frac{d}{dt}\left(\int \rho'(\boldsymbol{y})\boldsymbol{y}\,d\boldsymbol{y}\right) = 0 \tag{5.4.18}$$

となることがわかる．ただし，$\rho'(\boldsymbol{y})$ は $\rho'(\boldsymbol{x} + \boldsymbol{x}_{\mathrm{G}}) = \rho(\boldsymbol{x})$ となるように定義した，同じ連続体の密度分布である．なお，今後は引数の表現で区別がつくならば $\rho'(\boldsymbol{y})$ を $\rho(\boldsymbol{y})$ と書くことにする．

つまり，連続体の場合でも，N 体の場合と同じく，重心に対する各部分の重心に対する相対位置 $\boldsymbol{y}$ をその密度分布で重み付けした平均は常に 0 であり，その時間微分も 0 となる．

次に，時刻 t での微小体積 $d\boldsymbol{y}$ が重心に対する回転や変形によって，時刻 $t + \Delta t$ では微小体積 $d\boldsymbol{y}'$ を占めるようになったとしよう．2 つの微小体積は同じ物質が占めているので，その質量は変化しない．なので，

$$\rho(\boldsymbol{y}')\,d\boldsymbol{y}' = \rho(\boldsymbol{y})\,d\boldsymbol{y} \tag{5.4.19}$$

が成り立つ．ここで，$\boldsymbol{y}' = \boldsymbol{y} + \Delta\boldsymbol{y} = \boldsymbol{y} + \dot{\boldsymbol{y}}\Delta t$ である．ここから，

$$\rho(\boldsymbol{y}')\,d\boldsymbol{y}'\ \boldsymbol{y}' - \rho(\boldsymbol{y})\,d\boldsymbol{y}\ \boldsymbol{y} = \rho(\boldsymbol{y})\,d\boldsymbol{y}\,(\boldsymbol{y}' - \boldsymbol{y}) = \rho(\boldsymbol{y})\,d\boldsymbol{y}\ \dot{\boldsymbol{y}}\Delta t \tag{5.4.20}$$

が得られる．両辺を Δt で割って，$\Delta t \to 0$ の極限を取ると

$$\frac{d}{dt}\left(\rho(\boldsymbol{y})d\boldsymbol{y}\ \boldsymbol{y}\right) = \rho(\boldsymbol{y})\,d\boldsymbol{y}\ \dot{\boldsymbol{y}} \tag{5.4.21}$$

が得られる．この両辺を時刻 t での連続体全体にわたって積分すれば，

$$\frac{d}{dt}\left(\int \rho(\boldsymbol{y})\boldsymbol{y}\,d\boldsymbol{y}\right) = \int \rho(\boldsymbol{y})\dot{\boldsymbol{y}}\,d\boldsymbol{y} \tag{5.4.22}$$

となる．つまり，式 (5.4.18) は，

$$\int \rho(\boldsymbol{y})\boldsymbol{y}\,d\boldsymbol{y} = 0, \quad \int \rho(\boldsymbol{y})\dot{\boldsymbol{y}}\,d\boldsymbol{y} = 0 \tag{5.4.23}$$

を意味することがわかる．

式 (5.4.22) を求めるのと同様の考察をすれば，相対位置 $\boldsymbol{y}$ に依存する任意のベクトル $\boldsymbol{q} = \boldsymbol{q}(\boldsymbol{y})$ について，

$$\frac{d}{dt}\left(\int \rho(\boldsymbol{y})\boldsymbol{q}(\boldsymbol{y})d\boldsymbol{y}\right) = \int \rho(\boldsymbol{y})\dot{\boldsymbol{q}}(\boldsymbol{y})\,d\boldsymbol{y} \tag{5.4.24}$$

が成り立つことも容易に示すことができる．

5.4.4 連続体の回転運動

次に，座標原点周りの回転を考えてみよう．

N 体の場合 (5.3.18) にならって，連続体の全角運動量を

$$\boldsymbol{L} = \int \rho(\boldsymbol{x})\boldsymbol{x} \times \dot{\boldsymbol{x}}\,d\boldsymbol{x} \tag{5.4.25}$$

で定義しよう．

この式を時間微分すると

$$\begin{aligned}\dot{\boldsymbol{L}} &= \frac{d}{dt}\left(\int \boldsymbol{x} \times \rho(\boldsymbol{x})\dot{\boldsymbol{x}}\,d\boldsymbol{x}\right) = \int \dot{\boldsymbol{x}} \times \rho(\boldsymbol{x})\dot{\boldsymbol{x}}\,d\boldsymbol{x} + \int \boldsymbol{x} \times \rho(\boldsymbol{x})\ddot{\boldsymbol{x}}\,d\boldsymbol{x} \\ &= \int \boldsymbol{x} \times \rho(\boldsymbol{x})\ddot{\boldsymbol{x}}\,d\boldsymbol{x} \end{aligned} \tag{5.4.26}$$

となる．2つ目の等号では，式 (5.4.24) に $\boldsymbol{q} = \boldsymbol{x} \times \dot{\boldsymbol{x}}$ を代入した式を用いており，最後の等号は外積の性質としての $\dot{\boldsymbol{x}} \times \dot{\boldsymbol{x}} = 0$ を用いた．

これに各微小体積 $d\boldsymbol{x}$ に関する運動方程式 (5.4.8) を代入すると以下の式を得る．

$$\begin{aligned}\dot{\boldsymbol{L}} &= \int \boldsymbol{x} \times \left(\int \boldsymbol{f}(\boldsymbol{x}, \boldsymbol{x}')\, d\boldsymbol{x}' + \boldsymbol{F}(\boldsymbol{x}) \right) d\boldsymbol{x} \\ &= \iint \boldsymbol{x} \times \boldsymbol{f}(\boldsymbol{x}, \boldsymbol{x}')\, d\boldsymbol{x}\, d\boldsymbol{x}' + \int \boldsymbol{x} \times \boldsymbol{F}(\boldsymbol{x})\, d\boldsymbol{x} \end{aligned} \tag{5.4.27}$$

ここで，自分自身には力が及ばないはずなので $\boldsymbol{f}(\boldsymbol{x}, \boldsymbol{x}) = 0$ であることに注意．

N 体の場合と同じく，この第1項は0になる．そのことを以下に示そう．連続体内の2箇所 $\boldsymbol{x}$ と $\boldsymbol{x}'$ に位置する微小体積間に働く力について，作用反作用の法則を考えると $\boldsymbol{f}(\boldsymbol{x}', \boldsymbol{x})\, d\boldsymbol{x}'\, d\boldsymbol{x} = -\boldsymbol{f}(\boldsymbol{x}, \boldsymbol{x}')\, d\boldsymbol{x}\, d\boldsymbol{x}'$ である．これに $\boldsymbol{x}$ と $\boldsymbol{x}'$ の変数の交換を考えると，

$$\begin{aligned}\iint \boldsymbol{x} \times \boldsymbol{f}(\boldsymbol{x}, \boldsymbol{x}')\, d\boldsymbol{x}\, d\boldsymbol{x}' &= \iint \boldsymbol{x}' \times \boldsymbol{f}(\boldsymbol{x}', \boldsymbol{x})\, d\boldsymbol{x}'\, d\boldsymbol{x} \\ &= -\iint \boldsymbol{x}' \times \boldsymbol{f}(\boldsymbol{x}, \boldsymbol{x}')\, d\boldsymbol{x}\, d\boldsymbol{x}' \end{aligned} \tag{5.4.28}$$

となる．すなわち，

$$2 \iint \boldsymbol{x} \times \boldsymbol{f}(\boldsymbol{x}, \boldsymbol{x}')\, d\boldsymbol{x}\, d\boldsymbol{x}' = \iint (\boldsymbol{x} - \boldsymbol{x}') \times \boldsymbol{f}(\boldsymbol{x}, \boldsymbol{x}')\, d\boldsymbol{x}\, d\boldsymbol{x}' \tag{5.4.29}$$

である．ここで，力 $\boldsymbol{f}(\boldsymbol{x}, \boldsymbol{x}')$ が2つの質点を結ぶ直線と平行ならば，上記は0になる．平行であることは，N 体の場合に行ったのと同様の議論で立証できるだろう．つまり，

$$\iint \boldsymbol{x} \times \boldsymbol{f}(\boldsymbol{x}, \boldsymbol{x}')\, d\boldsymbol{x}\, d\boldsymbol{x}' = 0 \tag{5.4.30}$$

である．したがって，この場合には式 (5.4.27) より

$$\dot{\boldsymbol{L}} = \int \boldsymbol{x} \times \boldsymbol{F}(\boldsymbol{x})\, d\boldsymbol{x} \tag{5.4.31}$$

であることがわかる．

この右辺は $\boldsymbol{x}$ に位置する微小体積に加わる外力によるトルク $\boldsymbol{N}(\boldsymbol{x})\, d\boldsymbol{x} = \boldsymbol{x} \times \boldsymbol{F}(\boldsymbol{x})\, d\boldsymbol{x}$ を連続体全体にわたって積分した量なので，結局，

$$\dot{\boldsymbol{L}} = \int \boldsymbol{N}(\boldsymbol{x})\, d\boldsymbol{x} = \boldsymbol{N} \tag{5.4.32}$$

を得る．$\boldsymbol{N}$ は外力による全トルクである．

5.4.5　連続体の重心周りの回転運動

N 体の場合と同様に，連続体でも重心と重心周りの回転運動方程式に分解することは可能だろうか．以下で確かめてみよう．

● **角運動量の分解**　連続体の全角運動量の定義式 (5.4.25) に，重心に対する相対位置の定義式 (5.4.17) を代入してみると，以下のように，式 (5.3.25) を導いたのと同様の計算ができる．

$$
\begin{aligned}
\boldsymbol{L} &= \int \rho(\boldsymbol{y})\{(\boldsymbol{x}_{\mathrm{G}} + \boldsymbol{y}) \times (\dot{\boldsymbol{x}}_{\mathrm{G}} + \dot{\boldsymbol{y}})\}\, d\boldsymbol{y} \\
&= \boldsymbol{x}_{\mathrm{G}} \times \dot{\boldsymbol{x}}_{\mathrm{G}} M + \boldsymbol{x}_{\mathrm{G}} \times \int \rho(\boldsymbol{y})\dot{\boldsymbol{y}}\, d\boldsymbol{y} \\
&\quad + \left(\int \rho(\boldsymbol{y})\boldsymbol{y}\, d\boldsymbol{y}\right) \times \dot{\boldsymbol{x}}_{\mathrm{G}} + \int \boldsymbol{y} \times \rho(\boldsymbol{y})\dot{\boldsymbol{y}}\, d\boldsymbol{y}
\end{aligned} \tag{5.4.33}
$$

ここで，連続体の重心の定義式 (5.4.7) から，

$$
\int \rho(\boldsymbol{y})\boldsymbol{y}\, d\boldsymbol{y} = \int \rho(\boldsymbol{x})\boldsymbol{x}\, d\boldsymbol{x} - M\boldsymbol{x}_{\mathrm{G}} = 0 \tag{5.4.34}
$$

となるので，式 (5.4.33) の最右辺第 3 項は 0 となる．また，式 (5.4.23) を用いると最右辺第 2 項も 0 となる．

したがって，式 (5.4.33) は

$$
\boldsymbol{L} = \boldsymbol{x}_{\mathrm{G}} \times \dot{\boldsymbol{x}}_{\mathrm{G}} M + \int \boldsymbol{y} \times \rho(\boldsymbol{y})\dot{\boldsymbol{y}}\, d\boldsymbol{y} \tag{5.4.35}
$$

となる．そこで，この式の右辺第 1 項および第 2 項を

$$
\boldsymbol{L}_{\mathrm{G}} = \boldsymbol{x}_{\mathrm{G}} \times M\dot{\boldsymbol{x}}_{\mathrm{G}} = \boldsymbol{x}_{\mathrm{G}} \times \boldsymbol{p}, \quad \boldsymbol{L}_{\mathrm{r}} = \int \boldsymbol{y} \times \rho(\boldsymbol{y})\dot{\boldsymbol{y}}\, d\boldsymbol{y} \tag{5.4.36}
$$

と書こう．ここで，連続体の全運動量の定義式 (5.4.4) を用いた．前者は**連続体重心の角運動量**，後者は**重心周りの連続体各部の角運動量**の合計であることは容易にわかる．この表記を用いれば，式 (5.4.35) は

$$
\boldsymbol{L} = \boldsymbol{L}_{\mathrm{G}} + \boldsymbol{L}_{\mathrm{r}} \tag{5.4.37}
$$

となり，連続体の全角運動量も重心の運動によるものと重心周りの運動によるものとに分離できることがわかる．

トルクの分解 次に，トルクが分解できるかを N 体の場合にならって考えよう．

連続体内の微小体積 $d\boldsymbol{x}$ に位置する質量についての運動方程式は式 (5.4.10) なので，連続体全体に加わるトルク $\boldsymbol{N}$ について

$$\boldsymbol{N} = \int \boldsymbol{x} \times \rho(\boldsymbol{x})\ddot{\boldsymbol{x}}\, d\boldsymbol{x} \tag{5.4.38}$$

が成り立つ．これに重心に対する相対位置ベクトルの定義式 (5.4.17) を代入すると，

$$\begin{aligned}\boldsymbol{N} &= \int (\boldsymbol{x}_{\mathrm{G}} + \boldsymbol{y}) \times \rho(\boldsymbol{y})(\ddot{\boldsymbol{x}}_{\mathrm{G}} + \ddot{\boldsymbol{y}})\, d\boldsymbol{y} \\ &= \int (\boldsymbol{x}_{\mathrm{G}} + \boldsymbol{y}) \times \left(\int \boldsymbol{f}(\boldsymbol{y}, \boldsymbol{y}')\, d\boldsymbol{y}' + \boldsymbol{F}(\boldsymbol{y}) \right) d\boldsymbol{y} \\ &= \boldsymbol{x}_{\mathrm{G}} \times \iint \boldsymbol{f}(\boldsymbol{y}, \boldsymbol{y}')\, d\boldsymbol{y}\, d\boldsymbol{y}' + \boldsymbol{x}_{\mathrm{G}} \times \int \boldsymbol{F}(\boldsymbol{y})\, d\boldsymbol{y} \\ &\quad + \iint \boldsymbol{y} \times \boldsymbol{f}(\boldsymbol{y}, \boldsymbol{y}')\, d\boldsymbol{y}'\, d\boldsymbol{y} + \int \boldsymbol{y} \times \boldsymbol{F}(\boldsymbol{y})\, d\boldsymbol{y}\end{aligned} \tag{5.4.39}$$

となる．ここで，$\rho(\boldsymbol{y})$ や $\boldsymbol{f}(\boldsymbol{y}, \boldsymbol{y}'), \boldsymbol{F}(\boldsymbol{y})$ は重心に対する相対位置 $\boldsymbol{y}$ での密度や力を表す．式 (5.4.11) と同じ証明を $\boldsymbol{y}$ について行った結果から最後の表式の第 1 項が 0，式 (5.4.30) から第 3 項も 0 になるので，

$$\boldsymbol{N} = \boldsymbol{x}_{\mathrm{G}} \times \int \boldsymbol{F}(\boldsymbol{y})\, d\boldsymbol{y} + \int \boldsymbol{y} \times \boldsymbol{F}(\boldsymbol{y})\, d\boldsymbol{y} = \boldsymbol{x}_{\mathrm{G}} \times \boldsymbol{F}_{\mathrm{G}} + \int \boldsymbol{y} \times \boldsymbol{F}(\boldsymbol{y})\, d\boldsymbol{y} \tag{5.4.40}$$

が得られる．ここで，

$$\boldsymbol{F}_{\mathrm{G}} = \int \boldsymbol{F}(\boldsymbol{y})\, d\boldsymbol{y} \tag{5.4.41}$$

は連続体全体に及ぶ全外力である．

式 (5.4.40) の第 1 項は重心の位置ベクトルと $\boldsymbol{F}_{\mathrm{G}}$ の外積であり，第 2 項は連続体の各部の重心相対位置とそこに加わる外力との外積を連続体全体にわたって積分した量である．

したがって，前者を $\boldsymbol{N}_{\mathrm{G}}$，後者を $\boldsymbol{N}_{\mathrm{r}}$ と書くのが妥当である．また，重心位置に関連するトルクと重心に対する相対位置に関連するトルクの 2 つを

$$\boldsymbol{N}_{\mathrm{G}} = \boldsymbol{x}_{\mathrm{G}} \times \boldsymbol{F}_{\mathrm{G}}, \quad \boldsymbol{N}_{\mathrm{r}} = \int \boldsymbol{y} \times \boldsymbol{F}(\boldsymbol{y})\, d\boldsymbol{y} \tag{5.4.42}$$

と定義することで，全トルクをそれらの和として，次のように書くことができる．

$$\boldsymbol{N} = \boldsymbol{N}_{\mathrm{G}} + \boldsymbol{N}_{\mathrm{r}} \tag{5.4.43}$$

● 回転運動方程式の分解 ここまでの成果を用いて回転運動方程式が2つに分解できるか確かめてみよう．

まず，式 (5.4.36) を微分してみよう．

$$\dot{\boldsymbol{L}}_{\mathrm{G}} = \boldsymbol{x}_{\mathrm{G}} \times M\ddot{\boldsymbol{x}}_{\mathrm{G}} \tag{5.4.44}$$

$$\dot{\boldsymbol{L}}_{\mathrm{r}} = \int \rho(\boldsymbol{y})\boldsymbol{y} \times \ddot{\boldsymbol{y}}\, d\boldsymbol{y} \tag{5.4.45}$$

ここで，式 (5.4.24) で $\boldsymbol{q} = \boldsymbol{y} \times \dot{\boldsymbol{y}}$ と置いた結果，および，同じベクトル同士の外積は0であることを用いた．

式 (5.4.14) を使うと，式 (5.4.44) の右辺は式 (5.4.42) で定義した $\boldsymbol{N}_{\mathrm{G}}$ そのものである．すなわち，

$$\dot{\boldsymbol{L}}_{\mathrm{G}} = \boldsymbol{x}_{\mathrm{G}} \times \boldsymbol{F}_{\mathrm{G}} = \boldsymbol{N}_{\mathrm{G}} \tag{5.4.46}$$

である．また，式 (5.4.45) の右辺は式 (5.4.42) で定義した $\boldsymbol{N}_{\mathrm{r}}$ そのものである．すなわち，

$$\dot{\boldsymbol{L}}_{\mathrm{r}} = \boldsymbol{N}_{\mathrm{r}} \tag{5.4.47}$$

である．

つまり，連続体の場合でも，回転運動方程式を重心に対する式 (5.4.46) と重心周りの式 (5.4.47) とに分離できるのである．

5.4.6 固体と液体，気体

身の周りを見渡すと，大きさを持つ物体や物質として固体と液体と気体があることがわかる．具体的な物体や物質がどれに当たるのか多くの人が直観的に判断可能だろうが，現実的には力を加えた際の体積の変化や変形の程度が大きく異なることで区別している．固体の変形はわずかであるのに対して液体や気体は同じ強さの力で容易に形を変える．また，固体や液体は力を加えても体積はほとんど変化しないのに対して気体は容易に収縮・膨張して体積が大きく変化する．そこで，これらを近似して物理学では以下のように考える．

固体の近似モデルとして考えられるのは，どれほど強い力を加えても全く変形しない物体である．これを**剛体** (rigid body) という．これに対して，力を加えると容易に変形する物体を**流体** (fluid) という．液体の近似モデルとしては，どれほど大

きな力を加えても体積が全く変わらない物体が考えられる．これを非圧縮性流体と呼ぶ．気体の近似モデルは，力が加わると体積が大きく変わる物体を考えればよいだろう．これを圧縮性流体という．

流体は剛体よりも考えなければならない要素が増えるので，剛体の力学よりもずっと複雑となる．このため流体を扱う力学は流体力学として物理学の1分野をなしている．なので，流体の運動や振る舞いに関心がある人は流体力学を勉強するとよいだろう．例えば，船舶や航空機の運動に影響する水や空気の流れ，水路やパイプ内での液体の流れ，あるいは宇宙空間でのガスの運動などを議論するには流体力学が必須となる．

ただし，流体力学に進む際にも剛体の力学は大いに参考になる．したがって，流体に関心がある人も，この後の議論を学んでおいて損はない．

5.4.7 剛体の並進運動

剛体は全く変形しない物体として定義される．ということは受けた力に応じて，それと釣り合う力が自動的に発生するということである．とはいえ，その力を全て理解する必要はないだろう．我々の関心は剛体全体の動きとその向きだけなのだから．このことは数式上ではどのように反映されるのだろうか．

剛体は変形しない連続体なので，連続体についての関係は剛体についても全て成り立つ．すなわち，式 (5.4.3) と式 (5.4.4) と式 (5.4.7) に示した，以下の定義式は剛体でも成立する．

$$M = \int \rho \, d\boldsymbol{x}, \quad \boldsymbol{p} = \int \dot{\boldsymbol{x}} \rho(\boldsymbol{x}) \, d\boldsymbol{x}, \quad \boldsymbol{x}_{\mathrm{G}} = \frac{1}{M} \int \boldsymbol{x} \rho(\boldsymbol{x}) \, d\boldsymbol{x} \tag{5.4.48}$$

まずは，剛体全体が平行移動した場合に，この重心の位置が示す性質を調べてみよう．それに先だって，まずは移動による全質量の計算を考えてみる．このように考えやすい量から検討してみることは，考え方や注意すべき点を整理する上で有効である．

移動前の時点で考えると物体の全質量は定義から，

$$M = \int_{\text{移動前の物体範囲}} \rho(\boldsymbol{x}) \, d\boldsymbol{x} \tag{5.4.49}$$

である．一方，移動後では同じく，

$$M = \int_{\text{移動後の物体範囲}} \rho(\boldsymbol{x}) \, d\boldsymbol{x} \tag{5.4.50}$$

である．当然，両者は等しくなければならない．

ここで，注意しなければならないのは，密度分布 ρ である．2つの式ではともに $\rho(\boldsymbol{x})$ と書いたが，物体の移動に伴いその範囲が変わっている．したがって，これを意識するように後者は座標ベクトルを変えた方が誤解が少ない．そこで，移動量を $\boldsymbol{x}_0$ として，移動前後での物体内の同一点の位置ベクトルを

$$\boldsymbol{y} = \boldsymbol{x} + \boldsymbol{x}_0 \tag{5.4.51}$$

と書くことにしよう．

剛体ならば変形しないので，向きも変わらない場合，上記に対応する同一点の密度は等しい必要がある．しかし，両者とも ρ で記述すると $\rho(\boldsymbol{x}+\boldsymbol{x}_0) = \rho(\boldsymbol{x})$ などと書くことになり，混乱が避けられない．そこで，移動後の密度を $\rho'(\boldsymbol{y})$ と書くことにしよう．すなわち $\rho'(\boldsymbol{y}) = \rho(\boldsymbol{x})$ である．すると，

$$\begin{aligned}\int_{\text{移動後の物体範囲}} \rho'(\boldsymbol{y})\,d\boldsymbol{y} &= \int_{\text{移動後の物体範囲}} \rho'(\boldsymbol{x}+\boldsymbol{x}_0)\,d\boldsymbol{y} \\ &= \int_{\text{移動後の物体範囲}} \rho(\boldsymbol{x})\,d\boldsymbol{y} \end{aligned} \tag{5.4.52}$$

と書くことになる．積分は同じ3次元空間に対するものなので積分範囲さえ間違えなければ $d\boldsymbol{y}$ と $d\boldsymbol{x}$ は区別しなくてもよい．変形も回転もしていないので，$\boldsymbol{y}$ での移動後の物体範囲と $\boldsymbol{x}$ での移動前の物体範囲とは一致していなければならない．したがって，

$$\begin{aligned}\int_{\text{移動後の物体範囲}} \rho'(\boldsymbol{y})\,d\boldsymbol{y} &= \int_{\text{移動前の物体範囲}} \rho(\boldsymbol{x})\,d\boldsymbol{x} \\ &= M \end{aligned} \tag{5.4.53}$$

が得られる．2番目の表式は移動前で求めた全質量なので M であり，剛体の全質量は移動の前後で変わらないことを示している．連続体の場合にも成立しているので，当然の結果と言えるが，剛体の場合だとより明確に証明できるわけである．

次に，重心について同様に考えてみよう．移動後の重心は定義に従えば

$$\boldsymbol{x}'_{\mathrm{G}} = \frac{1}{M}\int_{\text{移動後の物体範囲}} \boldsymbol{y}\rho'(\boldsymbol{y})\,d\boldsymbol{y} \tag{5.4.54}$$

である．ここで，移動後の重心位置は移動前とは異なることが予想されるので移動前との区別のために $\boldsymbol{x}'_{\mathrm{G}}$ とした．質量の場合と同様に考えると

$$\begin{aligned} \boldsymbol{x}'_{\mathrm{G}} &= \frac{1}{M}\int_{\text{移動前の物体範囲}} (\boldsymbol{x}+\boldsymbol{x}_0)\rho(\boldsymbol{x})\,d\boldsymbol{x} \\ &= \frac{1}{M}\int \boldsymbol{x}\rho(\boldsymbol{x})\,d\boldsymbol{x} + \boldsymbol{x}_0\frac{1}{M}\int \rho(\boldsymbol{x})\,d\boldsymbol{x} \\ &= \boldsymbol{x}_{\mathrm{G}} + \boldsymbol{x}_0 \end{aligned} \tag{5.4.55}$$

となることがわかる．ここから，平行移動した剛体の重心位置は平行移動量だけ移動することがわかる．つまり，回転しなければ剛体の重心位置は剛体とともに移動することがわかった．

5.4.8 固定軸周りの剛体の運動

● 慣性モーメント 前項の冒頭で述べたように剛体でも回転運動方程式 (5.4.31) や (5.4.32) が成り立つ．そこで，まずは，固定軸周りを回転することしかできないように制限がある剛体の運動を考えてみる．このような運動を扱う場合には回転軸上に原点をとった円柱座標を用いると計算が簡潔になる．そこで固定軸上に原点をとり，回転軸を z 軸とした円柱座標で物理量を表現しよう．

剛体は変形しないので，その各部の運動は z 軸とは垂直である．したがって，角運動量 $\boldsymbol{L}$ は z 成分以外は 0 である．

剛体の各点の回転軸からの距離 r は時間変化しない．$\dot{\boldsymbol{x}}$ は φ が増える向きで大きさは $r\dot{\varphi}$ である．さらに，剛体全体の角速度を ω とすれば，$\dot{\varphi}$ の値は剛体の各点で全て等しい．そこで，$\dot{\varphi}=\omega$ と書こう．

これらを考慮すると，$(\boldsymbol{x}\times\dot{\boldsymbol{x}})_z = r\cdot r\dot{\varphi}$ なので，$\boldsymbol{L}$ の z 成分は以下のように計算できる．

$$L_z = \int \rho(\boldsymbol{x})(\boldsymbol{x}\times\dot{\boldsymbol{x}})_z\ d\boldsymbol{x} = \int \rho(\boldsymbol{x})r^2\dot{\varphi}\ d\boldsymbol{x} = \omega\int \rho(\boldsymbol{x})r^2\ d\boldsymbol{x} \tag{5.4.56}$$

ここで，$\omega=\dot{\varphi}$ は剛体の各点で等しいことを用いて積分の外に出した．

この式の積分部分を新たに

$$I_z = \int \rho(\boldsymbol{x})r^2\ d\boldsymbol{x} \tag{5.4.57}$$

と置こう．これを z 軸周りの**慣性モーメント** (inertia moment) と呼ぶ．これを使えば式 (5.4.56) は

$$L_z = \omega I_z \tag{5.4.58}$$

と簡潔に記述することができる．

実は，この量は剛体の，この軸周りの回転移動に関して定数である．以下で，それを示そう．

密度分布 $\rho(r,\varphi,z)$ の剛体を考えよう．その z 軸周りの慣性モーメントは定義により式 (5.4.57) で表される．この剛体を z 軸周りに $\Delta\varphi$ 回転させる．この場合，新たな密度分布が元の円柱座標で $\rho'(r,\varphi,z)$ と書けたとすると，

$$I'_z = \int \rho(\boldsymbol{x})r^2 \ d\boldsymbol{x} = \iiint \rho'(r,\varphi,z)r^3 \ dr\,d\varphi\,dz \tag{5.4.59}$$

となる．ここで，円柱座標系での積分なので，式 (4.1.7)，すなわち，$d\boldsymbol{x} = r\,dr\,d\varphi\,dz$ であることを用いた．ところで，剛体は変形しないので

$$\rho'(r,\varphi,z) = \rho(r,\varphi+\Delta\varphi,z) \tag{5.4.60}$$

でなければならない．これを代入すると，

$$I'_z = \iiint \rho(r,\varphi+\Delta\varphi,z)r^3 \ dr\,d\varphi\,dz \tag{5.4.61}$$

となるが，$\varphi' = \varphi + \Delta\varphi$ と置くと，積分変数に関して $\Delta\varphi$ は定数なので，$d\varphi' = d\varphi$ であり，

$$I'_z = \iiint \rho(r,\varphi',z)r^3 \ dr\,d\varphi'\,dz \tag{5.4.62}$$

が得られる．これは積分変数が異なるだけなので，その値は式 (5.4.57) の右辺と等しく，I_z と等しい．すなわち，剛体の回転量 $\Delta\varphi$ によらず，その慣性モーメントは一定である．

● 慣性モーメントによる回転運動方程式 慣性モーメントが固定軸周りの回転移動に関して定数だとわかったので，時間の経過で z 軸周りの回転だけをする剛体の場合には

$$\dot{L}_z = I_z\dot{\omega} = I_z\ddot{\varphi} \tag{5.4.63}$$

となることがわかる．ここで φ は剛体が初期位置からどれくらい回転したかを示す角である．これを式 (5.4.32) と組み合わせれば，回転運動方程式の新たな表式として

$$N_z = I_z\ddot{\varphi} \tag{5.4.64}$$

が成り立つことがわかる．ここで，N_z はトルク $\boldsymbol{N}$ の z 成分である．

ここで，式 (5.4.64) をニュートンの運動方程式 $\boldsymbol{f} = m\ddot{\boldsymbol{x}}$ と比べると，力とトルク，位置 $\boldsymbol{x}$ と円柱座標系の回転座標 φ，質量と慣性モーメントが対応していることがわかる．ただし，質点の質量は定数であるが，慣性モーメントは剛体でなければ定数とはならないことに注意が必要である．

式 (5.4.64) を z 軸の定義によらずベクトルのまま表記することは可能なのだろうか．それができれば便利なのであるが，残念ながら I_z はベクトル量の z 成分ではないのである．ここでは，これ以上の説明はしないが，I_z は，スカラー量でもベクトル量でもない，**テンソル** (tensor) 量と呼ばれる物理量の 1 成分なのである．

● 慣性モーメントによる回転運動エネルギー ここまでの検討を踏まえると，並進運動と固定軸周りの回転運動では以下の対応関係が成り立ちそうである．

- 質量 m と慣性モーメント I_z
- 位置 $\boldsymbol{x}$ と回転角 φ
- 速度 $\boldsymbol{v}$ と角速度 ω
- 運動量 $\boldsymbol{p}$ と角運動量 $\boldsymbol{L}$
- 力 $\boldsymbol{f}$ とトルク $\boldsymbol{N}$

それでは，回転運動に伴う力学的エネルギーは運動エネルギーから上記の関係で推測できる形，すなわち，$\frac{1}{2}I_z\omega^2$ になるのだろうか？

剛体を無限小体積に分割して，式 (5.4.2) に示したのと同じく

$$dm = \rho(\boldsymbol{x})\,dV \tag{5.4.65}$$

と書くと，剛体全体の運動エネルギーは各無限小体積が持つ運動エネルギーの和なので，

$$K = \frac{1}{2}\int \rho \boldsymbol{v}^2\,dV \tag{5.4.66}$$

となる．ここで，ρ と $\boldsymbol{v}$ は無限小体積の位置の関数であることに注意．

剛体の運動が固定された z 軸周りの回転に限定されるならば，この軸を z 軸とする円柱座標を用いると，各点の r は時間変化しないので，

$$\dot{\boldsymbol{x}}^2 = (r\dot{\varphi})^2 = r^2\dot{\varphi}^2 \tag{5.4.67}$$

となる．したがって，

$$K = \frac{1}{2}\int \rho(r, \varphi, z) r^2 \dot{\varphi}^2 r\, dr\, d\varphi\, dz = \frac{1}{2}\int \rho\, \omega^2 r^2\, dV \tag{5.4.68}$$

となる．

剛体ならば全体で ω は共通しているので積分の外に出すことができ，

$$K = \frac{1}{2}\omega^2 \int \rho r^2\, dV \tag{5.4.69}$$

が得られるが，この積分部分は式 (5.4.57) で定義した z 軸周りの慣性モーメント I_z である．つまり，

$$K = \frac{1}{2} I_z \omega^2 \tag{5.4.70}$$

が得られ，予想が正しかったことが確かめられた．

5.4.9 剛体の重心周りの回転

次に，固定軸を持たない剛体を考えよう．剛体は連続体の性質を全て備えているので，連続体の場合と同じく，回転運動方程式の分離が可能で，式 (5.4.46) と (5.4.47) が成り立つ．一方，重心は剛体全体の並進運動と同じ運動をすることを先に示した．したがって，重心を剛体に固定された代表点と見なすことができる．つまり，重心周りの回転運動は重心を通る固定軸周りの回転運動と考えることができ，式 (5.4.57) と (5.4.64) が成り立つ．ここで，前者は座標原点を $\boldsymbol{x}_{\mathrm{G}}$ とするので，正確には

$$I_z = \int \rho(\boldsymbol{x} - \boldsymbol{x}_{\mathrm{G}})\, (\boldsymbol{x} - \boldsymbol{x}_{\mathrm{G}})^2\, d\boldsymbol{x} \tag{5.4.71}$$

と書くべきだろう．

このように，剛体については重心周りの慣性モーメントを定義し，計算することができる．ただし，その値はどの方向に対する回転なのか（ここでは z 軸の向き）を指定する必要があることに注意しよう．円板や棒など具体的な形状の一様密度の剛体について，いろいろな方向に対する慣性モーメントがどんな値になるのかは一度計算しておくとよいだろう．いくつかの場合については章末問題に挙げておいたので，一度は求めてからメモしておくと良いだろう．

演　習　問　題

演習 5.1　質量 M および m の 2 つの質点からなる外力が働かない 2 体問題を考える．$M \gg m$ の場合，1 次近似した 2 体問題の運動方程式は質量 m の質点だけが運動し，M の質点は静止している（慣性系にある）場合の m の運動方程式と一致することを示せ．

演習 5.2　(1)　気象衛星「ひまわり」は赤道上空 $h = 3.58 \times 10^4$ km を $T_{\mathrm{sat}} = 23$ 時間 56 分 4 秒の周期で公転している．このデータから地球の質量 M を求めよ．ただし，これ以外の外力は働かないとし，地球の半径を $R = 6400$ km，重力定数を $G = 6.67 \times 10^{-11}$ N kg^{-2} m^2 とする．

(2)　月は地球の周りを回っているというが，実際には地球は月の重力によって動かされており，地球に固定された系は慣性系ではない．したがって，両者は 2 体問題として近似する方がより正確である．地球と月との距離を $r = 3.85 \times 10^5$ km，公転周期を $T_{\mathrm{m}} = 27.3$ 日とし，地球と月の質量の和を求めよ．ただし，これ以外の外力は働かないとしてよい．

(3)　前問までの答を踏まえて，地球と月の質量比を求め，地球と月との共通重心が地球の重心からどれほど離れているかを求めよ．また，これを地球の半径と比べよ．

演習 5.3　点 $\boldsymbol{x}_0$ 周りの N 体の回転運動を考える場合，式 (5.3.18) から式 (5.3.24) に対応する式がどうなるかを求め，それらが全て成り立つことを確かめよ．

演習 5.4　三角形の各頂点に同じ質量 m の質点がある場合，この質点系の重心 G は三角形の図形としての重心 G$'$ と一致することを示せ．

ただし，三角形の図形としての重心は 1 つの頂点から対辺の中点を結んだ線分を 2 : 1 に内分する点であることを用いてよい．

演習 5.5　厚さ t，密度 ρ で一様な三角形の板がある．この板の図形としての重心 G が，この板の重心であることを示せ．

演習 5.6　以下の寸法の密度 ρ が一様な剛体の慣性モーメントを求めよ．

(1)　3 辺の長さが a, b, c である直方体の表面に垂直で中心を通る 3 軸周りの慣性モーメント $I_{1,x}, I_{1,y}, I_{1,z}$．なお，断面が $b \times c$ となる軸を x 軸，$c \times a$ となる軸を y 軸，$a \times b$ となる軸を z 軸とする．

(2)　半径 a，長さ l，密度 ρ の均質な円柱あるいは円板の回転対称軸周りの慣性モーメント I_2．

(3)　外径 a_1，内径 a_2，長さ l，密度 ρ の均質で中空な円筒の回転対称軸周りの慣性モーメント I_3．

(4)　半径 a，密度 ρ の球の中心を通る軸周りの慣性モーメント I_4．

(5)　外径 a_1，内径 a_2，密度 ρ の均質な球殻（内部が中空な球）の中心を通る軸周りの慣性モーメント I_5．

演習 5.7　1970 年代，米国のオニールは人類の新たな居住空間として宇宙植民島（スペースコロニー）を提案した．そのうち，島 3 型と呼ばれるデザインは直径 $D = 8$ km，長さ $l = 32$ km の円筒形で両端が半球で塞がれている中空の巨大構造物である．外壁を厚さ $d_1 = 1$ m の一様なアルミ合金とし，その円筒部内側に土を厚さ $d_2 = 1$ m で敷き詰め，内部を空気で満たすとしよう．アルミ合金と土の密度をそれぞれ，$\rho_1 = 2.8$ kg m^{-3}，$\rho_2 = 2.7$ kg m^{-3} とし，内部の空気の密度は $\rho_3 = 1.29$ kg m^{-3} であるとして以下の問に答えよ．

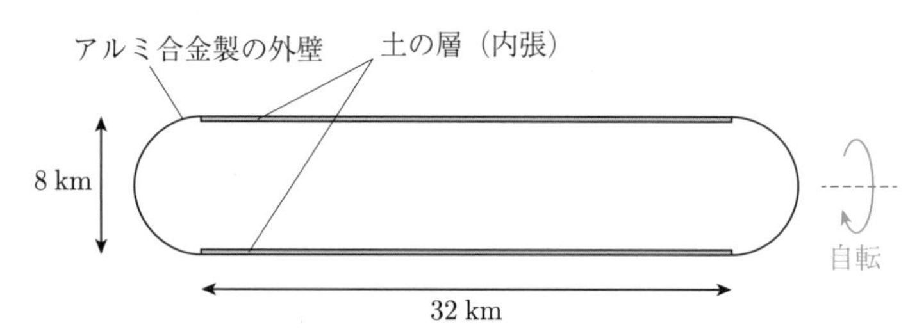

図 5.5.1　島 3 型宇宙植民島の概略．厚さ 1 m の外壁で構成され，円筒部のみ内側に厚さ 1 m の土の層を設置する．軸周りに自転させて人工重力を発生させる．

(1)　円筒を軸周りに回転させると内部では慣性力として遠心力が働き地上での重力に似た働きが期待できる．これを宇宙工学では人工重力という．円筒部内側の土の表面での人工重力が地球表面での重力加速度 $g = 9.8$ m s^{-2} と等しくなるためには円筒の軸周りの角速度 ω をいくつにすればよいかを求めよ．また，これは自転周期に直すとどれくらいの長さかも求めよ．

(2)　円筒の軸周りの植民島全体の慣性モーメントを求めよ．なお実際には人工重力によって空気の密度が軸に近いほど薄くなるはずだが，その効果は無視して，常に全体が一定密度であるとしてよい．

(3)　円筒部外周上にロケットを取り付けて一定の大きさの力 f で静止していた植民島を軸周りに回転させることにした．60 日で内部の人工重力が地球表面と等しくなるようにするための f の値を求めよ．ただし，ロケットは十分に高性能でその推進剤の質量は無視できるとしてよい．人工重力の変化に伴う内部の空気移動は無視してよい．

(4)　ロケットを取り付けて自転させる代わりに，2 基の植民島の軸を繋いで，その中間に電動モーター等を設置し，回転させた方が効率的である．その理由を角運動量の立場から述べよ．

演習 5.8　日本の鉄道では，電車が停止する際にその運動エネルギーを電力として回収し，別の電車やその電車が加速する際に利用することが行われている．特に通勤時に多数の電車を運転している京浜急行電鉄では回収した電力を一時的に蓄積するためにフライホイール式電力蓄勢装置を開発し，1988 年から自社で使用している．この装置は，直径 1455 mm，厚さ 1064 mm，質量 13.7 t の金属製の円板で，最大 25 kWh（1 Wh とは，1 W の電力 1 時間分のエネルギー）を蓄えることができる．この円板の最大回転速度は 1 分間で何回転となるか．なお，円板は均質であるとし，回転や発電に用いる電動機等の回転エネルギーは無視してよい．

付　録

力学で必要な数学

力学を始めとする物理学で必要な数学は，その多くを高校数学で学習済みのはずであるが，高校数学では物理学や力学で利用することを意識した記述にはなっていない．そこで，高校数学の復習もかねて，特に重要な微分・積分，およびベクトルの演算について記載した．物理学的なイメージに基づくので，日常経験との違いが少なくなるように種々の定義を順にしていくことにした．こうした視点での説明なので，高校で学習した際に具体的なイメージが描きにくく苦手意識を持っている人には，この章を読むことを特にお薦めする．

A.1 微分と積分

A.1.1 関数の微分

1.4 節では運動方程式を解くことを念頭に置いて，ベクトルの 1 つである位置ベクトル $\boldsymbol{x}$ の時間 t による微分を考えてきた．しかしながら，微分はスカラーやベクトルの 1 成分などについても考えることができるし，時間以外の変数による微分も考えることができる．

そこで，変数 x に関する関数 $y = f(x)$ についての微分を考えることにしよう．ただし，$f(x)$ は物理量に対応するものを想定し，x の変化に対して $y = f(x)$ も連続的かつ滑らかに変化するものに限定する．

式 (1.4.2) では，位置ベクトル $\boldsymbol{x}$ を時間 t で微分していたが，それと同様に考えて

$$\frac{dy}{dx} = \lim_{\Delta x \to 0} \frac{\Delta y}{\Delta x} = \lim_{\Delta x \to 0} \frac{f(x + \Delta x) - f(x)}{\Delta x} \tag{A.1.1}$$

と**微分**を定義する．ただし，$f(x)$ は滑らかな関数であり，$\Delta x \to 0$ のとき $\Delta y = f(x + \Delta x) - f(x) \to 0$ となるとしている．

ここで，x での関数値 $f(x)$ が全ての x についてわかっていることが本質である．これは横軸を x，縦軸を $y = f(x)$ としたグラフが描けるということを意味するのであって，「$f(x)$ が数式で記述できる」ことを必ずしも意味しないことに注意したい．

位置ベクトルの時間微分は速度ベクトルであった．同じように考えると，$\frac{dy}{dx}$ は x に対する y の変化率であるとわかる．グラフを描くと，これは曲線 $y = f(x)$ の x における**接線の傾き**である（図 **A.1.1**）．このように考えると「$f(x)$ が数式で記述できない場合」でも，概念としての微分を理解できるだろう．

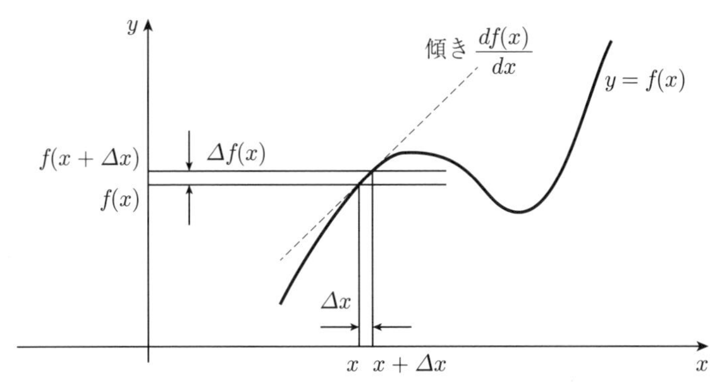

図 **A.1.1**　微小な増加に対する増加率 $\frac{\Delta f(x)}{\Delta x}$ は微小な増加量 Δx が十分小さければ，その点におけるグラフの傾きに一致する．

A.1.2 関数の積分

微分の場合と同様に，スカラーやベクトルの 1 成分などについて時間以外の変数による**積分**を考えてみよう．

微分のときと同じく，関数 $y = f(x)$ を変数 x で積分することを考えよう．今回も，x の変化に対して $y = f(x)$ も連続的かつ滑らかに変化するものに限定する．

すると，式 (1.4.11) と同様に考えて，

$$I = \lim_{\Delta x \to 0} (f(x_1) + f(x_1 + \Delta x) + \cdots + f(x_2))\Delta x \tag{A.1.2}$$

となる．これを格好良く $\sum$ で表記するなら

$$I = \lim_{\Delta x \to 0} \sum_{x=x_1}^{x_2} f(x)\Delta x \tag{A.1.3}$$

となる．この右辺も，いちいち lim などと書くのは面倒なので，

$$I = \int_{x_1}^{x_2} f(x)\, dx \tag{A.1.4}$$

と書くことにする．$\int$ の上下端の x_1 と x_2 は，dx の記述により x が取るべき値だとわかるとして「$x =$」を省略した．

ところで，式 (A.1.2) は幅 Δx で高さ $f(x)$ の矩形の面積を合計したものと見なすこともできる．つまり，積分とは「指定した x の範囲で関数を表す曲線と x 軸に挟まれた部分の面積を求めること」を意味する（図 **A.1.2**）．

また，この I を x_2 の関数だと見なして，速度の場合と同じような置き換えをすると

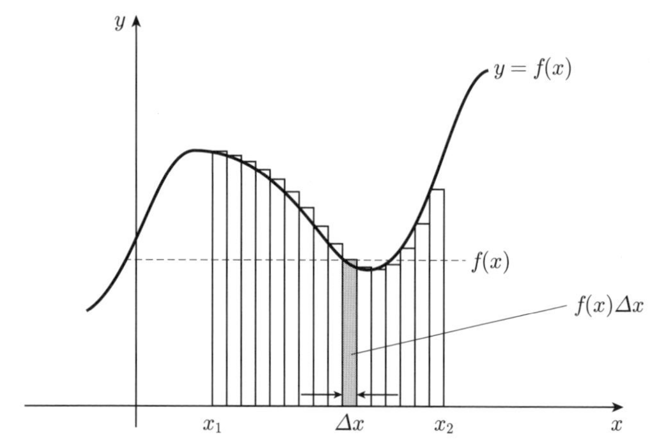

図 **A.1.2**　積分とは，指定された x の範囲で，曲線と x 軸に挟まれた部分の面積を十分に狭い区間 Δx ごとに区切った矩形の和として求めることに相当する．

$$F(x) = \int_{x_1}^{x} f(x')\,dx' \tag{A.1.5}$$

と書ける．このようにして，$f(x)$ から積分で求めた $F(x)$ を**原始関数** (primitive function) と呼ぶ．

A.1.3　微分積分の線形性と計算法

比較的簡単な数式で表現できる関数は，その微分や積分の結果の関数も比較的簡単な関数となることが多い．ここでは，それを簡単にまとめてみた．これらの関係は先に示した微分と積分の定義式から容易に予想できるが，厳密な証明は数学の教科書を見て欲しい．

● **線形性**　2 つの関数 $f(x)$ と $g(x)$，2 つの定数 a と b に対して，

$$\frac{d}{dx}\left(af(x) + bg(x)\right) = a\frac{d}{dx}f(x) + b\frac{d}{dx}g(x) \tag{A.1.6}$$

が成り立つ．また，

$$\int_{x_0}^{x} \left(af(x) + bg(x)\right)\,dx = a\int_{x_0}^{x} f(x)\,dx + b\int_{x_0}^{x} g(x)\,dx \tag{A.1.7}$$

が成り立つ．これらをそれぞれ，微分および積分の**線形性** (linearity) と呼ぶ．

● **合成関数の微分** 関数 $y = f(x)$ の引数 x が，別の変数 t の微分可能な関数 $x(t)$ だった場合，$f(x)$ は t の関数 $f(x(t))$ となる．この場合，$y = f(x)$ の t に関する微分は以下の式で求めることができる．

$$\frac{dy}{dt} = \frac{df(x)}{dx}\frac{dx(t)}{dt} = \frac{dy}{dx}\frac{dx}{dt} \tag{A.1.8}$$

これは，式 (A.1.1) を用いれば以下のように導くことができる．

$$\begin{aligned}\frac{df(x)}{dt} &= \lim_{\Delta t \to 0} \frac{f(x+\Delta x) - f(x)}{\Delta t} \\ &= \lim_{\Delta t \to 0} \frac{f(x+\Delta x) - f(x)}{\Delta x}\frac{\Delta x}{\Delta t}\end{aligned} \tag{A.1.9}$$

ここで，$\Delta x = x(t+\Delta t) - x(t)$ である．$\Delta t \to 0$ のときに $\Delta x \to 0$ なので，極限の中の左の因子は $\frac{df(x)}{dx}$ となり，右の因子は $\frac{dx}{dt}$ となる．

式 (A.1.8) は 2 つの分数の積を約分したかのような“顔”をしている．これがライプニッツの記法の優れた点の 1 つである．

● **置換積分** 関数 $y = f(x)$ の引数 x が，別の変数 t の微分可能な関数 $x(t)$ だった場合，$f(x)$ は t の関数 $f(x(t))$ となる．この場合，$f(x(t))$ の t による積分は以下の式で求めることができる．

$$\int_{x=x_1}^{x_2} f(x)\,dx = \int_{t=t_1}^{t_2} f(x(t))\,\frac{dx}{dt}\,dt \tag{A.1.10}$$

ここで，t_1, t_2 はそれぞれ $x_1 = x(t_1), x_2 = x(t_2)$ となる t の値である．

導出は省略するが，ここでも微分記号 $\frac{dx}{dt}$ の“分母”と積分記号の右端の dt とで約分できるかのような“顔”をしており，ライプニッツの記法の優れた点の 1 つといえる．

● **初等関数の微分** 微分積分の線形性や合成などを踏まえると，いくつかの微分・積分の関係を知っていれば，数式で記述できるほとんどの関数について，その微分や積分を求めることが可能になる．これら基本となる知っておくべき関数を**表 A.1.1** にまとめた．それほど多くない上に，多用するので自ずと対応を暗記してしまう人も多い．もし，暗記できなければ，この表を手元に置きすぐに引用できるようにしておくと良かろう．とはいえ，一度は，導出方法を微積分に関する数学の教科書で確認しておくのが望ましい．

なお，**表 A.1.1** で，ln は $\log_e$，すなわち，自然対数である．物理学では $\log_e$ と書くのが面倒なので，“log natural”の略として ln を多用する．また，x^n の導関数は $n \leq -1$ でも成り立ち，x^n の原始関数は $n \leq -2$ でも成り立つので，$x^{-n} = \frac{1}{x^n}$ とすることで暗記すべき対象を実質的に減らすことができる．

表 A.1.1　初等関数の導関数と原始関数

元の関数	導関数	注意	元の関数	原始関数	注意
x^n	nx^{n-1}	$n \neq 0$ のとき	x^n	$\dfrac{x^{n+1}}{n+1}$	$n \neq -1$ のとき
1	0		1	x	
$\dfrac{1}{x^n}$	$-\dfrac{n}{x^{n+1}}$		$\dfrac{1}{x^n}$	$-\dfrac{1}{(n-1)x^{n-1}}$	$n \geq 2$ のとき
$\sin x$	$\cos x$		$\sin x$	$-\cos x$	
$\cos x$	$-\sin x$		$\cos x$	$\sin x$	
e^x	e^x		e^x	e^x	
$\ln x$	$\dfrac{1}{x}$		$\dfrac{1}{x}$	$\ln x$	$x > 0$ のとき

A.2　ベクトルの演算

A.2.1　スカラーの演算，ベクトルの演算

スカラー量の場合には，複数の量の間の計算は通常の数の演算と同様に行えば良いことは容易に予想できる．スカラー量である物理量の定量関係を示す数式を具体的な数値で計算する場合には，それに従えば良い．ではベクトル量の物理量の場合はどのように計算すべきなのだろうか．ここではそれについて考えるために，2 つのベクトル量の和をどのように定義するのが良いかを考え，そこから順次，拡張していってベクトル量の演算についてできるだけ合理的に定めていくことにしよう．

A.2.2　ベクトルの和と差

1.3 節で述べたように，物理学でのベクトルは移動量ベクトルを基本に考えると理解しやすい．移動量ベクトルは移動の向きと大きさを示しているだけで，始点の位置は規定していない．したがって，平行移動してもベクトル量としての変化はない．物理量としてのベクトルもこれと同じく，平行移動してもベクトルとしての量は変わらないとする．

このように考えた場合，2 つのベクトルの和はどうあるべきだろうか．例えば，A 地点から B 地点まで移動した後，B 地点から C 地点まで移動したとすると，結果として A 地点から C 地点に向かう移動になる．このことから，A から B へのベクトルと B から C へのベクトルの和は A から C へのベクトルとするのが妥当であろう．そこで，これを**ベクトルの和**の定義とする（図 **A.2.1** 左）．

ベクトルは平行移動しても量が変わらないとしたので，一方のベクトルを平行移動して2つのベクトルの始点を一致させてみよう．すると，2つのベクトルの和は，2つのベクトルが作る平行四辺形の対角線に対応することがわかる（図 **A.2.1** 右）．

次に，**ベクトルの差**を考えてみよう．2つのベクトル $\boldsymbol{a}$ と $\boldsymbol{b}$ の和を $\boldsymbol{c}$ とする．すなわち，

$$\boldsymbol{a}+\boldsymbol{b}=\boldsymbol{c} \tag{A.2.1}$$

とした場合，通常の数値の和と差の関係と同じ関係が成り立つとして

$$\boldsymbol{a}=\boldsymbol{c}-\boldsymbol{b} \tag{A.2.2}$$

とするのが自然であろう．

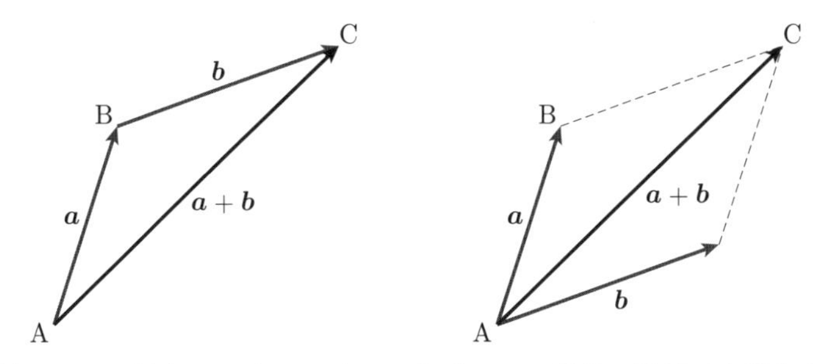

図 **A.2.1**　（左）ベクトル $\boldsymbol{a}$ と $\boldsymbol{b}$ の和は2つの移動の連続で定義する．（右）始点を一致させると平行四辺形の対角線となる．

A.2.3　ベクトルのスカラー倍

● **ベクトルの和と実数倍**　同一のベクトル $\boldsymbol{a}$ を2つ足したら $2\boldsymbol{a}$ とするのが自然であろう．すなわち

$$2\boldsymbol{a}=\boldsymbol{a}+\boldsymbol{a} \tag{A.2.3}$$

である．これを繰り返して n 個加えたベクトルは

$$n\boldsymbol{a}=\sum_{i=1}^{n}\boldsymbol{a} \tag{A.2.4}$$

と書くべきだろう．

ところで，ベクトルの和の定義に戻って考えると，同一のベクトル $\boldsymbol{a}$ を n 個加えたベクトルは $\boldsymbol{a}$ を同じ向きで大きさを n 倍したベクトルになるはずである（図 **A.2.2**）．これ

を拡張して，整数 n を実数 x とすれば，$x\boldsymbol{a}$ は $\boldsymbol{a}$ を同じ向きで大きさを x 倍したベクトルと定義するのが自然である．言葉を換えれば，ベクトルの x 倍とは，「元のベクトルの向きを変えずに大きさを指定した倍率 x で拡大・縮小して得られるベクトル」と定義すればよい．これを**ベクトルのスカラー倍**という．

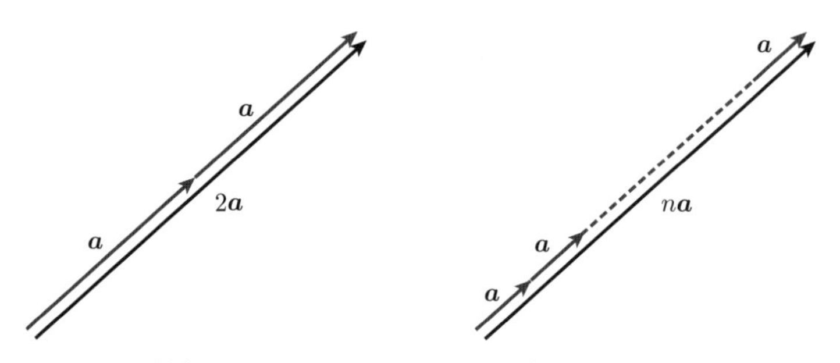

図 A.2.2 （左）2 つのベクトル $\boldsymbol{a}$ の和は定義により同じ向きで長さが 2 倍のベクトルになる．（右）同様にして，n 個のベクトルの和は向きが同じで長さが n 倍のベクトルになる．

ただし，ここでいうスカラーとは物理学でいうスカラーとは意味が少し異なる．ベクトル計算での倍率は「観察する向きが変わっても，その値は変化しない」という特徴を持った物理量に限る必要はない．物理学的にはどのような意味の数量でも，それをベクトルに乗じる場合なら，「元のベクトルの向きを変えずに大きさを指定した倍率 x で拡大・縮小して得られるベクトル」として計算してよい．

とはいえ，物理法則の式に登場する「スカラー倍」の係数が物理学的にはスカラーでないとすると，どちらから見た量で記述したかによって方程式が変わってしまう．これははなはだ不自然である．したがって，物理学の立場でも，この係数はスカラーである必要がある．そこで，本書でも，この用語を用いるが，倍率となる数が物理学で言うスカラーであることを必要としない場合にはスカラー倍の代わりに（ベクトルの）実数倍と書くことにした．ただし，ここでいう実数とは「虚数や複素数ではない」という意味ではない．ベクトルの複素数倍を幾何学的定義で理解するのは非常に難しいが，成分や基本ベクトルによる計算法に基づいて考えることで，なんとか推測してもらえると期待する．

● **単位ベクトル**　ベクトルのスカラー倍が定義できたので，「大きさ 1 のベクトル」を定義しておくと何かと便利であろう．大きさ 1 のベクトルを**単位ベクトル** (unit vector) と呼ぶ．ベクトル $\boldsymbol{a}$ の大きさを $|\boldsymbol{a}|$ と書くことにすると，単位ベクトル $\boldsymbol{e}$ は以下のように定義することもできる．

$$\boldsymbol{e} = \frac{1}{|\boldsymbol{a}|}\boldsymbol{a} \tag{A.2.5}$$

逆に，単位ベクトル $\boldsymbol{e}$ と同じ向きで大きさが x（ここでは，$x \geq 0$ とする）のベクトルは

$$\boldsymbol{x} = x\boldsymbol{e} \tag{A.2.6}$$

と表すことができる．

● ベクトルの差と負のベクトル　ベクトルの差を見直してみよう．これを 2 つのベクトルの差としてではなく，$\boldsymbol{a}$ と $-\boldsymbol{b}$ との和だと考えてみる（図 **A.2.3**）．このとき，$-\boldsymbol{b}$ とは $\boldsymbol{b}$ と同じ大きさで向きだけが逆のベクトルであるとすれば，自動的に

$$\boldsymbol{a} - \boldsymbol{b} = \boldsymbol{a} + (-\boldsymbol{b})$$

が保証される．

これと正の実数倍とを組み合わせれば，負の実数倍も自然に定義できる．

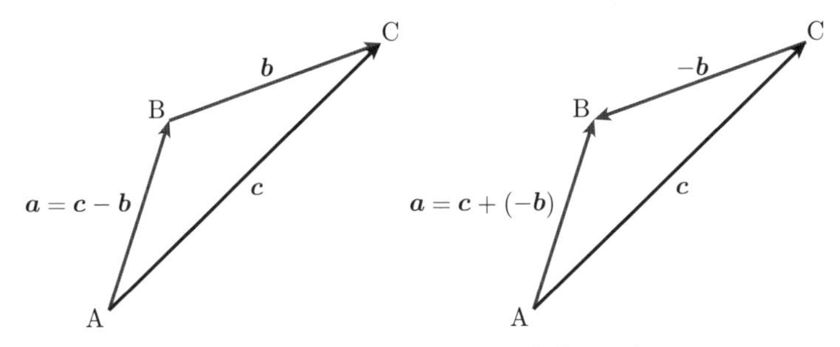

図 **A.2.3**　（左）ベクトルの和 $\boldsymbol{a} + \boldsymbol{b} = \boldsymbol{c}$ の定義から定めたベクトルの差 $\boldsymbol{c} - \boldsymbol{b} = \boldsymbol{a}$ は 2 つのベクトルの終点を結んだベクトルとなる．（右）これを，$\boldsymbol{b}$ の -1 倍と $\boldsymbol{c}$ との和と考えることもできる．この場合，$-\boldsymbol{b}$ は $\boldsymbol{b}$ と大きさが同じで向きが逆のベクトルである．

A.2.4　零ベクトル

特殊なベクトルとして，大きさが 0 のベクトルが定義でき，これを**零ベクトル**[1)](zero vector または null vector) という．零ベクトルは大きさが 0 なので向きは決められない．このため，スカラーと同様の扱いをする場合も多く，太字の「$\boldsymbol{0}$」ではなくスカラーの零と同じ「0」で表記することも多い．しかし，厳密にはベクトルとして意識すべきである．任意のベクトル $\boldsymbol{a}$ について，実数 0 を乗じた $0\boldsymbol{a}$ は零ベクトルである．

---

1) 本来，「れいべくとる」と読むべきだが，慣例として「ぜろべくとる」と読むことが多い．

A.2.5 ベクトルの分解と基本ベクトル

任意のベクトルについて，ベクトルの和である式 (A.2.1) が成り立つということは，逆に 1 つのベクトルを任意の 2 つのベクトルの和として表すことができるということを意味する．これとスカラー倍とを組み合わせると，任意のベクトルについて少数のベクトルの実数倍の和（これを**線形結合**という）で表現することができる．

我々が日常的に扱う 3 次元空間の場合，互いに直交する長さ 1 のベクトル 3 つの線形結合で任意のベクトルを表すことができる．この 3 つのベクトルは互いに直交さえしていれば，どの向きに選んでもよい．そこで，この条件を満たした 3 つのベクトルを $\boldsymbol{i}$, $\boldsymbol{j}$, $\boldsymbol{k}$ と書き，これらをこの座標系の**基本ベクトル** (fundamental vector) と呼ぶ（図 **A.2.4**）．

なお，$\boldsymbol{k}$ が手前を向く方向で見た場合，$\boldsymbol{i}$ を反時計回りに 90°回転させたら $\boldsymbol{j}$ と一致するように 3 つのベクトルの向きを決めるのが慣例で，これを**右手系**という．右手で親指，人差し指，中指で互いに直交する向きを指し示すと，この順で $\boldsymbol{i}$, $\boldsymbol{j}$, $\boldsymbol{k}$ となるからである．

基本ベクトルを使えば，3 次元空間中の任意のベクトルは

$$\boldsymbol{a} = a_x\boldsymbol{i} + a_y\boldsymbol{j} + a_z\boldsymbol{k} \tag{A.2.7}$$

と書くことができる．このとき，3 つの実数 a_x, a_y, a_z を $\boldsymbol{a}$ の**成分** (component) といい，$\boldsymbol{a}$ を (a_x, a_y, a_z) と表現することがある．

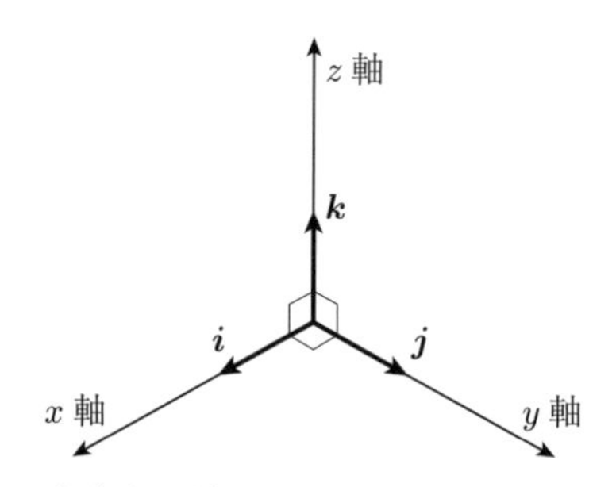

図 **A.2.4**　互いに直交する長さ 1 のベクトルが 3 つあれば，これらを図のような位置関係として $\boldsymbol{i}, \boldsymbol{j}, \boldsymbol{k}$ で表し，それぞれの向きと平行に座標軸 x, y, z が設定される．

A.3 ベクトルの計算法

A.3.1 ベクトルの表現

A.2 節ではベクトル量の和や差，スカラー倍などをできるだけ合理的に定義してみた．

とはいえ，それだけでは具体的な数値での計算ができない．それらはどのように考えれば良いのだろうか．力学を理解する上で有用な方法には成分表示と基本ベクトル表示の 2 つがある．

● 成分による表現　ベクトルは平行移動してもベクトルとしての量は変わらないとした．そこで考えているベクトルの始点を座標原点まで平行移動すると，その終点の位置とベクトルとは 1 対 1 に対応する．そこで終点の位置をどのように表現するかで，ベクトルの表現とすることが考えられる．

力学で問題とするのは 3 次元空間なので，4.1 節で紹介したように 3 つの数値の組で点の位置を表すことができる．したがって，これを用いてベクトルを表現するのが成分による表現である．

座標の表現として 4.1 節では 3 種類を取り上げた．したがって，それぞれに対応した座標の数値表現が可能であるが，ここでは直交座標系のみを取り上げ，座標 (x, y, z) で $\boldsymbol{x}$ を表現することにしよう．このようにしてベクトル $\boldsymbol{x}$ を 3 つの数値 (x, y, z) の組で表すことを，ベクトルの成分表示といい，各 x, y, z の値を "ベクトル $\boldsymbol{x}$ の直交座標成分" あるいは略して "ベクトルの**成分** (component)" と呼ぶ．円柱座標，極座標での成分表示がどうなるのかは，それほど難しくないので，各自で考えてみて欲しい．

直交座標成分表示は高校数学でも習っているのでなじみがあるだろう．しかし，これは "ベクトルの表現方法の 1 つ" に過ぎない．他の座標系に基づく成分表示や基本ベクトル表現にも親しんでおけば，物理現象の直観的な理解に繋げることが容易になり，計算も簡略化できることが多い．

● 基本ベクトルとその線形結合表現　ベクトルの分解で示したように，互いに直交する 3 つの単位ベクトルとして基本ベクトル $\boldsymbol{i}, \boldsymbol{j}, \boldsymbol{k}$ を使うと，あらゆるベクトル $\boldsymbol{x}$ を $\boldsymbol{x} = a\boldsymbol{i} + b\boldsymbol{j} + c\boldsymbol{k}$ と表すことができる．これは，3 つの単位ベクトル $\boldsymbol{i}, \boldsymbol{j}, \boldsymbol{k}$ を決めれば，任意のベクトル $\boldsymbol{x}$ は 3 つの数値の組 a, b, c を用いた線形結合で表現することができることを意味する．本書ではこれを**基本ベクトル表示** (ijk notation) と呼ぶことにする．

● ベクトルの成分表示と基本ベクトル表示　同一のベクトルについての成分と基本ベクトルでの表示とはどのような関係にあるのだろうか．$\boldsymbol{i}, \boldsymbol{j}, \boldsymbol{k}$ の向きが 3 つの直交座標軸として定められた x, y, z 軸の向きと一致している場合を考えてみよう．

$\boldsymbol{x} = a\boldsymbol{i} + b\boldsymbol{j} + c\boldsymbol{k}$ と表示されるベクトルを考えよう．このベクトルの始点を座標原点 $(0, 0, 0)$ とする．ベクトルのスカラー倍と和を考えれば，x 軸に沿って a，y 軸に沿って b，z 軸に沿って c だけ進むベクトルを順次つなげたところがベクトル $\boldsymbol{x}$ の終点となる．したがって，その座標は (a, b, c) となる．つまり，基本ベクトルの向きを座標軸と一致させた場合，任意のベクトルについて，基本ベクトルの線形結合の 3 つの係数はベクトルの

3 成分と等しい値をとる．

基本ベクトルは座標軸と向きが一致する大きさ 1 のベクトルとしたので，その成分は

$$\begin{aligned} \boldsymbol{i} &= (1,0,0) \\ \boldsymbol{j} &= (0,1,0) \\ \boldsymbol{k} &= (0,0,1) \end{aligned} \tag{A.3.1}$$

となることは容易に理解できるだろう．

A.3.2　ベクトル和の計算法

2 つのベクトル $\boldsymbol{a}$ と $\boldsymbol{b}$ との和 $\boldsymbol{a}+\boldsymbol{b}$ は，$\boldsymbol{a}$ の終点に $\boldsymbol{b}$ の始点を一致させた場合に $\boldsymbol{a}$ の始点から $\boldsymbol{b}$ の終点を結ぶベクトルとして定義した．これを 1 つの座標軸に沿って考えよう．この軸を x 軸とし，それに沿った $\boldsymbol{a}$ の成分を x_a とし，$\boldsymbol{a}$ の始点を原点とすると，$\boldsymbol{a}$ の終点の座標は x_a となる．$\boldsymbol{b}$ の成分を x_b とすれば，始点が x_a とした場合の終点の座標は $x_a + x_b$ となるはずである．つまり，$\boldsymbol{a}+\boldsymbol{b}$ の x 成分は $x_a + x_b$ となる．

他の座標軸についても同様に考えることで，2 つのベクトル $\boldsymbol{a}$ と $\boldsymbol{b}$ の成分を (x_a, y_a, z_a) および (x_b, y_b, z_b) とすれば，$\boldsymbol{c}=\boldsymbol{a}+\boldsymbol{b}$ の成分 (x_c, y_c, z_c) は，以下の式から求められることは容易に理解できよう．

$$\begin{aligned} x_c &= x_a + x_b \\ y_c &= y_a + y_b \\ z_c &= z_a + z_b \end{aligned} \tag{A.3.2}$$

この計算を基本ベクトルの線形結合で表してみよう．

$$\begin{aligned} \boldsymbol{a}+\boldsymbol{b} &= x_a\boldsymbol{i} + y_a\boldsymbol{j} + z_a\boldsymbol{k} + x_b\boldsymbol{i} + y_b\boldsymbol{j} + z_b\boldsymbol{k} \\ &= (x_a + x_b)\boldsymbol{i} + (y_a + y_b)\boldsymbol{j} + (z_a + z_b)\boldsymbol{k} \end{aligned} \tag{A.3.3}$$

となるのが自然である．2 つ目の等号が成り立つことは，ベクトルの和の定義からベクトルの和は順番を入れ替えてもよいことからわかるだろう．この計算方法でも成分の場合と同じ答が得られるわけである．

A.3.3　ベクトルのスカラー倍の計算法

ベクトルのスカラー倍は，元のベクトルを向きを変えずに大きさをスカラー倍するとして定義した．これを 1 つの座標軸に沿って考えよう．この軸に沿った $\boldsymbol{a}$ の成分を x_a とし，$\boldsymbol{a}$ の始点を原点とすると，$\boldsymbol{a}$ の終点の座標は x_a となる．この場合，向きが同じで大きさを k 倍すると，その終点の座標軸は kx_a となるはずである．つまり，$k\boldsymbol{a}$ の成分は kx_a となる．

他の座標軸についても同様に考えることで，ベクトル $\boldsymbol{a}$ の成分を (x_a, y_a, z_a) とすれば，$\boldsymbol{b} = k\boldsymbol{a}$ の成分 (x_b, y_b, z_b) は，以下の式から求められることが容易に理解できよう．

$$
\begin{aligned}
x_b &= kx_a \\
y_b &= ky_a \\
z_b &= kz_a
\end{aligned}
\tag{A.3.4}
$$

この計算を基本ベクトルの線形結合で表せば，以下のようになる．

$$
\begin{aligned}
k\boldsymbol{a} &= k(x_a\boldsymbol{i} + y_a\boldsymbol{j} + z_a\boldsymbol{k}) \\
&= (kx_a)\boldsymbol{i} + (ky_a)\boldsymbol{j} + (kz_a)\boldsymbol{k}
\end{aligned}
\tag{A.3.5}
$$

A.3.4　ベクトルの線形結合

ベクトルの和とスカラー倍の計算法を組み合わせると，2 つのベクトル $\boldsymbol{a} = (x_a, y_a, z_a)$ と $\boldsymbol{b} = (x_b, y_b, z_b)$ について $\boldsymbol{c} = k\boldsymbol{a} + h\boldsymbol{b}$ の成分 (x_c, y_c, z_c) は以下のように計算できることがわかる．

$$
\begin{aligned}
x_c &= kx_a + hx_b \\
y_c &= ky_a + hy_b \\
z_c &= kz_a + hz_b
\end{aligned}
\tag{A.3.6}
$$

この計算を基本ベクトルの線形結合で表せば，以下のようになる．

$$
k\boldsymbol{a} + h\boldsymbol{b} = (kx_a + hx_b)\boldsymbol{i} + (ky_a + hy_b)\boldsymbol{j} + (kz_a + hz_b)\boldsymbol{k} \tag{A.3.7}
$$

基本ベクトルを用いた表式では右辺もベクトルのままなので形式的には成分を考えずに計算できる．高校まででは成分を用いる計算法しか用いてこなかったかも知れないが，基本ベクトルを用いた計算法も使えるようになっていると，今後，いろいろな場面で便利である．

A.4　ベクトルの内積・外積の性質

A.4.1　ベクトルの内積の性質

ここでは，幾何学的定義に基づいて，ベクトルの内積の性質をいくつか示す．これらはすぐに思い出せるようになると便利だし，次項以降に示す内積の 3 つの計算方法（幾何学的定義と成分および基本ベクトルによる計算法）が一致する証明でも用いる．

● 可換性　$\cos\theta$ は偶関数なので，図 **3.2.1** を見ればわかるように，2 つのベクトルの立場を入れ替えても内積の値は変わらない．すなわち，

$$\boldsymbol{a}\cdot\boldsymbol{b}=\boldsymbol{b}\cdot\boldsymbol{a} \tag{A.4.1}$$

である．つまり，内積は演算としての**交換則** (commutative law) が成り立つ．なお，交換則が成り立つことを**可換性** (commutativity) があると表現することもある．

● 内積と直交性　2 つのベクトル $\boldsymbol{a}$ と $\boldsymbol{b}$ が互いに直交しているなら，なす角は 90° なので

$$\boldsymbol{a}\cdot\boldsymbol{b}=0 \tag{A.4.2}$$

となる．逆に，$\boldsymbol{a}$ も $\boldsymbol{b}$ も零ベクトルでないならば，内積が 0 になるのは 2 つのベクトルが直交している場合に限る．

● 実数倍と内積　実数値 p, q とベクトル量 $\boldsymbol{a}, \boldsymbol{b}$ に対し，式 (3.2.10) として既に示した

$$(p\boldsymbol{a})\cdot(q\boldsymbol{b})=pq(\boldsymbol{a}\cdot\boldsymbol{b}) \tag{A.4.3}$$

は以下のように簡単に示せる．

まず，$q=1$ の場合を考える．$p\geq 0$ の場合，$p\boldsymbol{a}$ は $\boldsymbol{a}$ と同じ向きで p 倍の大きさなので，$\boldsymbol{b}$ となす角 θ は等しく，大きさは p 倍．よって，式 (3.2.1) より，

$$(p\boldsymbol{a})\cdot\boldsymbol{b}=p(\boldsymbol{a}\cdot\boldsymbol{b}) \tag{A.4.4}$$

である．$p<0$ の場合，$p\boldsymbol{a}$ は $-p\boldsymbol{a}$ と逆向きなので，$\boldsymbol{b}$ となす角は $\theta+180°$ で，大きさは $-p$ 倍．よって，

$$(p\boldsymbol{a})\cdot\boldsymbol{b}=-p|\boldsymbol{a}||\boldsymbol{b}|\cos(\theta+180°)=p|\boldsymbol{a}||\boldsymbol{b}|\cos\theta=p(\boldsymbol{a}\cdot\boldsymbol{b}) \tag{A.4.5}$$

となり，$q=1$ のときの式 (A.4.3) が成り立つ．

次に，$\boldsymbol{b}'=q\boldsymbol{b}$ と置くと，先ほど証明した実数倍の関係と内積の交換則を用いて

$$(p\boldsymbol{a})\cdot(q\boldsymbol{b})=p(\boldsymbol{a}\cdot\boldsymbol{b}')=p(\boldsymbol{b}'\cdot\boldsymbol{a})=p(q\boldsymbol{b}\cdot\boldsymbol{a})=pq(\boldsymbol{a}\cdot\boldsymbol{b}) \tag{A.4.6}$$

が得られ，式 (A.4.3) が常に成り立つことがわかる．

● 結合則　3.2 節では 3 つのベクトル量 $\boldsymbol{a}, \boldsymbol{b}, \boldsymbol{c}$ に対し

$$\boldsymbol{a}\cdot(\boldsymbol{b}+\boldsymbol{c})=\boldsymbol{a}\cdot\boldsymbol{b}+\boldsymbol{a}\cdot\boldsymbol{c} \tag{A.4.7}$$

が成り立つという結果のみを示した．これを**結合則** (associative law) という．以下で幾何学的定義だけを使って，これを証明しよう．

まずは，$\boldsymbol{b}$ を式 (3.2.6) および (3.2.7) とに分解する．すなわち，

$$\boldsymbol{a}\cdot\boldsymbol{b}=\boldsymbol{a}\cdot(\boldsymbol{b}_\perp+\boldsymbol{b}_{/\!/}) \tag{A.4.8}$$

である．$\boldsymbol{a}\perp\boldsymbol{b}_\perp$, $\boldsymbol{a}\ /\!/\ \boldsymbol{b}_{/\!/}$ なので，**図 3.2.1** と**図 3.2.3** とを見比べる，あるいは式 (3.2.6) を用いると

$$\boldsymbol{a}\cdot\boldsymbol{b}_\perp=0,\quad \boldsymbol{a}\cdot\boldsymbol{b}_{/\!/}=\boldsymbol{a}^2\frac{\boldsymbol{a}\cdot\boldsymbol{b}}{\boldsymbol{a}^2}=\boldsymbol{a}\cdot\boldsymbol{b} \tag{A.4.9}$$

となる．したがって，

$$\boldsymbol{a}\cdot\boldsymbol{b}=\boldsymbol{a}\cdot(\boldsymbol{b}_\perp+\boldsymbol{b}_{/\!/})=\boldsymbol{a}\cdot\boldsymbol{b}_{/\!/} \tag{A.4.10}$$

である．同様にして，$\boldsymbol{c}$ についても

$$\boldsymbol{a}\cdot\boldsymbol{c}=\boldsymbol{a}\cdot(\boldsymbol{c}_\perp+\boldsymbol{c}_{/\!/})=\boldsymbol{a}\cdot\boldsymbol{c}_{/\!/} \tag{A.4.11}$$

となるので，

$$\boldsymbol{a}\cdot\boldsymbol{b}+\boldsymbol{a}\cdot\boldsymbol{c}=\boldsymbol{a}\cdot\boldsymbol{b}_{/\!/}+\boldsymbol{a}\cdot\boldsymbol{c}_{/\!/} \tag{A.4.12}$$

が得られる．

一方，

$$\begin{aligned}\boldsymbol{a}\cdot(\boldsymbol{b}+\boldsymbol{c})&=\boldsymbol{a}\cdot\{(\boldsymbol{b}_\perp+\boldsymbol{b}_{/\!/})+(\boldsymbol{c}_\perp+\boldsymbol{c}_{/\!/})\}\\&=\boldsymbol{a}\cdot\{(\boldsymbol{b}_\perp+\boldsymbol{c}_\perp)+(\boldsymbol{b}_{/\!/}+\boldsymbol{c}_{/\!/})\}\end{aligned} \tag{A.4.13}$$

である．$\boldsymbol{b}_\perp\perp\boldsymbol{a}$ かつ $\boldsymbol{c}_\perp\perp\boldsymbol{a}$ なので，$(\boldsymbol{b}_\perp+\boldsymbol{c}_\perp)\perp\boldsymbol{a}$ であり，$\boldsymbol{b}_{/\!/}\ /\!/\ \boldsymbol{a}$ かつ $\boldsymbol{c}_{/\!/}\ /\!/\ \boldsymbol{a}$ なので，$(\boldsymbol{b}_{/\!/}+\boldsymbol{c}_{/\!/})\ /\!/\ \boldsymbol{a}$ であるから，式 (A.4.10) が適用できて，

$$\boldsymbol{a}\cdot(\boldsymbol{b}+\boldsymbol{c})=\boldsymbol{a}\cdot(\boldsymbol{b}_{/\!/}+\boldsymbol{c}_{/\!/}) \tag{A.4.14}$$

となる．さらに右辺に式 (3.2.6) を代入すれば，

$$\begin{aligned}\boldsymbol{a}\cdot(\boldsymbol{b}+\boldsymbol{c})&=\boldsymbol{a}\cdot\left(\boldsymbol{a}\frac{\boldsymbol{a}\cdot\boldsymbol{b}}{|\boldsymbol{a}|^2}+\boldsymbol{a}\frac{\boldsymbol{a}\cdot\boldsymbol{c}}{|\boldsymbol{a}|^2}\right)=\boldsymbol{a}\cdot\left(\frac{\boldsymbol{a}\cdot\boldsymbol{b}}{\boldsymbol{a}^2}+\frac{\boldsymbol{a}\cdot\boldsymbol{c}}{\boldsymbol{a}^2}\right)\boldsymbol{a}\\&=\boldsymbol{a}^2\left(\frac{\boldsymbol{a}\cdot\boldsymbol{b}}{\boldsymbol{a}^2}+\frac{\boldsymbol{a}\cdot\boldsymbol{c}}{\boldsymbol{a}^2}\right)=\boldsymbol{a}\cdot\boldsymbol{b}+\boldsymbol{a}\cdot\boldsymbol{c}\end{aligned} \tag{A.4.15}$$

となる．つまり，式 (A.4.7) すなわち式 (3.2.11) が示された．内積の交換関係も用いれば，上式から

$$(\boldsymbol{a}+\boldsymbol{b})\cdot\boldsymbol{c}=\boldsymbol{c}\cdot(\boldsymbol{a}+\boldsymbol{b})=\boldsymbol{c}\cdot\boldsymbol{a}+\boldsymbol{c}\cdot\boldsymbol{b}=\boldsymbol{a}\cdot\boldsymbol{c}+\boldsymbol{b}\cdot\boldsymbol{c} \tag{A.4.16}$$

も得られる．

ここで，$\boldsymbol{a}$ を $p\boldsymbol{a}$，$\boldsymbol{b}$ を $q\boldsymbol{b}$，$\boldsymbol{c}$ を $r\boldsymbol{c}$ で置き換えて，実数倍との関係とまとめれば，

$$(p\boldsymbol{a})\cdot(q\boldsymbol{b}+r\boldsymbol{c})=(pq)\boldsymbol{a}\cdot\boldsymbol{b}+(pr)\boldsymbol{a}\cdot\boldsymbol{c} \tag{A.4.17}$$

と表現できる．

A.4.2　内積の定義と 2 つの計算法の同値性

3.2.2 項に示した内積の幾何学的定義と 2 つの計算法は常に同じ結果となることを以下に示そう．

幾何学的定義は内積のイメージを描くには非常に有効だが，具体的に 2 つのベクトルが与えられた場合に，その内積を計算しようとしても，2 つのベクトルがなす角 θ が明示されていないと，その値を求めるのはかなり大変である．そのため他の 2 つの計算方法も知っておく価値は高い．逆に，2 つのベクトルがなす角を計算したい場合には幾何学的定義を知っていれば，内積の値から求めることが可能になる．したがって，幾何学的定義と 2 つの計算方法の結果が同値であることを納得できるように一度は自分で確かめておくことがとても重要である．

なお，3 つのどの計算方法にしても 2 つのベクトルから 1 つのスカラー値を求める点は同じなので，1 つの計算方法による値が他のいずれかの方法による計算値と一致することを示せば 3 つの方法が互いに一致することを証明したことになる．これを踏まえて，以下では 2 つずつについて同一性を示す．

● 幾何学的定義と基本ベクトル表示との同一性　基本ベクトルは互いに直交している単位ベクトルなので，幾何学的定義を考えると，式 (3.2.2) が成り立つことは容易にわかる．3 つの基本ベクトル $\boldsymbol{i},\boldsymbol{j},\boldsymbol{k}$ もベクトルなので，幾何学的定義に基づいて証明したように，これらに対しても内積の交換則と結合則が成り立つ．したがって，これらを組み合わせて計算される 2 つのベクトルの内積は幾何学的定義に基づく計算結果と一致するはずである．

● 基本ベクトル表示と成分表示との同一性　直交座標系で

$$\boldsymbol{a}=(a_x,a_y,a_z),\quad \boldsymbol{b}=(b_x,b_y,b_z)$$

とする．

このとき，

$$\boldsymbol{a}=a_x\boldsymbol{i}+a_y\boldsymbol{j}+a_z\boldsymbol{k},\quad \boldsymbol{b}=b_x\boldsymbol{i}+b_y\boldsymbol{j}+b_z\boldsymbol{k} \tag{A.4.18}$$

である．

基本ベクトルによる計算法で $\boldsymbol{a}\cdot\boldsymbol{b}$ を求めてみよう．ベクトルの実数倍の定義や内積の可換性，内積の結合則を考えると，

$$\begin{aligned}\boldsymbol{a}\cdot\boldsymbol{b} &= (a_x\boldsymbol{i}+a_y\boldsymbol{j}+a_z\boldsymbol{k})\cdot(b_x\boldsymbol{i}+b_y\boldsymbol{j}+b_z\boldsymbol{k}) \\ &= a_xb_x\boldsymbol{i}\cdot\boldsymbol{i}+a_xb_y\boldsymbol{i}\cdot\boldsymbol{j}+a_xb_z\boldsymbol{i}\cdot\boldsymbol{k}+a_yb_x\boldsymbol{j}\cdot\boldsymbol{i}+a_yb_y\boldsymbol{j}\cdot\boldsymbol{j}+a_yb_z\boldsymbol{j}\cdot\boldsymbol{k} \\ &\quad +a_zb_x\boldsymbol{k}\cdot\boldsymbol{i}+a_zb_y\boldsymbol{k}\cdot\boldsymbol{j}+a_zb_z\boldsymbol{k}\cdot\boldsymbol{k} \\ &= a_xb_x+a_yb_y+a_zb_z\end{aligned}$$

となる．これは直交座標成分による計算結果と一致する．

A.4.3 ベクトルの外積の性質

ここでは，幾何学的定義に基づいて，ベクトルの外積の性質をいくつか示す．これらはすぐに思い出せるようになると便利だし，次項以降に示す外積の 3 つの計算方法（幾何学的定義と成分および基本ベクトルによる計算法）が一致する証明でも用いる．

● **反交換性**　図 **3.2.4** を見ればわかるように，2 つのベクトルの立場を入れ替えると，両者の外積で得られるベクトルの向きが逆転する．あるいは，平行四辺形の面積に符号があり，$\sin\theta$ の符号が逆転すると考えてもよい．すなわち，

$$\boldsymbol{a}\times\boldsymbol{b} = -\boldsymbol{b}\times\boldsymbol{a} \tag{A.4.19}$$

であり，順番を入れ替えると絶対値は変わらないが符号が反転する．つまり，外積は演算としての**反交換則** (anticommutative law) が成り立つ．

● **外積と平行性**　平行なベクトル同士がなす角は 0° なので，互いに平行なベクトルの外積は 0 である．特に，自分自身とのなす角は 0° なので，任意のベクトル $\boldsymbol{a}$ について

$$\boldsymbol{a}\times\boldsymbol{a} = 0 \tag{A.4.20}$$

である．

逆に，$\boldsymbol{a}$ も $\boldsymbol{b}$ も零ベクトルでないならば，外積が 0 になるのは 2 つのベクトルが平行な場合に限る．このとき，$\boldsymbol{b}$ は $\boldsymbol{a}$ の実数倍である．

● **実数倍と外積**　実数値 p, q とベクトル量 $\boldsymbol{a}, \boldsymbol{b}$ に対し，式 (3.2.17) として既に示した

$$(p\boldsymbol{a})\times(q\boldsymbol{b}) = pq(\boldsymbol{a}\times\boldsymbol{b}) \tag{A.4.21}$$

であることが以下のように簡単に示せる．

まず，$q=1$ の場合を考える．$p\geq 0$ の場合，$p\boldsymbol{a}$ は $\boldsymbol{a}$ と同じ向きで p 倍の大きさなので，$\boldsymbol{b}$ となす角 θ は等しく，大きさは p 倍．よって，式 (3.2.13) より，

$$(p\boldsymbol{a}) \times \boldsymbol{b} = p(\boldsymbol{a} \times \boldsymbol{b}) \tag{A.4.22}$$

である．$p < 0$ の場合，$p\boldsymbol{a}$ は $-p\boldsymbol{a}$ と逆向きなので，$\boldsymbol{b}$ となす角は $\theta + 180°$ で，大きさは $-p$ 倍．よって，

$$(p\boldsymbol{a}) \times \boldsymbol{b} = -p|\boldsymbol{a}||\boldsymbol{b}|\sin(\theta + 180°) = p|\boldsymbol{a}||\boldsymbol{b}|\sin\theta = p(\boldsymbol{a} \times \boldsymbol{b}) \tag{A.4.23}$$

となり，$q = 1$ のときの式 (A.4.21) が成り立つ．

次に，$\boldsymbol{b}' = q\boldsymbol{b}$ と置くと，先ほど証明した実数倍の関係と外積の反交換則を用いて

$$(p\boldsymbol{a}) \times (q\boldsymbol{b}) = p(\boldsymbol{a} \times \boldsymbol{b}') = -p(\boldsymbol{b}' \times \boldsymbol{a}) = -p(q\boldsymbol{b} \times \boldsymbol{a}) = pq(\boldsymbol{a} \times \boldsymbol{b}) \tag{A.4.24}$$

が得られ，式 (A.4.21) が常に成り立つことがわかる．

● **結合則**　外積の**結合則**を証明するのは少々厄介である．順を追って幾何学的定義のみに基づいて証明しよう．

まずは，内積の応用として得られた，$\boldsymbol{a}$ を基準方向として $\boldsymbol{b}$ を互いに垂直な 2 つのベクトルに分ける表式 (3.2.6) および (3.2.7) を用いることにする．

幾何学的定義によれば，$\boldsymbol{a} \times \boldsymbol{b}$ は式 (3.2.13) で与えられる大きさのベクトルで，$\boldsymbol{a}$ と $\boldsymbol{b}$ の両者と直交し右ネジの法則に従う向きのベクトルである．式 (3.2.6) と (3.2.7) に従って，$\boldsymbol{b}$ を互いに直交する 2 つのベクトルに分解すれば，

$$\boldsymbol{a} \times \boldsymbol{b} = \boldsymbol{a} \times (\boldsymbol{b}_{/\!/} + \boldsymbol{b}_{\perp}) \tag{A.4.25}$$

となる．この右辺に対して結合則が成り立つかを確かめてみよう．

$\boldsymbol{a} \perp \boldsymbol{b}_{\perp}$ なので，$\boldsymbol{a} \times \boldsymbol{b}_{\perp}$ は，$\boldsymbol{a}$ と $\boldsymbol{b}_{\perp}$ の両方に直交し前者から後者に対して右ネジの法則に従う向きの，大きさが $|\boldsymbol{a}||\boldsymbol{b}_{\perp}|$ のベクトルである．この方向は $\boldsymbol{a}$ と $\boldsymbol{b}$ がなす面に垂直となる．幾何学的な関係を考えると，$\boldsymbol{a}$ に対して $\boldsymbol{b}$ と $\boldsymbol{b}_{\perp}$ は同じ側になるので，右ネジの法則に従う向きも同じになる．$\boldsymbol{a} \times \boldsymbol{b}_{\perp}$ の大きさは，式 (3.2.7) を用いて，

$$\begin{aligned}
|\boldsymbol{b}_{\perp}|^2 &= \left|\boldsymbol{b} - \boldsymbol{a}\frac{\boldsymbol{a} \cdot \boldsymbol{b}}{|\boldsymbol{a}|^2}\right|^2 = \left(\boldsymbol{b} - \boldsymbol{a}\frac{|\boldsymbol{b}|\cos\theta}{|\boldsymbol{a}|}\right)^2 \\
&= \boldsymbol{b}^2 + \boldsymbol{a}^2\left(\frac{|\boldsymbol{b}|\cos\theta}{|\boldsymbol{a}|}\right)^2 - 2\boldsymbol{b} \cdot \boldsymbol{a}\frac{|\boldsymbol{b}|\cos\theta}{|\boldsymbol{a}|} \\
&= \boldsymbol{b}^2 + \boldsymbol{b}^2\cos^2\theta - 2\boldsymbol{b}^2\cos^2\theta = \boldsymbol{b}^2\sin^2\theta
\end{aligned}$$

となるので，

$$|\boldsymbol{a} \times \boldsymbol{b}_{\perp}| = |\boldsymbol{a}||\boldsymbol{b}_{\perp}| = |\boldsymbol{a} \times \boldsymbol{b}|$$

となる．

以上から，$\boldsymbol{a} \times \boldsymbol{b}$ と $\boldsymbol{a} \times \boldsymbol{b}_\perp$ とは向きも大きさも等しいのでベクトルとして等しい．すなわち

$$\boldsymbol{a} \times \boldsymbol{b} = \boldsymbol{a} \times \boldsymbol{b}_\perp \tag{A.4.26}$$

である．これは，外積は互いに垂直な成分同士の外積のみで決まることを意味する．

ところで，定義により $\boldsymbol{a} \mathbin{/\!/} \boldsymbol{b}_{/\!/}$ であり，$\boldsymbol{a} \times \boldsymbol{b}_{/\!/} = 0$ なので，形式的には

$$\boldsymbol{a} \times \boldsymbol{b}_{/\!/} + \boldsymbol{a} \times \boldsymbol{b}_\perp = \boldsymbol{a} \times \boldsymbol{b}_\perp \tag{A.4.27}$$

と書ける．

これら 2 式 (A.4.26) と (A.4.27) より式 (A.4.25) の右辺は結合則で展開できることが示された．

次に，$\boldsymbol{b}_\perp$ と $\boldsymbol{c}_\perp$ とがともに $\boldsymbol{a}$ と垂直な面内にある場合について考えよう．

両者がともに $\boldsymbol{a}$ と垂直な面内にあれば，ベクトルの和の幾何学的定義により，その和は両者と同一平面上にある．したがって，$\boldsymbol{a} \perp (\boldsymbol{b}_\perp + \boldsymbol{c}_\perp)$ となる．ところで，外積の幾何学的定義から，$\boldsymbol{a} \perp \boldsymbol{x}$ ならば，$\boldsymbol{a} \times \boldsymbol{x}$ は $\boldsymbol{x}$ を $\boldsymbol{a}$ が前方を指す向きから見て時計回りに 90° 回した向きのベクトルを $|\boldsymbol{a}|$ 倍したベクトルとなる（図 **A.4.1**）．

したがって，$\boldsymbol{a} \times \boldsymbol{b}_\perp$, $\boldsymbol{a} \times \boldsymbol{c}_\perp$, $\boldsymbol{a} \times (\boldsymbol{b}_\perp + \boldsymbol{c}_\perp)$ はそれぞれ $\boldsymbol{b}_\perp$, $\boldsymbol{c}_\perp$, $\boldsymbol{b}_\perp + \boldsymbol{c}_\perp$ を $\boldsymbol{a}$ が前方を指す向きから見て時計回りに 90° 回した向きのベクトルを $|\boldsymbol{a}|$ 倍したベクトルとなる．

つまり，この場合には次が成り立つ．

$$\boldsymbol{a} \times (\boldsymbol{b}_\perp + \boldsymbol{c}_\perp) = \boldsymbol{a} \times \boldsymbol{b}_\perp + \boldsymbol{a} \times \boldsymbol{c}_\perp \tag{A.4.28}$$

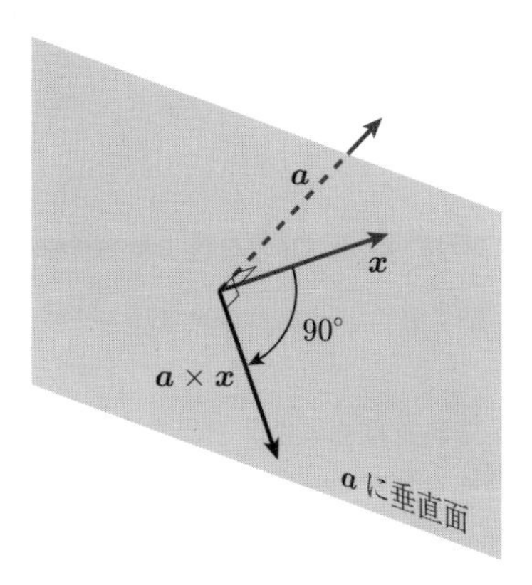

図 A.4.1　ベクトル $\boldsymbol{a}$ と垂直な面上にあるベクトル $\boldsymbol{x}$ に対し，$\boldsymbol{a} \times \boldsymbol{x}$ は外積の定義により，$\boldsymbol{a}$ とも $\boldsymbol{x}$ とも垂直なので $\boldsymbol{a}$ と垂直な面上にあり，$\boldsymbol{x}$ となす角は 90° である．向きは $\boldsymbol{a}$ と $\boldsymbol{x}$ で決まるので図示したようになり，その長さは $|\boldsymbol{a}||\boldsymbol{x}|\sin 90° = |\boldsymbol{a}||\boldsymbol{x}|$ である．

式 (A.4.26) は任意の $\boldsymbol{a}, \boldsymbol{b}$ について成り立つので $\boldsymbol{b}$ の代わりに $\boldsymbol{c}$ を用いて

$$\boldsymbol{a} \times \boldsymbol{c} = \boldsymbol{a} \times \boldsymbol{c}_\perp \tag{A.4.29}$$

も成り立つ．したがって，式 (A.4.26) と辺々足し合わせて，

$$\boldsymbol{a} \times \boldsymbol{b} + \boldsymbol{a} \times \boldsymbol{c} = \boldsymbol{a} \times \boldsymbol{b}_\perp + \boldsymbol{a} \times \boldsymbol{c}_\perp \tag{A.4.30}$$

である．

一方，$(\boldsymbol{b}_{/\!/} + \boldsymbol{c}_{/\!/}) /\!/ \boldsymbol{a}$ なので，式 (A.4.26) を用いて

$$\begin{aligned}\boldsymbol{a} \times (\boldsymbol{b} + \boldsymbol{c}) &= \boldsymbol{a} \times \{(\boldsymbol{b}_{/\!/} + \boldsymbol{b}_\perp) + (\boldsymbol{c}_{/\!/} + \boldsymbol{c}_\perp)\} \\ &= \boldsymbol{a} \times \{(\boldsymbol{b}_{/\!/} + \boldsymbol{c}_{/\!/}) + (\boldsymbol{b}_\perp + \boldsymbol{c}_\perp)\} \\ &= \boldsymbol{a} \times (\boldsymbol{b}_\perp + \boldsymbol{c}_\perp)\end{aligned}$$

となる．ここで，$\boldsymbol{a} \perp \boldsymbol{b}_\perp$, $\boldsymbol{a} \perp \boldsymbol{c}_\perp$ なので式 (A.4.28) を用いるとさらに計算が進められて，

$$\boldsymbol{a} \times (\boldsymbol{b} + \boldsymbol{c}) = \boldsymbol{a} \times (\boldsymbol{b}_\perp + \boldsymbol{c}_\perp) = \boldsymbol{a} \times \boldsymbol{b}_\perp + \boldsymbol{a} \times \boldsymbol{c}_\perp \tag{A.4.31}$$

となる．これは式 (A.4.30) の右辺と等しい．

したがって，

$$\boldsymbol{a} \times (\boldsymbol{b} + \boldsymbol{c}) = \boldsymbol{a} \times \boldsymbol{b} + \boldsymbol{a} \times \boldsymbol{c} \tag{A.4.32}$$

となる．外積の反交換則も用いれば，上式から，

$$(\boldsymbol{a} + \boldsymbol{b}) \times \boldsymbol{c} = -\boldsymbol{c} \times (\boldsymbol{a} + \boldsymbol{b}) = -\boldsymbol{c} \times \boldsymbol{a} - \boldsymbol{c} \times \boldsymbol{b} = \boldsymbol{a} \times \boldsymbol{c} + \boldsymbol{b} \times \boldsymbol{c} \tag{A.4.33}$$

も得られる．

A.4.4　外積の定義と 2 つの計算法の同値性

3.2.3 項に示した外積の性質を用いて，幾何学的定義と 2 つの計算法は常に同じ結果となることを以下に示そう．

幾何学的定義は外積のイメージを描くには非常に有効だが，具体的に 2 つのベクトルが与えられた場合に，その外積を計算しようとすると，得られる物理量がベクトルである上に，2 つのベクトルがなす角 θ が明示されていないとかなり面倒になる．なので他の 2 つの計算方法も知っておく価値は高い．逆に，2 つのベクトルがなす角を計算したい場合には幾何学的定義を知っておくのが極めて有益である．したがって，幾何学的定義と 2 つの計算方法の結果が同値であることを納得できるように一度は自分で計算して確かめておくことがとても重要である．

● 幾何学的定義と基本ベクトル表示との同一性　図 **3.2.2** に示した 3 つの基本ベクトルの幾何学的関係を見れば，式 (3.2.14) が成り立つことは，幾何学的定義から容易に理解できる．3 つの基本ベクトル $\boldsymbol{i}, \boldsymbol{j}, \boldsymbol{k}$ もベクトルなので，幾何学的定義に基づいて証明したように，これらに対しても外積の反交換則と結合則が成り立つ．したがって，これらを組み合わせて計算される 2 つのベクトルの外積は幾何学的定義に基づく計算結果と一致するはずである．

● 基本ベクトル表示と成分表示との同一性　$\boldsymbol{i}, \boldsymbol{j}, \boldsymbol{k}$ がそれぞれ，x, y, z 軸沿いの，互いに直交する単位ベクトルという定義から，$\boldsymbol{a} = (a_x, a_y, a_z)$ および $\boldsymbol{b} = (b_x, b_y, b_z)$ と成分表示される 2 つのベクトルは

$$\boldsymbol{a} = a_x\boldsymbol{i} + a_y\boldsymbol{j} + a_z\boldsymbol{k}, \quad \boldsymbol{b} = b_x\boldsymbol{i} + b_y\boldsymbol{j} + b_z\boldsymbol{k} \tag{A.4.34}$$

で表せる．

そこで，式 (3.2.14) に加えて，実数倍や結合則も用いれば，以下のように，$\boldsymbol{a} \times \boldsymbol{b}$ の基本ベクトル表示を得ることができる．

$$\begin{aligned}\boldsymbol{a} \times \boldsymbol{b} &= (a_x\boldsymbol{i} + a_y\boldsymbol{j} + a_z\boldsymbol{k}) \times (b_x\boldsymbol{i} + b_y\boldsymbol{j} + b_z\boldsymbol{k}) \\ &= a_xb_y\boldsymbol{i} \times \boldsymbol{j} + a_xb_z\boldsymbol{i} \times \boldsymbol{k} + a_yb_x\boldsymbol{j} \times \boldsymbol{i} + a_yb_z\boldsymbol{j} \times \boldsymbol{k} + a_zb_x\boldsymbol{k} \times \boldsymbol{i} + a_zb_y\boldsymbol{k} \times \boldsymbol{j} \\ &= (a_yb_z - a_zb_y)\boldsymbol{i} + (a_zb_x - a_xb_z)\boldsymbol{j} + (a_xb_y - a_yb_x)\boldsymbol{k}\end{aligned}$$

各係数を見れば，これは，直交座標成分による計算法と一致していることがわかる．

索　引

● さ　行

● た　行

● わ　行

● 英　字

著者略歴

半田利弘
はんだ　としひろ

1987年　東京大学理学系研究科天文学専門課程修了
1988年　東京大学理学部天文学教育研究センター助手
2010年から2024年3月まで　鹿児島大学理学部・理工学研究科　天の川銀河研究センター教授
現　在　日本天文学会正会員
　　　　理学博士

主要著書

「物理で広がる鉄道の魅力」（丸善，2010年）
「基礎からわかる天文学」（誠文堂新光社，2011年）
「一冊で読む宇宙の歴史としくみ」（ベレ出版，2011年）
「宇宙戦艦ヤマト2199でわかる天文学」（誠文堂新光社，2014年）

ライブラリ 新物理学基礎テキスト＝Q2
レクチャー 力学
――本質を理解して物理を使うために――

2024年6月10日 ©　　初版発行

著　者　半田利弘　　発行者　森平敏孝
　　　　　　　　　　印刷者　田中達弥

発行所　株式会社　サイエンス社
〒151-0051　東京都渋谷区千駄ヶ谷1丁目3番25号
営　業　☎(03)5474-8500(代)　振替 00170-7-2387
編　集　☎(03)5474-8600(代)
FAX　☎(03)5474-8900

印刷・製本　大日本法令印刷（株）

サイエンス社のホームページのご案内
https://www.saiensu.co.jp
ご意見・ご要望は
rikei@saiensu.co.jp　まで．

ISBN 978-4-7819-1603-3

PRINTED IN JAPAN